资源枯竭型城市生态文明建设战略与对策研究

——以黄石市为例

王夏晖　张箫　刘蓬　何军　饶胜　等　著

中国环境出版集团·北京

图书在版编目 (CIP) 数据

资源枯竭型城市生态文明建设战略与对策研究：
以黄石市为例 / 王夏晖等著 . —北京：中国环境
出版集团，2019.12
　　ISBN 978-7-5111-4220-7

　　Ⅰ. ①资…　Ⅱ. ①王…　Ⅲ. ①城市—生态文明—文明
建设—研究—黄石　Ⅳ. X321.263.4

　　中国版本图书馆 CIP 数据核字（2019）第 291743 号

出 版 人　武德凯
策划编辑　王素娟
责任编辑　王　菲
责任校对　任　丽
封面设计　岳　帅

出版发行　中国环境出版集团
　　　　　（100062　北京市东城区广渠门内大街 16 号）
　　　　　网　　　址：http://www.cesp.com.cn
　　　　　电子邮箱：bjg1@cesp.com.cn
　　　　　联系电话：010-67112765（编辑管理部）
　　　　　发行热线：010-67125803，010-67113405（传真）
印　　刷　北京建宏印刷有限公司
经　　销　各地新华书店
版　　次　2019 年 12 月第 1 版
印　　次　2019 年 12 月第 1 次印刷
开　　本　787×1092　1/16
印　　张　14.5
字　　数　282 千字
定　　价　52.00 元

编 委 会

前言

　　生态文明是人类文明的高级形态，是人类遵循人、自然、社会和谐发展这一客观规律而取得的物质与精神成果的总和，是对工业文明的新型超越。党的十八大以来，以习近平同志为核心的党中央，深刻总结人类文明发展规律，将生态文明建设纳入中国特色社会主义"五位一体"总体布局，先后出台了一系列重大决策部署，动员全党、全国积极行动、深入持久地推进生态文明建设。在党的十九大上，习近平总书记以"加快生态文明体制改革，建设美丽中国"为题，就生态文明建设工作作出了进一步的部署，强调生态文明建设功在当代、利在千秋，要求全党全国牢固树立社会主义生态文明观，推动形成人与自然和谐发展的现代化建设新格局。

　　在党中央、国务院关于生态文明建设的总体部署中，黄石市所处的长江中游地区尤受重视。2016年3月25日，中共中央政治局审议《长江经济带发展规划纲要》时明确："长江经济带发展的战略定位必须坚持生态优先、绿色发展，共抓大保护，不搞大开发"；《中华人民共和国国民经济和社会发展第十三个五年规划纲要（2016—2020年）》提出："坚持生态优先、绿色发展的战略定位，把修复长江生态环境放在首要位置，推动长江上中下游协同发展、东中西部互动合作，建设成为我国生态文明建设的先行示范带、创新驱动带、协调发展带。"

　　党的十八大以来，湖北省委、省政府积极响应党中央、国务院号召，提出生态立省战略，制定实施《湖北生态省建设规划纲要（2014—2030年）》，对全省各地市州的生态文明示范创建工作进行了统筹部署。其中，明确要求黄石市在2027年前建成国家级生态文明建设示范市。为贯彻党中央、国务院的决策部署，落实湖北省委、省政府建设生态省的工作号召，黄石市委、市政府决定动员全市力量，启动黄石市创建生态文明建设示范市工作，切实提升黄石市生态文明建设水平。

黄石市创建生态文明建设示范市战略研究，是基于完成国家级生态文明建设示范市创建关于"编制实施生态文明建设规划"的任务，按照原环境保护部《关于印发〈国家生态文明建设示范区管理规程（试行）〉〈国家生态文明建设示范县、市指标（试行）〉的通知》（环生态〔2016〕4号）、《关于开展第一批国家生态文明建设示范市县评选工作的通知》（环办生态函〔2017〕1194号）等有关政策文件要求开展的。编委会在本书研究成果的基础上，编制完成了《黄石市创建生态文明建设示范市规划（2017—2027年）》（以下简称《规划》），作为指导黄石市各县（市、区）、各有关部门共同推进生态文明建设示范市创建、全面提升生态文明建设水平的基础性、纲领性文件。

本书共11章。第1章主要介绍了指导黄石市提高生态文明建设水平的总体战略和实施路径。第2章系统梳理了黄石市创建生态文明建设示范市的基础，分析预测了未来一段时期黄石市创建生态文明建设示范市所面临的历史机遇和主要挑战。第3章从筑牢黄石市生态安全格局的角度出发，提出了强化空间管理的框架体系，以及完善空间管控措施的方案。第4章结合对黄石市突出生态环境问题的现状分析和趋势判断，制定了环境污染治理、生态保护修复、防范生态环境风险、提升生态环境监测监管能力等任务措施。第5章基于黄石市经济和产业发展现状及问题，提出了培育战略性新兴产业、推动传统产业改造升级、拓展服务业功能、提升绿色发展、发展高效生态城郊型农业、强化资源节约集约利用等任务。第6章分析针对构建黄石市生态生活体系，提出了增绿提质、统筹城乡基础设施建设、加快建设生态城区、全面改善农村面貌、建设美丽乡村、倡导生态文明行为、引领绿色生活方式等重点任务。第7章提出了建立健全生态文明体制机制、环境执法监督机制、环境经济政策、生态文明绩效评价考核和责任追究制度等领域的政策措施建议。第8章提出了培育特色文化、发展生态文化产业、建设生态文化基础设施、加强生态文化宣传教育、提升城市文化魅力的措施。第9章创新性地提出了率先推进沿江保护示范区、大冶湖生态新区、铁山绿色矿业示范区、传统产业转型发展示范区等四大示范区建设的行动方案。第 10 章提出了以优先解决突出生态环境问题、逐步补齐创建短板为思路的工程项目。第 11 章在明确各级政府部门职责的基础上，提出了强化责任分工、狠抓组织落实，拓宽资金来源渠道、强化实施保障两个方面的任务要求。

第 1 章由张箫、王夏晖、饶胜等人撰写；第 2 章由刘蓬、牟雪洁、李春红等人撰写；第 3 章由朱振肖、刘蓬、于洋等人撰写；第 4 章由牟雪洁、马德彭、吴羽卿等人撰写；第 5 章由何军、牟雪洁、刘蓬等人撰写；第 6 章由黄金、文一惠、朱媛媛等人撰写；第 7 章由朱媛媛、刘桂环、吴瑞等人撰写；第 8 章由柴慧霞、马德彭、刘振英等人撰写；第 9 章由饶胜、柴慧霞、肖凌云等人撰写；第 10 章由李春红、于洋、黄金等人撰写；第 11 章由王夏晖、刘桂环、朱媛媛等人撰写。全书由张箫负责统稿，王夏晖负责审定，牟雪洁负责图件制作。

编委会
2019年4月

目录

第1章　生态文明建设总体战略研究

生态文明既是人类传统文明形态发展的必然归宿，也是人类反思和超越现代文明样式的内在要求。在传统文化延续发展、农业文明与工业文明演替上升的基础上，我国提出建设生态文明，既是对中国传统文化中"道法自然""天人合一"的思想智慧的延续和提升，又是对农业文明"敬畏自然"、工业文明"改造自然"思想的传承和选择，同时也是国内外可持续发展思潮与实践正反两方面经验教训的总结和升华，并第一次将其作为执政理念，上升为国家战略在全社会推行。这是对自然规律、经济社会发展规律、自然资源永续利用规律和环境保护规律深刻认识的最新成果，是对人类文明进程的积极贡献。

1.1　我国生态文明建设的进展

1.1.1　我国生态文明的理论基础

1.1.1.1　生态文明的内涵

生态文明是以环境资源承载力为基础、以自然规律为准则、以可持续的社会经济政策为手段、以致力于构造一个人与自然和谐发展为目的的文明形态。

生态文明的核心问题是正确处理人与人、人与自然和谐共生的问题，本质要求是尊重自然、顺应自然和保护自然。生态文明强调人的自觉与自律，强调人与自然环境的相互依存、相互促进、共处共融，既追求人与生态的和谐，也追求人与人的和谐，而且人与人的和谐是人与自然和谐的前提，要认识到人与自然是一个有机整体，人的生存发展依赖于人类生存的自然界所提供的物质、能量和信息。

可以说，生态文明是人类对传统文明形态，特别是工业文明进行深刻反思的成果。它以尊重和维护生态环境为主旨，以可持续发展为根据，以未来人类的继续发展为着眼点，是人类文明形态和文明发展理念、道路和模式的重大进步。生态文明建设是中国特色社会主义事业的重要内容，关系人民福祉，关乎民族未来，事关"两个一百年"奋斗目标和中华民族伟大复兴中国梦的实现。

1.1.1.2　生态文明的理论基础

生态文明建设是一项复杂的系统工程，其理论涉及诸多要素以及要素之间的错综关系，因而其理论基础比较丰富，主要包括人地关系论、生态伦理学、可持续发展理论、生态经济学等。

（1）人地关系论

人地关系论即有关人类及其各种社会活动与地理环境关系的理论。人地关系是人们对人类与地理环境之间关系的一种简称，是指人类及其社会经济活动与地球表层（包括土壤、大气、生物、水、岩石、矿物的自然界——人类赖以生存和发展的自然资源和环境）所组成的人与自然相互作用、相互制约的综合体。

人地关系是自人类起源以来就客观存在的关系。人类的生存和活动，都要受到一定的地理环境的影响。在人类社会向前发展的过程中，人类为了生存的需要，不断地扩大、加深改造和利用地理环境，增强适应地理环境的能力，并改变了地理环境的面貌，同时地理环境影响人类活动，产生地域特征和地域差异。

（2）生态伦理学

生态伦理学属于应用伦理学，以"生态伦理"或"生态道德"为研究对象。生态伦理学从伦理学的视角审视和研究人与自然的关系，不仅要求人类将其道德关怀从社会延伸到自然存在物或自然环境，而且呼吁人类把人与自然的关系确立为一种道德关系。生态伦理学认为，当代人不能为自己的发展而损害人类世世代代满足需求的条件。

（3）可持续发展理论

可持续发展理论是指既满足当代人的需要，又不对后代人满足其需要的能力构成危害的发展，以公平性、持续性、共同性为三大基本原则。可持续发展是一种关注经济长效发展的方式，是对自然资源重复利用的过程。

（4）生态经济学

生态经济是指在生态系统承载能力范围内，运用生态经济学原理和系统工程方法改变生产和消费方式，挖掘一切可以利用的资源潜力，发展一些经济发达、生态高效的产业，建设体制合理、社会和谐的文化以及生态健康、景观适宜的环境。生态经济是实现经济腾飞与环境保护、物质文明与精神文明、自然生态与人类生态的高度统一和可持续发展的经济。

1.1.2　我国生态文明建设的历程

从 20 世纪 70 年代初，国家就开始进行生态文明建设的理论探索和实践，经历了一个从被动到主动、从自发到自觉的过程，总体上可以分为五个阶段。

1.1.2.1 认识起步阶段（1972—1977年）

该阶段，我国初步认识了生态环境问题的严重性，并积极参加联合国人类环境会议，召开第一次全国环境保护会议，提出"全面规划、合理布局、综合利用、化害为利、依靠群众、大家动手、保护环境、造福人民"的环境保护工作32字方针，我国环境保护事业正式拉开序幕。

1972年，我国发生大连湾污染事件、蓟运河污染事件、北京官厅水库鱼污染事件，松花江出现类似日本水俣病的征兆，表明我国环境问题已到危急关头。其中北京官厅水库鱼污染事件直接引发了我国第一项治污工程的开展。同年，我国政府派团参加了在瑞典斯德哥尔摩召开的联合国第一次人类环境会议，深刻地了解了世界环境概况和环境问题对经济社会发展的重大影响，初步认识了我国环境问题的严重性。

1973年8月，第一次全国环境保护会议在北京召开，会议提出环境保护工作32字方针。会议通过我国第一个具有法规性质的环境保护文件——《关于保护和改善环境的若干规定》，从做好全面规划、工业合理布局、逐步改善老城市环境、尽量减少噪声、综合利用除害兴利、加强对土壤和植物的保护、加强水系和海域管理、大力植树造林、认真开展环境监测工作、大力开展科研与宣教工作、安排落实环保投资等方面对保护和改善环境作出了规定，正式拉开了我国环境保护事业的序幕。

1.1.2.2 环境保护法制建设阶段（1978—1991年）

该阶段，我国提出以经济建设为中心的经济纲领，乡镇企业迅速崛起，但由于行业无序发展、产业结构不合理、技术装备差、经营管理不善、资源能源消耗大、没有防治污染措施等，导致污染由点到面、由城市向农村蔓延，环境保护工作严重滞后于经济发展。面对严峻的环境形势，国家进一步加强环境保护力度，第一次将资源环境保护写入《中华人民共和国宪法》（以下简称《宪法》），并将环境保护确立为基本国策，制定了多项环境保护法律法规和政策制度，我国环境保护事业开始步入法制轨道。

（1）资源环境保护写入《宪法》

1978年12月31日，中共中央批转了国务院环境保护领导小组的《环境保护工作汇报要点》，指出"消除污染，保护环境，是进行社会主义建设、实现四个现代化的一个重要组成部分……我们绝不能走先建设、后治理的弯路，我们要在建设的同时就解决环境保护污染的问题。"这是我国第一次以党中央的名义对环境保护工作作出指示。1978年，第五届全国人大一次会议通过的《宪法》规定："国家保护环境和自然资源，防治污染和其他公害"，第一次在《宪法》中对环境保护作出明确规定，为我国环境法制建设和环境保护事业的开展奠定了坚实的基础。

（2）环境保护事业进入法制轨道

1979 年 9 月 13 日，中国第一部环境保护基本法——《中华人民共和国环境保护法（试行）》颁布。该法不仅规定了环境影响评价、"三同时"和排污收费等基本法律制度，而且明确要求从国务院到省、市、县各级政府设立环境保护机构；第一次从法律上要求各部门和各级政府在制订国民经济和社会发展计划时，必须对环境保护进行统筹安排和组织实施，为实现环境和经济的协调发展提供了法律保障。它的颁布实施带动了我国环境保护立法的全面开展，表明我国环境保护事业进入了法制轨道。

1989 年 12 月，《中华人民共和国环境保护法》正式公布施行，环境保护法律成为我国环境保护工作的重要支柱和保障，并成为我国社会主义法律体系中新兴的、发展迅速的重要组成部分。

该阶段，我国还制定了《中华人民共和国海洋环境保护法》（1982 年 8 月）、《征收排污费暂行办法》（1982 年 7 月）、《中华人民共和国水污染防治法》（1984 年 5 月）、《中华人民共和国草原法》（1985 年）、《中华人民共和国大气污染防治法》（1987 年 9 月）、《中华人民共和国水法》（1988 年 1 月），生态环境保护法律法规体系不断完善，推动了环保事业的制度建设。

（3）环境保护确立为基本国策

1983 年 12 月，国务院召开第二次全国环境保护会议，明确提出环境保护是一项基本国策，强调经济建设和环境保护必须同步发展，要求经济建设、城乡建设和环境保护同步规划、同步实施、同步发展，做到经济效益、社会效益和生态效益的统一。基本国策的确立确定了环境保护在国家经济和社会发展中的重要地位，"三同步"与"三统一"是第一次在战略高度上确定了环境保护工作的指导方针，标志着我国的环境保护从单纯的污染治理开始转向重视经济、社会与环境协调发展的新阶段。

（4）提出"谁污染，谁治理"原则，开展城市环境综合整治

改革开放初期，环境保护工作主要结合经济调整的各项政策措施，认真贯彻执行《中华人民共和国环境保护法（试行）》，以污染防治为重点，并采取相应的政策措施。1981 年，国务院发布《关于在国民经济调整时期加强环境保护工作的决定》，提出了"谁污染，谁治理"的原则，要求工厂、企业必须切实负起治理污染的责任。1985 年，国务院召开了全国城市环境保护工作会议，原则通过了《关于加强城市环境综合整治的决定》。开展城市环境综合整治，拉开了城市工业企业搬迁、城市基础设施建设、城市河道整治等城市环境整治工程的序幕。

（5）加强制度建设，强化监督管理

1989 年 4 月，国务院召开第三次全国环境保护会议，提出在治理整顿中建立环境

保护工作的新秩序，加强制度建设，全面推行新老八项环境管理制度，即在实行环境影响评价、"三同时"、排污收费三项制度的基础上，增加环境保护目标责任制、城市环境综合整治定量考核、排污许可证、污染集中控制和限期治理五项新制度；强化监督管理，不断完善环境保护法律法规，依法治理环境，把环境保护工作新秩序建立在法制的基础上。

为落实第三次全国环境保护会议精神，1990年，国务院颁布《关于进一步加强环境保护工作的决定》（以下简称《决定》），强调要严格执行环境保护法律、法规和依法采取有效措施防治工业污染，具体措施是全面落实八项环境管理制度，并将实行环境保护目标责任制放到突出位置。该《决定》具有三个创新：一是强调了在资源开发利用中重视生态环境的保护，拓展了环保工作的领域，为20世纪90年代中期将生态保护与污染防治并重的环保战略的形成奠定了基础。二是根据国际环境合作形势，首次提出积极参与解决全球环境问题的国际合作。三是将环境保护宣传教育和环境保护科学技术发展放到重要的位置。

（6）积极参与国际合作

这一时期，环境保护国际合作领域活跃，极大地推动了我国环境保护事业的发展。1984年，我国成立国务院环境保护委员会，主要研究审议涉及国际和地方重大环境问题的规划、政策、规定、条例、决定等。我国积极参与国际合作，与30多个国家签署了环境合作协定。参加了亚太经济合作、亚欧会议、东北亚环境合作等区域环境合作会议和行动。

1.1.2.3　可持续发展阶段（1992—2002年）

该阶段，我国工业化进程开始进入第一轮重化工时代，城市化进程加快，但由于经济增长方式粗放，技术和管理水平落后，资源、能源的消耗量也大幅增加，工业污染和生态破坏总体呈加剧趋势。在此背景下，我国大力实施可持续发展战略，正确认识经济发展同人口、资源、环境之间的关系，并组织实施一系列重大环境保护和生态建设工程，启动生态省、市、县及生态示范区创建工作。

（1）大力实施可持续发展战略

20世纪80年代末，淮河水质明显恶化，大面积死鱼事件相继发生，甚至污染了一些农村饮用水。1994年，淮河再次暴发污染事故，环境安全问题亟待解决。

积极参与国际合作。1992年，中国环境与发展国际合作委员会（简称"国合会"）成立，主要利用国际智力资源为我国政府科学决策搭建国际合作平台，促进了中国与国际社会和有关国家之间经验的"双向共享"。1992年6月，联合国环境与发展首脑会

5

议召开，使全球环境保护进入"可持续发展阶段"。

制定一系列可持续发展重大战略决策。1992年8月，中共中央、国务院批准了《中国环境与发展十大对策》，发布了《中国21世纪议程——中国21世纪人口、资源与发展白皮书》，1994年3月，国务院第十六次常务会议讨论通过《中国21世纪议程》，从人口、环境与发展的具体国情出发，提出了中国实施可持续发展的总体战略、对策及行动方案。1996年3月，第八次全国人民代表大会第四次会议审议通过《中华人民共和国国民经济和社会发展"九五"计划和2010年远景目标纲要》，把实施可持续发展作为现代化建设的一项重大战略写入纲要。2002年8月底，我国参加在南非约翰内斯堡举行的联合国可持续发展世界首脑会议，阐述中国对可持续发展问题的原则、立场，宣布中国政府核准《京都议定书》。2002年党的十六大明确提出：经济建设要"走出一条科技含量高、经济效益好、资源消耗低、环境污染少、人力资源优势得到充分发挥的新型工业化路子"。一系列重大战略决策的制定表明，中国开始大力实施可持续发展战略，着力解决我国经济发展与资源环境的矛盾。

（2）正确认识经济发展同人口、资源环境的关系

面对日益严峻的环境形势，国务院分别在1996年和2002年召开第四次和第五次全国环境保护会议，重申环境保护的重要战略地位，并作出重大部署。1996年《国务院关于环境保护若干问题的决定》中明确提出，"保护环境的实质就是保护生产力"，将环境保护的意义提升到保护生产力的战略高度，并采取关停"十五小""一控双达标"等重大措施。2000年，国家将人口资源环境工作上升到关系我国经济和社会的安全、人民生活的质量、中华民族生存和发展的战略高度。2002年，国家提出正确处理经济发展同人口资源环境的关系，必须高度重视并切实解决经济增长方式的转变问题，按照可持续发展的要求，促进人与自然的协调发展，努力开拓生产发展、生活富裕、生态良好的文明发展道路。

（3）组织实施一系列重大环境保护和生态建设工程

加强区域、流域综合治理。20世纪90年代中期，国家提出了污染防治抓重点区域、以重点带全面、推进全国环境保护工作的政策，标志性举措是1994年第一次淮河流域水污染治理和1996年开始实施《中国跨世纪绿色工程规划》，按照突出重点、技术经济可行和发挥综合效益的基本原则，对流域性水污染、区域性大气污染实施分期综合治理。1994年6月，国家环保局、水利部和河南、安徽、江苏、山东沿淮四省共同颁布《关于淮河流域防止河道突发性污染事故的决定（试行）》，是我国大江大河水污染预防的第一个规章制度。1995年8月，国务院签发了我国历史上第一部流域性法规：《淮河流域水污染防治暂行条例》，明确了淮河流域水污染防治目标。

实施清洁生产。20 世纪 90 年代初，我国的污染治理基本是以末端治理为主，20 世纪 90 年代以后，开始关注污染源头治理，其标志性行动是推行清洁生产和发展循环经济。1997 年，国家环保局发布了《关于推行清洁生产的若干意见》，要求各地环保主管部门将清洁生产纳入已有的环境管理政策中。2002 年 6 月，第九届全国人大常委会第二十次会议通过《清洁生产促进法》，标志着清洁生产和全过程控制进入新的法制化和规范化管理轨道。国务院主管部门发布《国家重点行业清洁生产技术导向目标》，推动全国各省、自治区、直辖市的清洁生产示范。此外，运用环保规划、ISO 14000 环境管理体系认证以及强化完善环境影响评价等手段实现源头治理、决策管理的全过程控制。

实施退耕还林、还草工程。1999 年，国家开展退耕还林、还草工程试点，该工程涉及全国 17 个省（自治区、直辖市）和新疆生产建设兵团的 188 个县，优先在水土流失、沙化、盐碱化、石漠化严重地区，生态地位重要、粮食产量低而不稳的坡度在 25 度以上的陡坡地段及江河源头、湖库周围等生态地位重要区域的耕地开展退耕还林。2002 年 12 月，国务院颁布了《退耕还林条例》，使退耕还林进一步制度化、规范化。

启动国家生态示范区、生态省、生态市、生态县创建。为加强环境保护力度，推动试点、示范区建设，1995 年 8 月 12 日，国家环保局向全国发布《全国生态示范区建设规划纲要（1996—2050 年）》，1996—1999 年，全国先后分四批开展了 154 个国家级生态示范区建设试点，1998 年，对全国生态示范区建设试点进行了首批验收。2000 年，启动全国生态省、生态市、生态县创建工作。2002 年 3 月，国家环境保护总局发布《全国生态环境保护"十五"计划》。2003 年 5 月，国家环境保护总局发布《生态县、生态市、生态省建设指标（试行）》，进一步深化了生态示范区建设。

加强防范突发环境事件。1994 年 9 月，国家环保局成立重大环境污染与自然生态破坏事故应急处理工作领导小组，负责对全国重大环境污染与生态破坏事故作出应急响应，指导、协助地方做好事故的处理工作。2002 年 3 月，成立国家环境保护总局环境应急与事故调查中心。面对日益增多的突发环境事件，国家制定和完善了一系列涉及重点流域敏感水域水环境、大气环境、危险化学品（废弃化学品）应急预案和核与辐射应急方案（2001 年）等九个相关环境应急预案，国家环保总局印发《国家环境保护总局核事故与辐射事故应急响应方案》、一级《处理化学恐怖袭击事件应急预案》（2002 年）、《处置核与辐射恐怖袭击事件应急预案》（2002 年）等。

1.1.2.4 贯彻落实科学发展观、提出建设生态文明理念阶段（2003—2011 年）

该阶段，我国开始进入环境污染事故高发期，环境事件呈现频度高、地域广、影响大、涉及面宽、水污染突出的态势。在此背景下，我国深入贯彻落实科学发展观，提出建设"资源节约型、环境友好型"社会的目标和"三个转变"重要思想，并在党的十七大报告中首次确立"生态文明建设"理念，全面启动生态文明建设试点示范区工作，至此，我国环境保护工作呈现全面防控环境污染以及环境保护优化经济增长的特征。

（1）落实科学发展观、加快历史性转变

落实科学发展观。2005 年 11 月发生的松花江重大水污染事件提醒人们，我国正面临严峻的环境挑战。在此背景下，2005 年 12 月国务院发布《关于落实科学发展观 加强环境保护的决定》，确立以人为本的环保宗旨，成为指导我国经济社会与环境协调发展的纲领性文件。

提出建设"资源节约型、环境友好型"社会。2006 年 3 月，第十届全国人大四次会议通过《关于国民经济和社会发展第十一个五年规划纲要》的决议，针对我国资源环境压力不断增大的突出问题，提出了建设资源节约型和环境友好型社会的战略任务和具体措施，并从发展循环经济、保护修复自然生态、加大环境保护力度、强化资源管理、合理利用海洋和气候资源等方面进行了重点部署。

提出"三个转变"重要思想。基于对环境与经济关系的深刻认识，在落实科学发展观的背景下，2006 年 4 月国务院召开第六次全国环保大会，提出"三个转变"的战略思想，一是从重经济增长轻环境保护转变为保护环境与经济增长并重，在保护环境中求发展；二是从环境保护滞后于经济发展转变为环境保护和经济发展同步，做到"不欠新账、多还旧账"，改变先污染后治理、边治理边破坏的状况；三是从主要用行政办法保护环境转变为综合运用法律、经济、技术和必要的行政办法解决环境问题，自觉遵循经济规律和自然规律，提高环境保护工作水平。历史性转变成为环境保护领域落实科学发展观重要的结合点和着力点，中国环境保护进入以保护环境优化经济增长的新阶段。

（2）首次确立建设生态文明理念、启动生态文明建设试点示范工作

确立建设生态文明的理念。2007 年 10 月，党的十七大首次把生态文明建设作为全面建设小康社会的新要求之一，为新时期的环保工作指明了方向，明确提出：到2020 年基本形成节约能源资源和保护生态环境的产业结构、增长方式、消费模式。循环经济形成较大规模，可再生能源比重显著上升。主要污染物排放得到控制，生态环境质量明显改善。生态文明观念在全社会牢固树立，正式确立了"建设生态文明"理念，从更广泛的经济和社会角度提出了环境保护要求，体现了国家加强环境保护的坚强意志。

启动生态文明建设试点示范工作。从 2008 年开始，生态省（市、县）建设按要求更名为生态建设示范区，并将之提升到生态文明建设试点示范新阶段。在生态文化示

范方面，为大力传播和树立生态文明观念，普及全民生态知识，增强全社会生态意识，加快构建繁荣的生态文化体系，相继开展了"国家生态文明教育基地""全国生态文化村""全国生态文化示范企业""全国生态文化示范基地"评选活动。

2010年，党的十七届五中全会提出了《中共中央关于制定国民经济和社会发展第十二个五年规划的建议》，把提高生态文明水平作为"两型"社会建设的目标。

1.1.2.5　全面推动生态文明建设阶段（2012年至今）

该阶段，我国环境保护事业已取得一定成效，重要区域生态环境问题得到有效改善和遏制，进入生态文明建设阶段。党的十八大将生态文明建设纳入中国特色社会主义经济建设、政治建设、文化建设、社会建设、生态文明建设"五位一体"的总体布局，并明确了生态文明建设的战略任务，我国生态文明建设工作全面推进。

（1）生态文明建设纳入"五位一体"总体布局

2012年10月，党的十八大将生态文明提升到更高的战略层面，明确要求把生态文明建设纳入中国特色社会主义经济建设、政治建设、文化建设、社会建设、生态文明建设"五位一体"的总体布局，同时指出：面对资源约束趋紧、环境污染严重、生态系统退化的严峻形势，必须树立尊重自然、顺应自然、保护自然的生态文明理念，把生态文明建设放在突出地位，融入经济建设、政治建设、文化建设、社会建设各方面和全过程，努力建设美丽中国，实现中华民族永续发展。

（2）进一步加强生态文明试点示范区建设

2013年5月，为深入贯彻落实党的十八大精神，以生态文明建设试点示范推进生态文明建设，环境保护部制定并发布《国家生态文明建设试点示范区指标（试行）》，对生态文明建设试点工作进行协调、指导和监督。

（3）持续推动新时代生态文明建设

当前，生态文明建设正处于压力叠加、负重前行的关键期，已进入提供更多优质生态产品以满足人民日益增长的优美生态环境需要的攻坚期，也到了有条件、有能力解决生态环境突出问题的窗口期。习近平总书记站在坚持中国社会主义、实现中华民族伟大复兴中国梦的战略高度，系统提出了习近平生态文明思想，为今后一段时期内生态文明建设和生态环境保护取得历史性成就、发生历史性变革提供有力指导。

1.2　我国生态文明建设的经验

党中央、国务院高度重视生态文明建设，先后出台了一系列重大决策部署，推动生态文明建设取得了重大进展和积极成效。

1.2.1 我国生态文明建设的经验

改革开放 40 年以来，我国生态文明建设战略的提出经历了一个长期思考探索的过程，积累了大量理论和实践经验。主要包括：

1. 必须坚持中国特色社会主义制度，充分发挥社会主义制度优越性，依靠党的领导和群众的广泛支持，才能深入推进生态文明建设

我国生态文明建设取得巨大成就，根本前提是依靠党的领导和坚持中国特色社会主义制度。自 20 世纪 70 年代以来，国家高度重视环境问题，党的十七大提出建设生态文明的新要求；党的十八大明确将生态文明建设纳入"五位一体"总体布局；党的十九大明确了习近平新时代中国特色社会主义思想的指导地位，将"美丽"纳入党的基本路线，将"人与自然和谐共生"作为新时代中国特色社会主义的基本方略之一。建设生态文明是中国特色社会主义不可缺少的重要组成部分，当前，建设生态文明必须克服工业文明弊端，探索资源节约型、环境友好型的发展道路，促进工业文明向生态文明转变，这是社会主义的内在本质要求。

我国生态文明建设取得巨大成就，离不开广大群众的支持。生态文明建设是全社会的共同责任，因此应加大生态文明宣传工作，鼓励广大人民群众广泛参与，营造全社会推进生态文明建设的良好氛围，推动生态文明建设更广泛、更深入地发展。

2. 必须坚持人与自然和谐共生，贯彻落实习近平生态文明思想，并结合中国国情始终坚持绿色发展的战略思想

生态文明建设涉及政治、经济、文化、环境、社会等诸多方面，因此要统筹人与自然和谐共生、环境保护与经济发展和谐发展，深入贯彻习近平生态文明思想，树立"绿水金山就是金山银山"的意识。要优化产业结构，把调整产业结构作为实现污染减排目标和解决结构性污染的重要手段；要优化国土空间结构，按主体功能区的不同要求，合理安排经济建设和环境保护，建立和完善推进空间合理开发的评价体系、政策体系、财税体系；要加快科学技术创新和跨越，营造政策环境，激励自主创新，力争在工农业生产的生态化改造技术、环境科技方面取得突破性进展，全面提升经济发展和环境保护的科技含量。

3. 必须不断完善和创新生态文明建设体制机制，坚持政府主导和市场调控相结合，依靠先进的社会制度和法制体系，综合运用法制、经济和行政手段，保障生态文明建设持续推进

在生态文明建设过程中，应高度重视生态文明的体制机制建设，强化监督与管理，为生态文明建设提供有力的制度保障。要逐步建立有关自然资源有偿使用机制和价格形成机制，培育和规范环境保护基础设施建设和运营的市场机制；建立鼓励科技创新、使用节约资源和环保型产品的激励机制；改革生态环保投融资体制，加大公共财政支持力度，实行补贴制度；完善和加强领导干部政绩考核机制。

在生态文明建设过程中，还应坚持政府宏观调控与市场调节相结合，综合运用法律、经济和行政手段，有序推动生态文明建设。生态文明建设要有强有力的法律保障，运用法律的强制性规范治理生态环境；依靠政府的行政手段，保证生态文明建设的各项政策准确落实和实施；充分发挥市场调节作用，完善环境经济政策，推动企业自觉承担生态环境责任。

4. 必须不断提高科技支撑水平，强化试点示范建设引路，加强国际合作，以科技创新推动生态文明建设，依靠国际技术和经验促进生态文明建设水平不断提升

科学技术创新是开展生态文明建设的重要推动力。要依靠和发挥科技作用，深刻认识人与自然相互作用规律，明确我国自然资源与生态环境现状；促进科学技术在资源环境和可持续发展领域的推广与应用，推动建成资源节约型、环境友好型社会；加快转变经济发展方式、推进产业结构调整和升级、实现又好又快发展。

要加强生态文明试点示范区建设。根据《国家生态文明建设试点示范区指标（试行）》，引导和监督各省、市、地区按试点工作的要求，建立工作机制，编制生态文明规划并发布实施，推动生态文明建设步伐。

要加强国际合作与交流，借鉴国外先进技术和经验，提升我国生态文明建设水平。要继续拓展同发达国家的资源与环境合作，引进先进的经验与技术；开放能源环保基础设施和环保市场，充分利用国际资金开展环境保护和生态建设。要发挥我国环保产业的比较优势，加大对发展中国家环保产品的出口。

1.2.2　生态文明建设内容框架

2012 年，党的十八大提出要把生态文明建设逐步纳入中国特色社会主义建设"五位一体"总体布局。2015 年《中共中央 国务院关于加快推进生态文明建设的意见》《生态文明体制改革总体方案》提出，要把生态文明建设放在突出的战略位置，建立产权清晰、多元参与、激励约束并重、系统完整的生态文明制度体系。

为贯彻落实党中央、国务院关于加快推进生态文明建设的决策部署，指导和推动各地以市、县为重点全面推进生态文明建设，原环境保护部在国家生态市、县建设的基础上提出建设国家生态文明建设示范市、县。2016 年 1 月，环境保护部印发了《国家生态文明建设示范县、市指标（试行）》，从生态空间、生态环境、生态制度、生态文化、生态经济、生态生活等六个方面设置建设指标（图 1-1）。

（1）建设生态空间体系，优化发展布局，这是生态文明建设的基础；

（2）建设生态环境体系，维护生态安全，这是生态文明建设的实质与目标；

（3）建设生态制度体系，完善体制机制，这是生态文明建设的行为规范；

（4）建设生态文化体系，增强生态意识，这是生态文明建设的道德准则；

（5）建设生态经济体系，推进绿色发展，这是生态文明建设的实施举措；

（6）建设生态生活体系，建设宜居环境，这是生态文明建设的彰显载体。

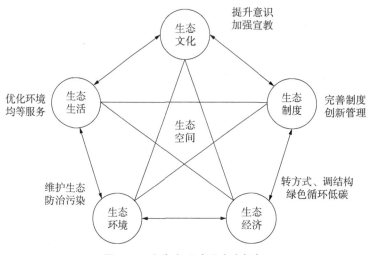

图1-1　生态文明建设内容框架

1.3　黄石市创建生态文明建设示范市战略研究总体思路

按照《中共中央 国务院关于加快推进生态文明建设的意见》和原环境保护部《关于进一步深化生态建设示范区工作的意见》《国家生态文明建设示范县、市指标（试行）》等技术文件的要求，以及湖北省、黄石市生态文明建设相关政策要求，以宏观生态学、生态经济学、绿色发展等理论为指导，从黄石市实际情况出发，与市国民经济与社会发展规划及其他相关专项规划充分衔接，具体提出以下研究思路（图1-2）：坚持以目标为导向，以实现国家级生态文明建设示范市创建各类目的要求为导向，首先明确创建的目标和指标体系，以"明确目标—分析现状—查找差距—判断趋势—明确任务—设置工程—配套政策"的路线推进，开展黄石市生态文明建设示范市创建战略研究，指导各项工作科学合理推进。

优化生态空间。要以主体功能区建设为基础、以自然生态本底为前提，以空间治理和空间结构优化为主要内容，划分生态、生产、生活空间，划定并严守生态保护红线，健全城镇发展格局，优化产业发展布局，逐步构建市域统一、相互衔接的国土空间优化体系，解决因城镇、产业用地无序开发、过度开发导致的生态空间占用过多、生态破坏、环境污染等问题。

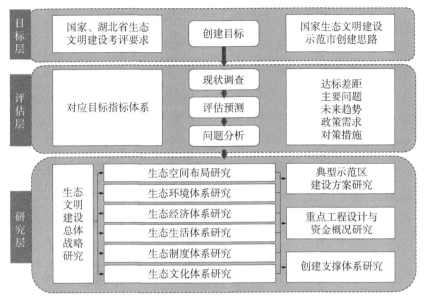

图1-2　研究思路

改善生态环境。以大气污染、水污染、土壤污染为防控重点，采取综合手段，推进污染治理与风险防控的区域联动、部门联动，改善城乡区域环境质量，提高环境风险防范水平，维护人体健康，严守环境安全底线。加大重点区域和重要生态系统的生态功能保护与建设力度，加强矿山生态环境修复与治理，通过构建天地一体化的生态环境监控体系，强化对重要资源开发利用的监管，避免产生新的生态破坏，维护区域生态安全。

发展生态经济。以传统产业转型升级为重点，促进结构性减排降耗，以发展循环经济为导向，提高资源产出效率，以扶持战略型新兴产业为导向，推动产业结构优化，逐步建立起绿色低碳循环发展的生态经济体系。

建设生态文化。以统筹城乡一体化发展为动力，以推进"黄石大冶同城化、黄石阳新一体化"发展为载体，完善城乡环境基础设施建设，建设生态乡镇、美丽乡村，着力解决城镇设施建设空间布局失衡、农村人居环境建设滞后问题。深入挖掘地方传统、特色生态文化，倡导全民生态生活，提高全民生态文明意识，构建黄石文化新名片。

完善生态制度。建立国土空间开发保护制度，完善最严格的耕地保护制度、水资源管理制度、环境保护制度，建立反映市场供求和资源稀缺程度、体现生态价值和代际补偿的资源有偿使用制度和生态补偿制度，健全生态环境保护责任追究制度和环境损害赔偿制度。完善生态文明政策体系和体制机制，解决制约黄石发展的体制机制障碍，强化生态文明制度建设，以制度保护生态环境。

1.3.1　范围及期限

黄石市创建生态文明示范市的范围为黄石市全市域，辖4个城区：黄石港区、西塞山区、铁山区、下陆区；1个县级市：大冶市；1个县：阳新县；1个国家级开发区：黄石经济技术开发区，国土总面积为4 582.9平方公里。2015年总人口为245.8万人，城镇化率为61.3%。

创建基准年为2015年，创建目标年为2027年。其中，近期目标年为2020年，远期目标年为2027年。

1.3.2　创建总体战略

在新形势、新要求下，黄石开展生态文明建设示范市创建，既具有良好的建设基础，又存在绿色转型的巨大压力。黄石市经济社会发展正处于转型发展承前启后的关键时期。生态文明建设既要确保经济发展，又要保持良好生态，更须解决面临的沿江保护与区域发展、历史欠账与转型升级之间的突出矛盾。为此，研究提出实施"123446"战略，即一个核心、两大矛盾、三个重点、四项任务、四个示范区、六大优先工程，加快建成国家生态文明建设示范市（图1–3）。

围绕一个核心：以践行绿色发展为核心，建设成为襟江带湖、山清水秀、宜居宜业的"矿冶绿城、山水明珠"。

解决好两大矛盾：一是解决沿江保护与区域发展之间的突出矛盾，二是历史欠账与转型升级之间的突出矛盾。

抓住三个重点：一是国土空间优化，二是环境质量改善，三是产业绿色转型升级，优先解决生态文明建设中的突出问题。

完成四项任务：完成优化生态空间、发展生态经济、改善生态环境、提升生态文明软实力四项任务，达到国家生态文明建设示范市创建要求。

打造四个示范区：包括沿江保护示范区、大冶湖生态新区、铁山绿色矿业示范区和传统产业转型发展示范区，探索模式、总结经验、以点带面、梯次推进、突出重点、集成创新，全面提升生态文明建设水平。

推进六大优先工程：率先启动实施环境质量精准提升、山水林田湖生态保护修复、产业生态化改造、生态生活与人居环境提升、生态文化培育、生态制度保障等六大优先工程，实现大工程带动大保护、大发展。

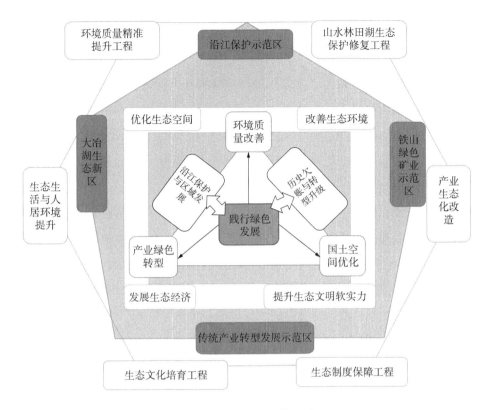

图1-3　"123446"战略

1.4　创建指导思想与基本原则

1.4.1　指导思想

　　坚持以马克思列宁主义、毛泽东思想、邓小平理论、"三个代表"重要思想、科学发展观为指导，全面贯彻落实党的十九大精神，深入领会习近平新时代中国特色社会主义思想，统筹推进"五位一体"总体布局，协调推进"四个全面"战略布局，牢固树立创新、协调、绿色、开放、共享的发展理念，坚持节约资源和保护环境的基本国策，以统筹人与自然和谐发展为核心，以为人民创造良好的生产生活环境为目标，以重点任务和重大工程为抓手，以实行最严格的生态环境保护制度为保障，优化生态空间、发展生态经济、改善生态环境、培育生态文化、引导生态生活、完善生态文明制度体系，立足当前、着眼长远，重点突出、统筹兼顾，有序推进全市生态文明建设示范市创建工作。

1.4.2 基本原则

坚持遵循自然、和谐共生。树立和践行"绿水青山就是金山银山"的理念，正确处理经济建设、政治建设、文化建设、社会建设与生态文明建设的关系，坚持节约优先、保护优先、自然恢复为主的方针，促进形成绿色的发展模式和生态的生活方式，最大限度减少经济发展对生态环境的干扰和损害，提高生态产品供给能力，筑牢生态安全格局，促进人口资源环境相均衡、经济社会生态效益相统一。

坚持绿色发展、标本兼治。牢牢把握我国经济发展由高速增长转向高质量发展的重大历史机遇，以提高供给体系质量、优化资源性产品价格形成机制为主攻方向，大力推进供给侧结构性改革，坚决淘汰落后产能、过剩产能，推动技术创新、文化创新，优化资源配置，坚持工业强势、加快赶超发展，以先进制造业、战略新兴产业和现代服务业为重点，促进产业结构转型升级，促进产业集群、集约、集聚发展，构建绿色、循环、低碳的生态经济发展新模式。

坚持改革创新、深化法治。以改革创新推进生态文明体制改革，加快完善生态文明配套管理制度，转变生态保护与环境治理的思路和方式。强化压力传导、责任传导，落实生态文明建设和生态环境保护"党政同责""一岗双责"，明确各级政府生态文明建设的主体责任，强化各部门的职责分工。严格监督执法，执法必严、违法必究，从严处理各类生态环境违法行为，促进全社会遵纪守法。

坚持政府主导、全民参与。充分发挥政府的组织、引导、协调职能，加强生态文明宣传教育，提升生态文明软实力，提高社会参与生态文明建设的主人公意识和责任意识。落实企业环境治理的主体责任，坚持政府与市场"两手发力"，强化生态文明建设信息公开，拓宽公众参与渠道，激励与约束并举，形成政府、企业、公众共建生态文明的社会风气。

1.5 创建目标与指标

1.5.1 总体目标

力争到 2027 年，全面完成国家级生态文明建设示范市创建工作。全市生态文明制度体系基本建立，国土空间开发格局得到优化。绿色、低碳、循环的经济体系基本构建，可持续发展能力大幅提升。城乡生态环境质量明显改善，生态环境风险全面降低。社会主义生态文明观得到牢固树立，全面形成节约资源和保护环境的生产方式、生活方式。努力将黄石打造成为江河秀美、山川壮丽、环境健康、发展绿色、城乡宜居、人文厚泽、制度健全的"矿冶绿城、山水明珠",成为长江经济带沿岸重要的绿色节点城市。

1.5.2 阶段目标

全面启动阶段（2017—2020年）。基本形成符合主体功能定位的国土空间开发格局,初步建成覆盖全社会的资源循环利用体系,基本建立资源节约、环境友好的生态经济体系,持续提升生态环境质量、改善人居环境。基本建立系统完整的生态文明制度体系,低碳绿色化生活方式得到广泛认可,形成浓厚的生态文化氛围,生态文明软实力明显提升,生态文明建设主要指标达到国内先进水平。

建设完善阶段（2021—2027年）。基本建立起与生态文明要求相适应的产业结构、生产方式和消费模式。生态文明体制机制不断完善,国土空间开发格局进一步优化。生态环境质量持续改善,生态产品供给能力有效提升。社会主义生态文明观深入人心,人民生活质量和生态环境满意度大幅提高,全面完成国家级生态文明建设示范市各项创建目标。

1.5.3 指标体系

黄石市创建生态文明建设示范市指标体系分为：生态制度、生态环境、生态空间、生态经济、生态生活和生态文化等6个方面,共35项指标。其中约束性指标17项,参考性指标18项。约束性指标是指在规划期内不得突破或必须实现的指标,是国家考核生态文明建设示范创建成效的硬性约束；参考性指标是指国家旨在通过组织生态文明建设示范市创建,引导各地努力实现的相关任务,参考性指标的完成情况同样作为相对量值纳入示范创建考核结果。各项指标根据规划近、远期建设目标和全市实际情况,分别确定2020年、2027年分阶段目标值。具体如表1-1所示。

表1-1 黄石市创建生态文明建设示范市指标体系

领域	序号		指标名称	单位	2015年现状	2020年目标	2027年目标	指标属性	指标分解单位
生态制度	1		生态文明建设规划	—	未制定	制定实施	落实完善	约束性指标	市生态环境局
	2		生态文明建设工作占党政实绩考核的比例	%	15	≥20	≥20	约束性指标	市委组织部
	3		自然资源资产负债表	—	未编制	编制完成	编制完成	参考性指标	市发改委
	4		自然资源资产离任审计	—	未开展	开展	开展	参考性指标	市委组织部
	5		生态环境损害责任追究	—	未开展	开展	开展	参考性指标	市委组织部
	6		河长制	—	未开展	开展	全面推行	约束性指标	市水利水产局
	7		固定源排污许可证核发	—	未开展	完成发放	全面实行排污许可管理	约束性指标	市生态环境局
	8		环境信息公开率	%	85	95	100	参考性指标	市生态环境局
生态环境	9	环境空气质量	优良天数比例提高幅度	%	67.1	14	≥18	约束性指标	市生态环境局
			重污染天数比例	%	3.2	≤3	0	约束性指标	市生态环境局
	10	地表水环境质量	达到或优于III类水质比例提高幅度*	%	79.8	≥9.2	≥10.2	约束性指标	市生态环境局
			劣V类水体比例下降幅度*	%	17	≥11	≥12	约束性指标	市生态环境局
	11		生态环境状况指数（EI）	—	69.93	≥55且不降低	≥55且不降低	约束性指标	市生态环境局
	12		森林覆盖率	%	31.57	≥35.43	≥40	参考性指标	市自然资源和规划局
	13	生物物种资源保护	重点保护物种受到严格保护	—	执行	执行	执行	参考性指标	市生态环境局
			外来物种入侵	—	不明显	不明显	不明显	约束性指标	市生态环境局
	14		危险废物安全处置率	%	100	100	100	约束性指标	市生态环境局
	15		污染场地环境监管体系	—	无	建立	建立	参考性指标	市生态环境局
	16		重特大突发环境事件	—	无	未发生	未发生	约束性指标	市生态环境局

* 考核断面：《黄石市水污染防治实施方案》黄石市地表水水质目标清单。

续表

领域	序号	指标名称	单位	2015年现状	2020年目标	2027年目标	指标属性	指标分解单位
生态空间	17	生态保护红线	—	无	划定并严守	划定并严守	约束性指标	市生态环境局、市发改委
	18	耕地红线	—	遵守	遵守	遵守	约束性指标	市国土局
	19	受保护地区占国土面积比例	%	19.8	≥21	≥22	约束性指标	市自然资源和规划局、市建委、市水利水产局、市生态环境局
	20	空间规划	—	有	编制完善	编制完善	参考性指标	市发改委
生态经济	21	单位地区生产值能耗	吨标煤/万元	1.188	≤1.07	≤0.70	约束性指标	市发改委
	22	单位地区生产总值用水量	立方米/万元	149.67	≤118.48	≤70，且用水总量不超过控制目标值	约束性指标	市水利水产局
	23	单位工业用地工业增加值	万元/亩	104	≥70	≥70	参考性指标	市经信委
	24	应当实施强制性清洁生产企业通过审核的比例	%	15	25.5	100	参考性指标	市生态环境局
生态生活	25	集中式饮用水水源地水质优良比例	%	100	100	100	约束性指标	市生态环境局
	26	城镇污水处理率	%	74	≥83	100	约束性指标	市建委
	27	城镇生活垃圾无害化处理率	%	100	100	100	约束性指标	市城管局
	28	城镇人均公园绿地面积	平方米/人	11.2	≥12	≥15	参考性指标	市建委、市自然资源和规划局

续表

领域	序号	指标名称	单位	2015年现状	2020年目标	2027年目标	指标属性	指标分解单位
生态生活	29	城镇新建绿色建筑比例	%	10.37	≥11.64	≥40	参考性指标	市建委、市自然资源和规划局
	30	公众绿色出行率	%	24	≥30	≥50	参考性指标	市交运局、市建委
	31	节能、节水器具普及率	%	80	≥70	≥70	参考性指标	市建委、市水利水产局
	32	政府绿色采购比例	%	80	≥80	≥80	参考性指标	市政府采购办
生态文化	33	党政领导干部参加生态文明培训的人数比例	%	50	100	100	参考性指标	市委组织部、市委党校
	34	公众对生态文明知识知晓度	%	40	≥55	≥80	参考性指标	市委宣传部、市生态环境局
	35	公众对生态文明建设的满意度	%	58	≥65	≥80	参考性指标	市委宣传部、市生态环境局

第2章 黄石市生态文明建设基础与机遇

2.1 黄石市区域现状概况

2.1.1 自然地理

2.1.1.1 区位条件

黄石市位于湖北省东部，长江中游南岸。东北临长江，与浠水县、蕲春县、武穴市隔江相望，北接鄂州市，西靠江夏区，西南与咸宁市通山县为邻，东南与江西省武宁县、瑞昌市接壤。黄石处于京广、京九两条铁路大动脉与京珠、沪蓉、大广、杭瑞四条高速公路和长江黄金水道的交汇地带，是承东启西、贯南通北之地。境内村村通公路，对外连接全国各地，沪蓉高速公路横贯市区北隅，上通渝蓉，下通宁沪；武（昌）黄（石）九（江）铁路，东连浙赣线，西接京广线；水路依托长江可出海，对外交通便利，区位优势明显。

2010年，《全国主体功能区规划》将黄石明确定位为区域性副中心城市。2015年，国家将长江经济带开发开放和长江中游城市群一体化建设提升为国家战略。黄石市是长江经济带和长江中游城市群中的重要功能节点城市，对于湖北而言，黄石在湖北省城镇化战略格局中的地位仅次于武汉。

2.1.1.2 行政区划

黄石市地跨东经114°31′—115°30′，北纬29°30′—30°20′。现辖大冶市、阳新县和黄石港区、西塞山区、下陆区、铁山区四个城区及黄石经济技术开发区（国家级经济开发区），总面积4 583平方公里，其中市区面积233平方公里。

2.1.1.3 地形地貌

黄石市地处幕山脉北侧边缘的丘陵地带，属淮阳山字形新华夏系联合作用的褶皱构造形式，山地由石灰岩、页岩、火成岩、大理岩、闪长岩等构成，平地为第四世纪冲积层。沉积层主要由红色黏土、重型砂质黏土、轻质亚黏土及淤泥轻亚黏土组成。境内群山起伏，纵横千里，分布大体呈东西走向，海拔最高点是阳新县七峰山林场大王南岩岭 862.7 米，最低点是富水下游富池河床 8.7 米，可用地平均海拔 20 ～ 50 米（均为黄海高程）。地势西南高、东北低，由西南向东北倾斜，地形破碎，局部地方形成不完整的山间盆地。岗地坡度一般较为平缓，沿江一带标高较低。

全市低山、丘陵、岗地、平原、湖盆分别占土地总面积的 5.99%、50.66%、8.47%、33.31%、1.57%，丘陵为主要地貌形态。丘陵地区特殊的地形地貌，造成境内耕地相对分散、零碎，小块未利用地多，土地开发、整理新增耕地潜力较大。市区南依黄荆山脉（主峰 646 米），北临长江，三面环山，东西长 30 公里、南北宽 2 ～ 10 公里的南高北低的地势，东西为平畈低地，间杂龙岗山丘，湖泊位于中心区的盆地地貌中。

2.1.1.4 气候气象

黄石地处中纬度，远离海洋，陆面多为矿山群，春夏季下垫面粗糙且增湿快，对流强，加之受东亚季风环流影响，其气候特征为冬冷夏热、四季分明，春季冷暖多变，梅雨明显，伏旱、秋旱频繁，光照充足，热能丰富，雨量充沛，是典型的亚热带东亚大陆性气候。多年平均气温 17.00℃，最高气温 41.50℃，最低气温 –15.50℃；年平均相对湿度 79%；年平均降水量为 1 385 毫米，年均降水日 130 天左右，最大日降雨量 360.4 毫米；年平均蒸发量 1 300 ～ 1 400 毫米，年平均气压为 1 013.3 百帕；多年平均风速 2.2 米 / 秒，历年最多风向为东风、东南风，年主导风向为东风（16%），静风频率为 25%，最大风速为北风 18.7 米 / 秒；年日照总时数为 1 666 ～ 2 281 小时；无霜期一般为 211 ～ 272 天。全境气候温和、湿润，冬寒期短，水热条件优越，有利于农作物生长。但由于大气环流、地形、季节变换，气候各要素年际、年内变化较大，因而倒春寒、大暴雨、强风、伏秋连旱等灾害性天气时有发生。

2.1.1.5 资源禀赋

水资源丰富。黄石市襟江带湖，水资源丰富，长江经鄂州市入境本市，由北向东南方向流经全市至天马岭出境，流入江西省瑞昌市，全长 76.6 公里。拥有大小河流 408 条，总长 1 410.9 公里（不含长江），其中富水过境 79.6 公里，在境内汇入长江。市境内由富水水系、大冶湖水系、保安湖水系及若干干流、支流和 258 个大小湖泊组成，主要湖泊有 11 处，即磁湖、青山湖、大冶湖、保安湖、网湖、舒婆湖、宝塔湖、十里湖、北煞湖、牧羊湖、海口湖等，总承雨面积 2 469.76 平方公里。有大、中、小型水库 266 个，总库容 25.05 亿立方米。年均水资源总量 42.43 亿立方米，其中地下水资源量为 8.05 亿立方米。但水资源由于时空分布不均，各地丰歉程度不一，山丘区水资源条件相对较差，干旱季节仍有缺水现象，平原湖区地势低洼，多雨季节易发生洪涝灾害。

矿产资源。黄石市矿产资源丰富，已发现的金属、非金属、能源和水气矿产4大类共计64种，黑色金属有铁、锰；有色金属有铜、钨、钼、锌、铅、钴；贵重金属有金、银；稀有元素矿产有锗、镓、铊、铟、硒、碲等；非金属矿有磷、硫、含钾岩石、石灰石重晶石、方解石、天青石、膨润土、石膏、硅灰石等，其中硅灰石产量居世界第二；燃料矿有煤炭。已列入储量表的矿产有42种，其中铜、钴、钨、钼、金、银、锶、铼、硅灰石、透辉石、泥灰岩、熔结凝灰岩、饰面大理岩等13种矿产储量潜在经济价值达4 000多亿元。

主要矿产的储量分布十分集中，全市小型以上的铁、铜、金矿床共190多处。铜矿保有储量占全省的91.8%，共有大型矿床4处、中型矿床9处，为大冶有色金属有限公司重要的供矿基地。金矿保有储量占全省的88%。水泥用石灰岩矿床规模大、质量好、矿层厚度大，宜于露天开采，为发展水泥等建材行业奠定了雄厚的基础；铁矿石保有储量占全省储量的23.7%，产量居全省第一，共有大、中型铁矿床6处，是武汉钢铁公司铁矿石原料的重要产地。

生物资源。黄石市生物资源丰富，珍稀濒危物种多。植被资源较丰富，属常绿落叶阔叶森林植被带。据调查，黄石境内共有植物资源1 120余种，仅野生植物就有4类171科，其中木本植物83科、草本植物67科、蕨类植物16科、苔藓植物5科。境内珍稀植物有国家一级保护植物水杉，国家二级保护植物有银杏、杜仲、鹅掌楸、金钱松，国家三级保护植物有黄山木兰、楠木等，名、贵、特植物有雪松、凤尾柏、石楠、香榧、大血藤、白玉兰、楠紫薇、尾叶樱、厚朴、凹叶厚朴、檫木、牡丹等。黄石市典型陆生生态群落主要分布在阳新县七峰山、大冶市黄坪山和大王山、市区东方山的保护区、风景区内。野生动物资源包括常见野生动物200种，列入国家重点保护的有35种，属于省级重点保护的有93种。

旅游资源丰富。黄石市拥有丰富的自然景观和人文资源，素有"半城山色半城湖"之美誉。自然风景秀丽，名胜古迹亦多，旅游资源丰富。主要旅游景点有：团城山公园、青山湖公园、青龙山公园、"佛教圣地"东方山风景区、西塞山、雷山、半壁山、仙岛湖、飞云洞及铜绿山古铜矿遗址博物馆，还有龙港革命历史纪念馆、湘鄂赣边区鄂东南革命烈士陵园、红三军团指挥部旧址等数处革命斗争遗址，仙岛湖度假胜地以及网湖生态湿地等历史文化和自然风光景区。

黄石市共有国家4A级旅游景区1处、国家3A级旅游景区4个、省级和县级自然保护区7个、风景名胜区5处。黄石国家矿山公园是全国首批、湖北省唯一的国家矿山公园，2010年被授予国家级4A级旅游景区；湘鄂赣边区鄂东南革命烈士陵园、东方山风景区、大冶雷山风景区、大冶青龙山公园为国家3A级风景名胜区；黄石市汉冶萍煤铁厂矿旧址（1890—1948年）、大冶兵暴旧址（1929年）、大冶市红三军团革命旧址（1930年）三处入选第六批全国重点文物保护单位。

2.1.2 社会经济

2.1.2.1 人口规模

据2015年《黄石市统计年鉴》，到2015年年末，全市常住人口245.8万人，其中，城镇人口150.68万人，城镇化率61.3%。人口自然增长率8.33‰。2008年—2014年户籍人口及常住人口的差额，发现黄石市人口变化主要来源于户籍人口自然增长和外出人口逐年增多。

2.1.2.2 经济发展

黄石市地区生产总值由2005年的362亿元增长到2015年的1 228.1亿元，增长了239.25%。增速于2007年达到峰值，后明显下降，2009年达到最低，后明显增长，2011年达到峰值，后持续下降。但从总体来看，黄石市GDP仍保持高速增长。黄石市人均GDP从2005年的14 358元增长到2014年的51 486元，增长了3倍多，人均GDP增长迅速。三次产业增加值整体稳步增长。产业资本主要集中在北部市辖区和西北部工业区。整体上，黄石市处于工业化中期向后期迈进阶段。

2.1.2.3 城市建设

2011—2014年黄石市人口总量稳中有增，城乡一体化进程平稳推进。由2011年的常住人口243.46万人，城镇人口143.5万，城镇化率58.94%，增加到2014年年末户籍总人口262万人，常住人口244.92万人，城镇人口为149.11万人，城镇化率提高到60.88%，相对2011年提高了1.93个百分点，由农村向城镇转移5.6万人。作为武汉城市圈副中心城市和长江沿岸城市群建设的重要城市，黄石市城镇化率略高于武汉城市圈（1+8）平均城镇化率59.9%，高于全省平均水平5.21个百分点，在全省排名第三位。与全国相比，黄石城镇化率也要高于全国平均水平6.11个百分点。生活垃圾、污水处理等城镇基础设施不断完善。

2.1.2.4 能源消耗

2015年全市用电量112.25亿千瓦时，增长1.66%。规模以上工业综合能源消费量804.72万吨标准煤，下降8.59%，其中煤炭消费量910.49万吨，下降4.66%；焦炭消费量162.05万吨，下降21.8%；天然气消费量24 316.66万立方米，下降0.72%；油类消费量4.72万吨，下降7.46%。工业能源消耗整体上升，但2015年有所下降。

2.1.3 基础评估

2.1.3.1 生态空间体系

生态空间保护基础较好，但部分重要的生态空间遭到严重破坏。黄石市生态系统类型以林地、耕地、水域为主，已建成省级自然保护区1个、省级森林公园5个、国家级湿地公园1个、省级湿地公园4个、饮用水水源保护区3个、省级风景名胜区2个，国家和省级生态公益林约906.2平方公里，受保护地区占国土面积比例已达到19.8%。湖北省已开展划定黄石市生态保护红线工作，因此，黄石生态空间保护基础较好。但历史上黄石因采矿造成部分重要生态空间遭到严重破坏，全市被破坏山体有395处，地表植被破坏1 915处，历史遗留工矿废弃地2 075块，占全域总面积的3.08%。

2.1.3.2 生态经济体系

经济总量保持稳步增长，但产业结构布局有待优化。2015年地区生产总值为1 228.1亿元，较2014年增长0.78%，近十年平均增长率为12.9%。但产业结构偏重，2015年三次产业结构比例为8.8∶55.4∶35.8，重工业产值占工业总产值比重84.1%。产业布局不合理，矿厂较多、分散，且大部分矿场位于水系上游，每年排放大量工业废水进入湖库，最终进入长江，给区域饮水安全、环境安全带来巨大威胁。

积极探索绿色循环低碳发展模式，但产业绿色转型有待持续推进。绿色循环发展初见成效，以点带面深入开展节能降耗、清洁生产、资源综合利用，形成了"华新水泥""大冶有色""劲牌酒业"三种典型循环经济模式；黄金山工业园区列入湖北省首批低碳试点园区，新冶钢有限公司等13家企业纳入全省首批开展碳排放权交易的试点企业。但黄石生产原材料和资源型产品粗加工的产业结构没有完全改变，工业结构偏重，金属冶炼、非金属矿物制品业、电力、机械设备制造产业等高耗能、高污染行业产值占工业产值总量的比重大，高新技术产业增加值占GDP比重小，产业转型升级面临较大压力。

2.1.3.3 生态环境体系

水环境质量总体稳定，但水质达标率较低。近5年黄石市主要水体水质类别没有发生明显变化。据《黄石市"十三五"环境保护规划》，2015年全市地表水环境质量达到或优于Ⅲ类水质比例为79.8%。在黄石市地表水水质考核断面目标清单上，22个断面中去除长江流域等国控断面，经计算得出2015年劣Ⅴ类水体比例为17%。

大气环境质量偏低，颗粒物超标严重。据2015年《黄石市环境状况公报》，2015年城区空气质量二级以上优良天数245天，优良率仅为67.1%，低于湖北省平均水平，首要污染物为细颗粒物。近 3 年，黄石市污染物浓度总体呈现下降趋势，但颗粒物浓度仍高于国家标准；从季节变化来看，污染物浓度呈现夏季低、秋冬高的态势。

土壤环境质量总体稳定，但土壤污染范围广、程度深，局部区域土壤污染严重，呈现砷、铅、锌、镉、铜等多种重金属复合污染的特征，土壤污染对农产品质量和人体健康危害日益凸显。

生态环境质量整体良好，但矿山开发导致生态破坏严重。据《2016 年湖北省环境质量状况》，黄石市 2015 年生态环境状况指数（EI）达 69.93，生态环境状况为良好，处于湖北省中上游水平。但因采矿造成地表和植被破坏严重，矿区生态破坏和退化问题较为突出，历史遗留工矿废弃地占全市总面积的 3.08%，全市被破坏山体有 395 处，仅黄荆山南麓、北麓及长乐山沿线就有 60 余处，面积达 56 万平方米。

2.1.3.4 生态生活体系

人口低速增长，城镇化水平不断提高。近年来人口总量稳中有增，据 2016 年《黄石市统计年鉴》，2015 年常住人口 245.8 万人，仅较 2011 年增加 2.34 万人。城镇人口为 150.68 万人，城镇化率 61.3%，分别高于全省、全国平均水平 5.21 个、6.11 个百分点。

城镇人居环境得到明显改善，但农村环境基础设施建设滞后。2015 年，城镇生活污水处理率达到 90.9%，城镇生活垃圾无害化处理率达到 100%，城镇集中式饮用水水源地水质达标率达到 100%，公园绿地布局有序，城市环境面貌得到明显改观。但在城乡接合处及农村偏远地区，污水、垃圾收集及处理设施配套不足，仍然存在污水乱排、垃圾随意堆放填埋等现象。农村供水设施缺乏，集中供水及水质安全不能全面保障。

积极推广低碳生活方式，但绿色生活水平尚需提升。黄石市建立并实施了绿色采购制度，积极实行节水计划，大力推进节能器具的使用，提高新建居住建筑低能耗标准，低碳生活方式得到推广。但公众绿色生活方式尚未普及，大部分建筑有待节能升级改造，新建建筑绿色达标率仅为 16.6%，绿色出行设施及体系仍不够完善，节能节水器具普及仍有较大提升空间。

2.1.3.5 生态制度体系

生态文明体制改革有序推进，但制度体系尚需健全。参照《生态文明体制改革总体方案》和《中共中央 国务院关于加快推进生态文明建设的意见》，对黄石市制度建设现状进行梳理。就当前来看，黄石市在完善土地有偿使用制度、健全矿产资源开发利用管理制度等 24 项进展较好，正在积极研究和推进的工作主要是推行水权交易制度、建立生态环境损害责任终身追究制、建立能源消费总量管理和节约制度等 16 项，暂未提出开展水流和湿地产权确权试点、建立沙化土地封禁保护制度、建立耕地草原河湖休养生息制度、创新市县空间规划编制方法4项制度。但是，其中30项制度工作仅停留在计划层面，尚未贯彻落实，未来黄石市需加快健全落实污染物排放许可制、生态环境损害赔偿制度、绿色投融资机制等工作基础薄弱的制度。

2.1.3.6　生态文化体系

黄石市历史文化悠久，但生态文明意识有待强化。黄石市拥有三千年青铜冶炼史，矿冶文化之火生生不息，孕育了浓厚的工业文明，享有"青铜古都""钢铁摇篮""水泥故乡"的美誉。近代，黄石是部分主力红军的组建地，红色文化深入人心。近年来，黄石市确立"生态立市、产业强市"的发展战略，通过各类媒体开展了多种形式的宣传报道，广泛传播生态文明理念，干部群众的"恋矿情结、唯矿思维"有所减轻，但尊重自然、顺应自然和保护自然的生态文明理念尚未成为广大干部群众的自觉意识和行动。黄石党政领导干部参加生态文明培训的人数比例只有50%，远低于国家100%的要求；公众对生态文明知识知晓度为40%，公众对生态文明建设的满意度为58%，均低于国家生态文明建设示范市要求。部分企业缺乏转型发展的危机感和紧迫感，盲目认为"有矿就有饭吃"，生态环境保护责任意识有待加强。因此，生态文明宣传教育力度仍有待加强。

2.2　制约因素

2.2.1　国土空间布局不合理，保护与发展矛盾突出，布局优化难度大

城市发展空间布局矛盾突出。"风往西北吹、水往东南流"，中心城区位于下风向，发展空间布局矛盾较为突出。受大气流场、水域格局及资源分布等自然条件影响，在资源开发、产业布局与环境保护等多方面协调困难大。城市拓展和工业发展的重点是东南部长江沿岸和大冶湖周围，但黄石市常年主导风向（东南风）与城市沿江、沿大冶湖发展的布局有矛盾，东南部沿江地区城市发展和工业发展带来的大气污染物向西北部迁移扩散，对城市环境的影响较大。此外，沿江各类型港口分布也对长江水环境安全造成威胁。

产业布局不合理。黄石市因矿建城、因矿设厂，以资源与劳动密集型产业为主，矿厂较为分散，且大部分矿场位于黄石市水系上游，如大冶矿产、大冶有色位于大冶湖上游，每年排放大量工业废水进入大冶湖，对下游人民饮水、生活等方面带来巨大威胁。黄石市生活区多在生产区基础上发展，生产、生活用地混杂，环境风险大，如黄石港工业园、黄石新港工业园、下路乐山工业园、铁山光谷东机械产业园等工业园都位于黄石市市辖区，市辖区位于城市的最北部，面积较为狭小，开发强度较高，生

态承载力接近上限。长江干流是黄石市河流水系的终端，区域发展最终都影响长江干流，加大城市建设布局和绿色发展的难度。

资源开发与生态空间管制存在冲突。矿产资源开发与生态空间保护存在严重冲突。根据土地利用二调数据，2009 年黄石市采矿用地总面积为 79.1 平方公里，多分散分布于黄石市北部城区、大冶市以及阳新县的富池镇等地。采矿用地与自然保护区、风景名胜区、森林公园、水源保护区、湿地公园、基本农田保护区、河流水系、生态公益林、地质灾害高易发区等生态空间管制要素有多处重叠，其中黄荆山省级森林公园、大冶市的多片基本农田集中区均有采矿用地分布，生态环境保护与空间管制面临巨大压力。

2.2.2　资源环境约束趋紧，污染治理和生态修复任务艰巨

黄石在经济社会快速发展的同时，也留下了巨大的"生态赤字"，水环境质量达标率仅为 36.4%，大气环境质量优良率仅为 67%。生态环境历史欠账严重，资源环境承载压力大，短期内环境恢复治理、生态质量改善难度大，生态保护任务艰巨。预计至 2020 年，常住人口达 248 万人，城镇人口增加到 161 万人，地区生产总值突破 2 500 亿元。随着人口增长和社会经济发展，资源环境承载压力进一步加大，短期内难以缓解。

2.2.3　产业结构调整和转型升级难度大

经济发展方式较为粗放。黄石市是以生产原材料和资源型产品粗加工为主的资源枯竭型城市，产业发展的资源利用产出效率低。2014 年黄石市单位工业用地工业增加值仅为 36.98 万元 / 亩。单位 GDP 能耗、水耗、万元工业增加值主要污染物较大，2014 年单位地区生产总值能耗为 1.32 吨标准煤 / 万元，单位地区生产总值用水量为 126.8 立方米 / 万元，万元工业增加值二氧化硫排放量为 11.98 千克，万元工业增加值烟（粉）尘为 7.26 千克，均高于全国和全省平均水平。

产业结构偏重。黄石市沿袭了 20 世纪大多数城市工业发展模式，是典型的以工业为主的发展城市，黄石市产业结构调整任重道远。2014 年工业比重高达 59.37%，高于全国、全省平均水平，产业转型升级面临较大压力，工业中重工业产值比重为 84.9%，其中金属冶炼、非金属矿物制品业、电力、机械设备制造产业等高耗能、高污染行业产值占工业产值总量的比重达到 62%。第三产业 GDP 总值呈上升趋势，比重也有所提高，但对第一、第二产业依赖性强，发展空间受到束缚。

转型发展不快，核心竞争力不强。黄石市工业转型需大力推进，2014 年黄石市高新技术产业增加值为 192.04 亿元，占 GDP 比重为 15.8%，比 2011 年提高了 1.2 个百分

点，总体来看，高新技术产业仍需跨越式发展，才能逐步减轻轻工业对资源和能源的依赖。黄石市工业产品竞争力不足，其服装、滋补酒等产品，虽然在国内有一定名气，但是技术门槛较低，缺乏核心竞争力，近年黄石市除了有色铜板带、新兴铸管外，产品技术含量较高的投产大项目不多，高新技术产业发展后劲不足。在当前经济增速放缓、环保标准加严、产业结构转型升级的紧迫形势下，由于创新要素聚集不足、创新驱动能力较弱，电子信息、节能环保、装备制造等战略性新兴产业培育力度还相对不足，缺乏核心竞争力。

2.2.4 城乡发展不均衡，生态文明意识有待加强，制约发展的体制机制障碍仍然存在

城乡发展非均衡性问题突出。2014 年，城镇生活污水处理率 86.81%，城镇生活垃圾无害化处理率 85.8%，公园绿地布局有序，城市环境面貌得到明显改观。城镇化率达到 60.88%，但城镇化的总体质量不高，没有形成与主体功能区规划相适应的新型绿色化城镇发展格局，中心城区人口产业过于集聚、开发强度大、环境风险高，对周围大冶市、阳新县及其他城镇的辐射带动作用不强，导致重点城镇产业承接、人口转移能力弱。环境公共服务水平总体偏低且地区差异大，绿地多集中于中心城区，城乡环境基本公共服务不均衡性问题突出。

农村环境基础设施建设滞后。城乡接合处及农村偏远地区的污水、垃圾收集及处理设施配套不足，29 个建制镇中，只有 13 个镇对居民生活垃圾进行了收运，仍然存在污水乱排、垃圾随意堆放填埋等现象。农村供水设施缺乏，集中供水及水质安全不能全面保障。部分农村地区面源污染严重，居住环境质量较差。污水处理厂存在负荷偏低、管理不规范等问题，雨污分流、垃圾分类与收集、污水处理等基础设施建设仍无法满足需要，城乡人居环境改善压力大。

饮用水水源地保护监管不到位。长江黄石港水源地是国家级水源地，但是在水源地保护区内，存在 2 座城市污水泵站、12 个码头和泊位，2 座长江大桥穿越，这些对饮水安全都构成了严重威胁。城市目前尚无应急备用水源地，水源地保护管理普遍存在多头管理、没有制定地方保护法规、没有应急预案等问题；西塞山水源地尚未划定水源保护区范围；水质监测没有能力对《地表水环境质量标准》（GB 3838—2002）中的有毒有机补充项目进行监测。

生态文明意识有待强化。黄石市拥有三千年青铜冶炼史，矿冶文化之火生生不息，孕育了浓厚的工业文明，享有"青铜古都""钢铁摇篮""水泥故乡"的美誉。近代，黄石市是部分主力红军的组建地，红色文化深入人心。近年来，黄石市确立"生态立市、

产业强市"的发展战略，通过各类媒体开展了多种形式的宣传报道，广泛传播生态文
明理念，干部群众的"恋矿情结、唯矿思维"有所减轻。但生态文明宣传教育力度仍
有待加强，黄石生态文明教育课时比例仅为 1.2%，远低于国家 10% 的要求。部分党员
干部思想观念、开放意识、能力素质、工作方法不适应生态文明建设新常态要求，迫
切需要从"有矿就有饭吃"的"唯矿思维"转变为"绿水青山就是金山银山"的可持续
发展思维，增强生态环境保护意识。部分企业生态环境保护责任意识有待加强，"有矿
就有饭吃"的盲目想法需要彻底扭转。

制约发展的体制机制障碍仍然存在。生态文明建设的目标责任制、公众参与机制、
环境治理联动机制等方面还需要进一步完善和创新。参照《生态文明体制改革总体方
案》和《中共中央　国务院关于加快推进生态文明建设的意见》，对黄石市制度建设现
状进行梳理。就当前来看，黄石市完善土地有偿使用制度、健全矿产资源开发利用管
理制度等 24 项工作进展较好，正在积极研究和推进的工作主要在推行水权交易制度、
建立生态环境损害责任终身追究制、建立能源消费总量管理和节约制度等 16 项，暂未
提出开展水流和湿地产权确权试点、建立沙化土地封禁保护制度、建立耕地草原河湖
休养生息制度、创新市县空间规划编制方法 4 项制度。但是，其中 30 项制度工作仅停
留在计划层面，尚未贯彻落实，未来黄石市需加快健全落实污染物排放许可制、生态
环境损害赔偿制度、绿色投融资机制等工作基础薄弱的制度。

2.3　未来形势预测

2.3.1　城镇发展

依据 2006—2014 年《黄石市统计年鉴》显示，黄石市人口增速缓慢，城镇化率
提升速度较快。"十一五"期间黄石市常住人口总数增加 2 万人，2014 年相对 2010 年
增加 2 万人，平均每年增加 0.5 万人。2010 年城镇化率为 56.8%，相对 2006 年提高了
7 个百分点，平均每年提高 1.4 个百分点。2014 年城镇化率相对 2010 年提高了 4.08
个百分点，每年增长平均值为 1.02 个百分点。全市在"十二五"期间城镇化率增加
4.8 个百分点，每年涨幅 0.96 个百分点。参考全国"十三五"规划纲要中，"十三五"
末城镇化率由当前的 56.1% 提高到 60%，平均每年提高 0.8 个百分点。在中央新型城
镇化的要求下，城镇化的质量要求提高，因此推算黄石市在 2015—2020 年城镇化率
每年平均增幅不会超过 1 个百分点，预测黄石市到 2020 年城镇化率提高至 66%。到
2027 年城镇化提高到 70%（表 2-1，图 2-1）。

表2-1　黄石城镇化情况

指标	2006年	2010年	2014年
城镇化率/%	49.75	56.8	60.88
城镇人口/万人	126.3	137.96	143.54
总人口/万人	240	242.93	244.92

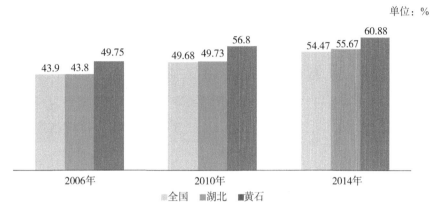

单位：%

图2-1　黄石城镇化率与湖北省、全国的对比情况

2.3.2　经济发展

2000—2015 年，黄石市生产总值由 182.41 亿元增长到 1 228.1 亿元，增长了 5.7 倍，年增长率为 13.55%；产业结构由 9.9∶51∶39.1 调整到 8.84∶55.36∶35.80。从发展的态势上看，围绕湖北省"一元多层次"战略体系和"两圈两带"战略布局，将黄石建设成为国家生态文明先行示范区、长江中游现代化新型产业基地、湖北省副中心城市，为全国的老工业基地和资源型城市开展生态文明建设探索路子、积累经验、提供示范，打造湖北省经济强市和鄂东地区龙头城市，成为湖北省加速发展的东部引擎。

2.3.2.1　黄石市经济增长逐步趋缓

从当前国家经济发展的趋势上看，经济已经由高速增长转向中速增长，同时黄石市处于工业化中期向后期迈进阶段，未来黄石市经济发展较难维持当前高速增长水平，黄石经济增长态势将会逐步趋缓，但会构建优势突出、竞争力强的生态型现代产业体系。

对黄石市经济发展的预测分为三种情景，分别为乐观情景、基准情景、保守情景（表 2-2）。

表2-2　黄石市生产总值发展趋势预测

指标	情景	2020年	2027年
GDP/亿元	乐观方案	2 546.34	4 852.62
	基准方案	1 804.48	3 092.56
	保守方案	1 682.61	2 614.74
人均GDP/元	乐观情景	81 051	155 522
	基准情景	75 649	129 650
	保守情景	70 540	109 618

1）乐观情景：《黄石市"生态立市、产业强市"总体规划》经济发展目标设定为到2030年，地区生产总值达到5 100亿元，三次产业增加值比重调整为4∶55∶41，城镇化率达到65%。2015—2030年生产总值年均增长率预期为9.65%，核算黄石市2020年生产总值为2 546.34亿元，2027年为4 852.62亿元。根据当前国内外形势以及先进国家经验来看，《黄石市"生态立市、产业强市"总体规划》等对经济增长的预测值相对偏高，将其设置为乐观情景（表2-3）。

表2-3　黄石市三次产业结构比例预测结果

指标	2020年	2030年	备注
三次产业增加值比例	6∶60∶34	4∶55∶41	《黄石市"生态立市、产业强市"总体规划》

2）基准情景：2010—2015年，黄石市经济发展年均增速为12.21%。从当前国家经济发展的趋势来看，经济已经由高速增长转向中速增长，增长率保持在7%～8%，经济增长开始放缓。初步设定黄石市2016—2027年生产总值年均增长率为8%，核算黄石市2020年生产总值为1 804.48亿元，2027年为3 092.56亿元。

3）保守情景：根据全面建设小康的任务，"2020年GDP比2000年翻两番"的目标，从2000年开始到2020年，年均增速需保持7.18%的增长水平，最后五年即"十三五"时期经济平均增速至少需要保持在6.5%，这个是"十三五"期间我国经济增长的底线。按照6.5%年增长率核算黄石市2016—2027年生产总值，2020年生产总值为1 682.61亿元，2027年为2 614.74亿元。

2.3.2.2　预期未来区域发展重心向西北部及北部转移

假定各市、县、区生产总值按照2008—2015年GDP年平均增速（表2-4）的一半水平平稳增长，预测得出各年份生产总值数据，见表2-5。从表2-5中可以看出，大冶市GDP占比明显上升，预期黄石市社会经济发展重心向大冶市靠拢。

表2-4　黄石市各县市区GDP历史情况

区县	2008年GDP/亿元	2015年GDP/亿元	年增长速率/%
大冶市	146.1	458.64	17.75
阳新县	86.22	189.34	11.89
黄石港区	70.61	158.96	12.29
西塞山区	90.4	157.68	18.27
下陆区	73	179.16	13.68
铁山区	18.24	31.73	8.23
开发区	46	52.59	1.93

表2-5　黄石市各县市区GDP预测结果

区县	GDP预测值/亿元		占比/%	
	2020年	2027年	2020年	2027年
大冶市	701.69	1 272.61	41.15	46.45
阳新县	252.74	378.69	14.82	13.82
黄石港区	214.18	325.17	12.56	11.87
西塞山区	193.09	256.43	11.32	9.36
下陆区	249.43	396.42	14.63	14.47
铁山区	38.81	51.48	2.28	1.88
开发区	55.17	59.01	3.24	2.15

2.3.3　人口预测

2.3.3.1　户籍人口保持稳定增长

对黄石市户籍人口的时间趋势分析，经初步判断，黄石市户籍人口增长以自然增长为主。历史数据表明，黄石市的户籍人口处于稳步增长阶段，具体数据见表 2-6。户籍人口由 2008 年的 257.31 万人增长到 2015 年的 267.97 万人，7 年人口平均增长速度5.78‰。

表2-6　黄石市人口情况（2008—2015年）

年份	常住人口/万人	常住人口变化率/%	户籍人口/万人	户籍人口变化率/%
2008	242.2		257.31	
2009	242.61	0.17	258.56	0.50
2010	242.93	0.13	260.14	0.61
2011	243.46	0.22	260.14	0
2012	244.07	0.25	261.5	0.52
2013	244.5	0.18	262.86	0.52
2014	244.92	0.17	265.14	0.86
2015	245.8	0.36	267.97	1.07

低方案：假定黄石市2015—2027年户籍人口保持4.43‰的增长水平，2020年年末黄石市户籍人口为273.95万人，2027年年末为282.56万人。

中方案：假定黄石市2015—2027年户籍人口保持7.83‰的增长水平，2020年年末黄石市户籍人口为278.62万人，2027年年末为294.26万人。

高方案：假定黄石市2015—2027年户籍人口保持10.26‰的增长水平，2020年年末黄石市户籍人口为282万人，2027年年末为302.89万人。

户籍人口预测如表2-7所示。

表2-7　户籍人口预测

指标	情景	2020年	2027年
户籍人口/万人	低方案	273.95	282.56
	中方案	278.62	294.26
	高方案	282	302.89

2.3.3.2　外出人口逐年增多，常住人口增长来自户籍人口增加

对流动人口数据进行回归分析。

低方案：$y=-0.727\,5x+1\,445.7$　$R^2=0.888\,7$

中方案：$y=-1\,462.9\ln x+11\,110$　$R^2=0.888\,75$

高方案：$y=-0.715\,5x^2+287.04x-28\,701.22$　$R^2=0.914\,48$

式中：x——年份；

　　　　y——流动人口数。

流动人口预测如表2-8所示。

表2-8　流动人口预测

指标	情景	2020年	2027年
流动人口/万人	低方案	−23.85	−28.94
	中方案	−23.92	−28.98
	高方案	−33.04	−50.70

　　基于户籍人口和流动人口的计算，当户籍人口符合高方案情况增长，流动人口数量符合低方案情况时，2020年常住人口数量最多可达258.15万人，推测出黄石市未来常住人口见表2-9。

表2-9　常住人口预测

指标	情景	2020年	2027年
常住人口/万人	低方案	240.91	232.19
	中方案	254.7	265.28
	高方案	258.15	273.95

2.3.4　土地利用预测

　　根据《黄石市土地利用总体规划》（2006—2020年），到2020年，黄石中心城区建设用地规模控制在85.95平方公里，中心城区建设用地年均增长2.14%。2016年，黄石城区建成区面积为78.36平方公里，至2016年，城区建设用地达到85.29平方公里，城市建设用地处于可控范围，至2027年建成生态文明示范市时，城区建成区面积预计达到98.91平方公里（表2-10）。

表2-10　黄石市城区建设用地增加预测　　　　　　　　　　　单位：平方公里

年份	2016	2017	2018	2019	2020	2027
城区建设用地	78.36	80.04	81.75	83.50	85.29	98.91

2.4　建设机遇

2.4.1　生态文明上升为国家战略，为生态文明建设示范市建设指明了方向

　　党的十八大和十八届二中、三中、四中、五中、六中全会明确了生态文明建设的战略地位，制定并出台一系列重要政策文件，为生态文明建设指明了方向。2015年5

月，中共中央、国务院发布《关于加快推进生态文明建设的意见》(中发〔2015〕12号)，要求生态文明建设要融入经济建设、政治建设、文化建设和社会建设的各方面和全过程，协同推进新型工业化、信息化、城镇化、农业现代化和绿色化，为大力推进生态文明建设指明了方向。2015 年 8 月，中共中央办公厅、国务院办公厅印发《党政领导干部生态环境损害责任追究办法（试行）》，进一步强化了党政领导干部生态环境和资源保护职责。2015 年 9 月国务院印发《中共中央、国务院生态文明体制改革总体方案》，提出了生态文明体制改革的总体方向。

在国家生态文明重要政策文件指导下，生态环境部等部门积极推进生态文明建设。2016 年 1 月 22 日，环境保护部制定印发《国家生态文明建设示范区管理规程（试行）》和《国家生态文明建设示范县、市指标（试行）》，明确了生态文明建设的重要内容。此外，国家发展改革委等六部委出台的《国家生态文明先行示范区建设方案（试行）》，也对生态文明建设模式开展了有力的探索。

2.4.2 长江经济带发展战略实施，为生态文明建设示范市建设提供新契机

随着国家实施"依托黄金水道推动长江经济带发展"战略和《长江中游城市群发展规划》，国家将在区域生态保护、长江绿色廊道建设、统筹城乡发展、产业绿色转型等方面加大支持力度，为长江中游城市群全面提高城镇化质量、推动城乡区域协调发展、加快转变经济发展方式提供了强大动力与有力保障，也为长江中游城市群提升开发开放水平、增强整体实力和竞争力创造了良好条件，为黄石创建生态文明建设示范市提供新契机。

2.4.3 湖北省提出"生态立省"战略，为生态文明建设示范市建设明确了具体路径

2013 年 7 月，习近平总书记考察湖北时提出了"建成支点、走在前列"的新要求，为落实习近平总书记的指示，大力实施湖北省十次党代会明确的生态立省战略，切实提升湖北生态文明建设水平，湖北省委、省政府决定全面推进生态省建设。根据《湖北生态省建设规划纲要》任务部署，黄石市秉承"生态立市、产业强市"的发展战略，积极着手推进生态文明建设示范市创建工作，真正进入"既要金山银山也要绿水青山，保护绿水青山就是金山银山"的绿色发展时期，为生态文明建设示范市建设带来新的发展机遇。

2.4.4 黄石各项发展战略与各项政策相叠加，为生态文明建设示范市建设提供重要基础和政策保障

为深入贯彻落实国家、湖北省关于生态文明建设的一系列重要部署和精神，积极应对经济社会发展和资源环境瓶颈制约，黄石市委、市政府在湖北省率先做出了《关于坚持"生态立市、产业强市"加快建成鄂东特大城市的决定》，启动了全国文明城市、国家卫生城市、国家环保模范城市、国家生态城市、国家森林城市的"五城同创"工作，2014年9月，黄石市编制实施《黄石市"生态立市、产业强市"总体规划（2013—2030年）》，明确提出了黄石推进"生态立市、产业强市"建设的指导思想、基本原则、发展目标、重点任务和保障措施。2016年8月，黄石市委审议通过《中共黄石市委、黄石市人民政府关于落实"五长"责任制推进"五水共治"的决定》，启动"五水共治"行动，以治水为龙头，全面落实江、河、湖、库、塘"五长"责任制，扎实推进治污水、防洪水、排渍水、保供水、抓节水，统筹推进治山、治气、治土，为黄石市生态文明建设示范市创建提供了重要基础和依据。

黄石是国务院批准的沿江开发城市，是中部崛起战略中"三基地一枢纽"的重要组成部分，获批享受国家促进中部崛起"两比照"政策，是全国"两型社会建设综合配套改革"试点城市，与所辖的大冶市同属国家资源枯竭试点城市，此外还被列入国家科技进步、创业促就业、棚户区改造、3G电子政务、工矿废弃地复垦利用、国土资源节约集约利用、国家新能源示范城市、国家循环经济示范创建城市等试点示范，在财政专项补贴、重大项目布局、土地和金融政策、接续替代产业发展等方面可获得更多的政策支持。各项生态文明体制机制改革政策红利的叠加也为黄石市生态文明建设示范市的创建提供了政策保障。

2.5 主要差距

根据原环境保护部《国家生态文明建设示范县、市指标（试行）》和《湖北省省级生态市建设指标》，分析现阶段黄石创建生态文明建设示范市基本条件达标情况。为了更好地表示规划指标与生态文明建设要求的差距，引入差距指数的方式。差距指数的计算公式是：如果 i 指标已经达标，则差距指数设定为 0，如果 i 指标未达标，其计算公式为：$CJ=|Aix - Aim|/Aim \times 100\%$，其中：$CJ$ 为差距指数，Aix 为 i 指标的现状值，Aim 为 i 指标的达标值。根据差距指数的值，可以将规划指标分为 3 类，包括：已达标指标（$CJ=0$）、易达标指标（$CJ \leqslant 20\%$）、难达标指标（$CJ > 20\%$）。

根据《国家生态文明建设示范市县指标（修订）》和《湖北省省级生态市建设指标》，结合现阶段黄石建设生态文明建设示范市现状情况，共设计 35 项指标。根据规划近、远期建设要求和黄石市实际情况确定阶段目标值，其中约束性指标 17 项、参考性指标 18 项。

35 项指标中，已达标指标为 9 项、未达标指标为 26 项。未达标指标中，易达标指标 16 项，包括生态文明建设规划、生态文明建设工作占党政实绩考核的比例、自然资源资产负债表、自然资源资产离任审计、生态环境损害责任追究、河长制、固定源排污许可证核发、环境信息公开率、污染场地环境监管体系、重特大突发环境事件、生态保护红线、受保护地区占国土面积比例、空间规划、党政领导干部参加生态文明培训的人数比例、公众对生态文明知识知晓度、公众对生态文明建设的满意度，以上指标正在部署相关工作，按照国家、省、市要求和工作安排，完成考核指标；难达标指标 10 项，包括环境空气质量优良天数比例、地表水环境质量水质达到或优于Ⅲ类比例、森林覆盖率、单位地区生产总值能耗、单位地区生产总值用水量、应当实施强制性清洁生产企业通过审核的比例、城镇污水处理率、城镇人均公园绿地面积、城镇新建绿色建筑比例、公众绿色出行率，与建成国家生态文明建设示范市的目标仍有一定差距（表 2-11）。

表2-11　黄石市生态文明建设示范市指标达标情况

类别	生态空间	生态经济	生态环境	生态生活	生态制度	生态文化	合计
已达标指标	1	1	3	4	0	0	9
易达标指标	3	0	2	0	8	3	16
难达标指标	0	3	3	4	0	0	10
达标率/%	25	25	42.9	50	0	0	25.7

注：（1）"已达标指标"定义为指标值达到生态文明建设示范市指标考核要求。"易达标指标"定义为指标值未达到生态文明建设示范市指标考核要求，但指标差距指数（CJ≤20%）。"难达标指标"定义为指标未达到生态文明建设示范市指标考核要求，但指标差距指数（CJ>20%）。（2）定性指标和暂时没有统计值的指标，根据前期调研情况和黄石实际，进行达标判定。

（1）已达标指标

生态环境状况指数（EI）、生物物种资源保护、危险废物安全处置率、耕地红线、单位工业用地工业增加值、集中式饮用水水源地水质优良比例、城镇生活垃圾无害化处理率、节能节水器具普及率、政府绿色采购比例共 9 项指标已达到或超出省级、国家级生态文明建设示范市考核要求。今后随着黄石市生态文明建设不断推进，相关指标值还将持续优化。

（2）未达标指标

黄石市未达标指标差距分析情况如表2-12所示。

表2-12　黄石市未达标指标差距分析情况

序号	指标	主要差距
	易达标指标：16项	
1	指标1：生态文明建设规划	2014年5月，黄石市正式启动生态市创建工作。2015年，生态文明建设规划仍未制定
2	指标2：生态文明建设工作占党政实绩考核的比例	2015年该指标的现状值为15%，相较于目标指标值还存在5%的差异
3	指标3：自然资源资产负债表	目前尚未开始编制自然资源资产负债表，但规划提出在森林、土地、水等领域首先开展自然资源资产负债表编制试点工作，再逐步扩大到其他领域。预计规划期内，该指标能够完成，属于易达标指标
4	指标4：自然资源资产离任审计	目前尚未开展自然资源资产离任审计，但是规划提出确定审计内容和重点，建立领导干部自然资源资产离任审计的方法体系和评价体系。预计规划期内，该指标能够完成，属于易达标指标
5	指标5：生态环境损害责任追究	目前黄石尚未建立该项制度，但黄石市环境保护"十二五"规划时期，提出了"严格执行环境保护责任追究制度"
6	指标6：河长制	2015年，湖北省水利厅印发《关于进一步推进省级"河长制"试点工作的通知》，安排部署了省级"河长制"试点工作，黄石市将会逐渐建立健全河长制
7	指标7：固定源排污许可证核发	2015年，该指标无现状值，黄石市于2014年开始排污许可证的发放工作，当年共办理排污许可证11个
8	指标8：环境信息公开率	2015年该指标的现状值为85%，相较于目标指标值还存在15%的差异
9	指标15：污染场地环境监管体系	目前，黄石市污染场地环境监管体系尚未建立，根据黄石市工业现状和环境风险情况，认定为易达标指标
10	指标16：重特大突发环境事件	截至2015年，黄石市无重特大突发环境事件发生，但突发环境事件应急响应机构和信息报送系统还未完全建立，因此该指标较易达标
11	指标17：生态保护红线	根据《湖北省生态保护红线划定方案》，目前湖北省已划定黄石市生态保护红线，黄石市将推动生态保护红线勘界落地，实施强制性保护，保障区域基本生态安全，认定为易达标指标
12	指标19：受保护地区占国土面积比例	2015年，该指标现状值为19.8%，距达标值的差距指数为10%
13	指标20：空间规划	黄石目前还没有编制《黄石市空间规划》，但正在部署相关工作，按照国家、省、市要求和工作安排，今后将完成空间规划编制，因此属于易达标指标

序号	指标	主要差距
14	指标33：党政领导干部参加生态文明培训的人数比例	2015年，该项指标值为50%，距达标值的差距指数为50%，但是从具体实施层面来讲，只要黄石市组织开展一系列生态文明干部培训，充分调动干部学习生态文明思想的积极性，则该指标属于易达标指标
15	指标34：公众对生态文明知识的知晓度	2015年，该项指标值为40%，距达标值的差距指数为50%，但是从具体实施层面来讲，只要黄石市开展一系列生态文明相关的宣传教育活动，提升公众对生态文明的认知程度，则该指标属于易达标指标
16	指标35：公众对生态文明建设的满意度	根据调查问卷统计结果，2015年该指标值为58%，距达标的差距指数为27.5%，但从具体实施层面来讲，只要黄石市以满足人民对优美生态环境的需求为目标，积极部署开展生态文明建设，并按期达成各项指标，则该指标属于易达标指标
	难达标指标：10项	
1	指标9：环境空气质量优良天数的比例	2015年，环境空气质量的质量改善目标未达到考核要求；优良天数比例为67.1%，距达标的差距指数为21%
2	指标10：地表水环境质量水质达到或优于Ⅲ类比例	2015年，地表水环境质量的质量改善目标未达到考核要求，水质达到或优于Ⅲ类比例79.8%，距达标的差距指数为10.2%；劣Ⅴ类水体尚未消除，距达标的差距指数为41.7%
3	指标12：森林覆盖率	2015年，该指标值为31.57%，距指标达标的差距指数为21%
4	指标21：单位地区生产总值能耗	2015年，该指标值为1.188吨标准煤/万元，目标为距达标的差距为0.488吨标准煤/万元，根据实际调研情况和黄石市目前生产耗能情况，判定该项指标难达标
5	指标22：单位地区生产总值用水量	2015年，该指标值为149.67立方米/万元，距达标的差距为79.67立方米/万元，根据实际调研情况和黄石市目前生产用水情况，判定该项指标难达标
6	指标24：应当实施强制性清洁生产企业通过审核的比例	2015年，该指标现状值为15%，根据实际调研情况和黄石市企业清洁生产情况，判定该项指标难达标
7	指标26：城镇污水处理率	2015年，该指标值为74%，距指标达标的差距指数为26%。据黄石市具体情况，认定该指标为难达标指标
8	指标28：城镇人均公园绿地面积	2015年，该指标值为11.2平方米/人，距指标达标的差距指数为25.3%。据黄石市具体情况，认定该指标为难达标指标
9	指标29：城镇新建绿色建筑比例	2015年，该项指标值为10.37%，距指标达标的差距指数为23.4%
10	指标30：公众绿色出行率	2015年，该项指标值为24%，距指标达标的差距指数为52%

第3章 生态空间布局研究

结合黄石当前城市空间布局，全面落实主体功能区规划，通过严守生态保护红线，保护山清水秀的生态空间；通过统筹优化城乡开发布局，建设集约高效的生产空间和舒适宜居的生活空间。

3.1 现状评估

3.1.1 生态空间布局现状

3.1.1.1 生态系统空间特征

2015 年，黄石市生态系统类型以林地、耕地、水域为主，分别占区域总面积的 41.7%、36.1%、11.1%，建设用地比例相对较低。从生态系统类型的空间分布特征来看，林地分布于区域中部和南部，耕地多分布于区域北部、中部，而建设用地除北部城区分布较为集中外，其他均分散分布（图 3-1）。

3.1.1.2 现有保护地分布特征

全市已建成省级自然保护区 1 个、省级森林公园 5 个、国家级湿地公园 1 个、省级湿地公园 4 个、饮用水水源保护区 3 个、省级风景名胜区 2 个、国家和省级生态公益林约 733.3 平方公里，受保护地区占国土面积比例已达到 30% 左右（图 3-2）。

3.1.2 产业空间布局现状

按照集聚产业、突出特色和"企业出城、项目进园"的要求，以园区为载体，依托沿江经济带和沿路（公路、铁路）经济带，相应布局工业集聚区和集群，通过大力发展经济开发区和特色工业园区，在市域范围内初步形成了"一区八园"的工业布局结构（表 3-1，图 3-3）。

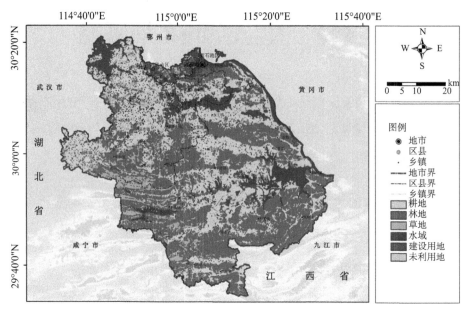

图3-1 2015年黄石市生态系统空间分布

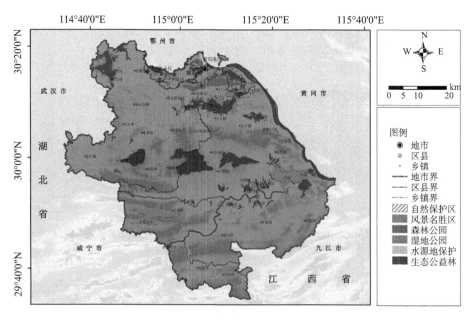

图3-2 黄石市受保护地分布

表3-1　黄石市工业园区与发展方向

工业园区	发展方向
黄石经济技术开发区 （黄石高新技术产业园）	重点发展电子信息、高端装备制造、智能模具、生物医药等产业
大冶城北工业园 （灵成工业园）	重点发展节能环保、新材料、饮料食品、纺织服装等产业
阳新经济技术开发区	重点发展汽车零部件、纺织服装、新型建材、化工医药等产业
西塞山工业园	重点发展特钢及延伸加工、精细化工等产业
黄石港工业园	大力发展北斗导航、装备制造等产业
黄石新港（物流）工业园	重点发展新材料、机械装备、农副产品加工等产业
下陆长乐山工业园	重点发展铜产业链延伸加工项目，打造全省循环经济工业园
铁山光谷东机械产业园	重点发展装备制造产业

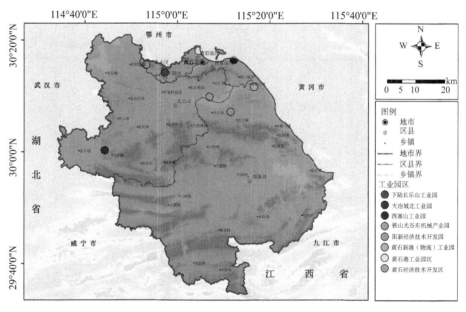

图3-3　黄石市工业园区分布

3.1.3　城镇空间布局现状

根据《黄石市城市总体规划》，城镇空间布局如图3-4所示。城镇主要沿河湖、道路呈线性蔓延，中心城区主要集中在长江沿岸及市域北部地区，乡镇分布较为分散。近年来，黄石市"南向融合、东西开拓、环湖建设、沿江发展"四大工程全面推进，大冶湖生态新区建设引领城市发展从环磁湖时代迈向环大冶湖时代，初步形成了黄石、大冶、阳新一体化发展格局。

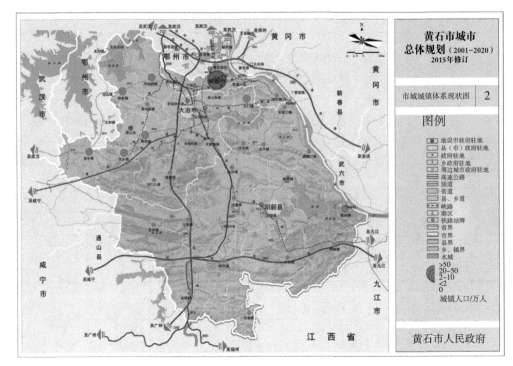

图3-4 黄石市城镇体系现状

图片来源：《黄石市城市总体规划（2001—2020 年）》（2015 年修订）

3.2 突出问题

矿产资源开发与生态空间存在严重冲突。根据土地利用二调数据，2009 年黄石市采矿用地总面积为 79.1 平方公里，多分散分布于黄石市北部城区、大冶市以及阳新县的富池镇等地。这与《黄石市城市总体规划（2001—2020 年）》（2015 年修订）中划出的自然保护区、风景名胜区、森林公园、水源保护区、湿地公园、基本农田保护区、河流水系、生态公益林、地质灾害高易发区等生态空间管制要素有多处重叠。例如，黄荆山省级森林公园、大冶市的多片基本农田集中区均有采矿用地分布，生态环境保护与空间管制面临巨大压力（图 3-5）。

水功能区划上下游不协调，严重威胁区域水环境安全。根据《湖北省水功能区划》，黄石市水功能区划二级分区共 4 个（表 3-2）。但水环境功能区划中长江黄石西塞山饮用水水源、工业用水区的高功能水体上游存在长江黄石冶钢排污控制区、长江黄石冶钢过渡区等低功能水体。这种低功能水体处于上游、高功能水体处于下游的水功能分区布局，将严重威胁黄石市居民饮用水安全，并且影响长江下游地区的水环境安全。

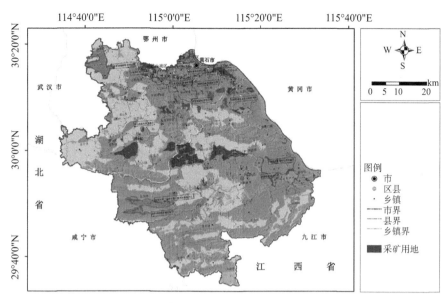

图3-5 黄石市采矿用地与生态空间管制要素分布

表3-2 黄石市水功能二级区划

| 序号 | 功能区名称 | 流域 | 水资源分区 | 河段 | 范围 | | 长度/公里 | 功能区排序 | 水质目标 |
					起始断面	终止断面			
1	长江黄石及大冶城关饮用水水源、工业用水区	长江	长中干	黄石城区段	周家湾	冶钢取水口	8.7	饮用水水源、工业	III
2	长江黄石冶钢排污控制区	长江	长中干	黄石城区段	冶钢取水口	西塞山上游800米	2.8	排污	
3	长江黄石冶钢过渡区	长江	长中干	黄石城区段	西塞山上游800米	西塞山下游700米	1.5	过渡	III
4	长江黄石西塞山饮用水水源、工业用水区	长江	长中干	黄石城区段	西塞山下游700米	河口镇	12	饮用水水源、工业	III

3.3 创建目标

3.3.1 总体目标

全面落实主体功能区规划，严格划定并保护生态保护红线和耕地红线，保障区域生态空间，统筹优化城乡开发布局，促进生态、生产、生活空间布局不断优化完善。

3.3.2 阶段目标

近期目标（2017—2020 年）：基本形成符合主体功能定位的开发格局，划定生态保护红线，耕地红线数量不降低，受保护地区占国土面积比例达到 21% 以上；严格执行规划环境影响评价制度，未执行规划环评的及时补做，规划环评执行率达到 100%。

远期目标（2020—2027 年）：城市开发空间格局不断优化，生产空间集约高效、生活空间舒适宜居、生态空间山清水秀；严格落实生态保护红线和耕地红线制度，加强生态保护红线区的空间管控，保证红线区面积不减少、功能不降低，受保护地区占国土面积比例达到 22% 以上。

3.3.3 指标差距分析

目前，生态空间体系中，耕地红线、指标为已达标指标，生态保护红线受保护地区占国土面积比例、空间规划 3 项指标为易达标指标。

3.3.3.1 已达标指标

指标 18：耕地红线。根据《黄石市土地利用总体规划（2006—2020 年）》，目前黄石市已划定基本农田 90 486.85 公顷，高于湖北省 89 700 公顷的考核要求。未来黄石市将继续加强基本农田保护，因此，该指标属于已达标指标。

3.3.3.2 易达标指标

指标 17：生态保护红线。根据《湖北省生态保护红线划定方案》，目前湖北省已划定黄石市生态保护红线。未来黄石市将推动生态保护红线勘界落地，实施强制性保护，严守生态保护红线，保障区域基本生态安全。因此，在规划期内该指标属于易达标指标。

指标 19：受保护地区占国土面积比例。根据《湖北省主体功能区规划》和《黄石市城市总体规划（2001—2020 年）》（2015 年修订），目前黄石市自然保护区、森林公园、湿地公园、水源保护区、风景名胜区、生态公益林等受保护地区占国土面积比例约为 19.8%，与考核值相差 10%，属于易达标指标。

指标 20：空间规划。2016 年 12 月 5 日湖北省政府常务会议提出，湖北省将研究部署省级空间性规划"多规合一"试点工作，推动省、市、县三级联动，编制统一的省级空间规划。2017 年 1 月《黄石市政府工作报告》中提出，要积极对接国家和省"十三五"规划，推进城乡规划全覆盖和"多规合一"。2017 年 3 月发布的《黄石市创建国土资源节约集约示范市实施方案》，也提出要推进"多规合一"。由此可见，虽然黄石目前还没有编制"黄石市空间规划"，但正在部署相关工作，按照国家、省、市要求和工作安排，今后将完成空间规划编制，因此属于易达标指标。

3.4　全面落实主体功能区规划，明确国土空间开发布局

黄石市遵循《湖北省主体功能区规划》，牢固树立空间均衡理念，坚持"生态立市，产业强市"的战略决策，全面落实主体功能区战略，构建科学合理的空间布局，在把握好人口、经济、资源环境的平衡点的基础上推动发展，根据各地产业条件和生态状况，编制并实施《黄石市主体功能区总体规划》，明确重点开发区、限制开发区和禁止开发区的区域功能定位（图3-6）。

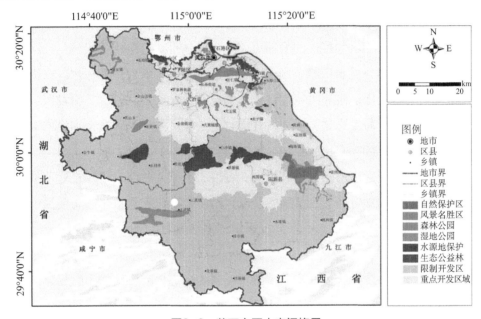

图3-6　黄石市国土空间格局

3.4.1　重点开发区域

进一步优化开发空间布局，确定黄石经济技术开发区、黄石港区、下陆区、铁山区、西塞山区、大冶湖新区和大冶中心城区等主要城镇化地区，阳新县的兴国镇、浮屠镇和富池镇以及以长江沿线和沿106国道产业带等有一定经济基础、资源环境承载能力较强、发展潜力较大、集聚人口和经济的条件较好、适合重点进行工业化城镇化开发的城市化区域为重点开发区域，形成以面状重点开发区域为主、分布式点状和带状重点开发区域为辅的国土空间开发格局。该区域是支撑全市经济增长的重要增长极，落实湖北省"一元多层次"战略体系和"两圈两带"战略的重要支撑点，全市重要的人口和经济密集区。应加快推进新型城镇化，完善黄石"一主一副"中心城市的功能，加强生态基础设施建设，改善人居环境，加快推进新型城镇化。强化科技教育、商贸

商务、金融服务、港口物流等功能，增强辐射带动能力。加强重点开发区域环境管理，实施大气、水、土壤环境综合整治，大幅降低污染物排放强度，保护生态环境，改善城市环境质量。重点加强长江沿岸、磁湖、大冶湖等重点水域的水资源保护；加强工业区环境风险管理，建立环境风险评估预警和风险控制机制；强化城镇污水、垃圾收集与处理设施建设，改善城镇人居环境质量，建设生态型城市。

3.4.2 限制开发区

进一步优化生产空间布局，围绕阳新县农产品主产区以及大冶的陈贵、灵乡、还地桥等乡镇的特色农业生产区，明确全市限制开发区域边界。按照"种植业建板块、畜牧业建小区、水产业建片带"的发展思路，该区域重点打造优质粮油生产区、精细特色蔬菜生产区、名特优水产养殖区、绿色经济林特区等农业产业板块。在提高生态产品供给能力的基础上，限制进行大规模高强度工业化城镇化开发，推动区域特色生态农业发展，以农产品主产区为优先，开展耕地土壤环境质量详查，加快推进农用地土壤污染治理，保障农产品主产区的环境安全，改善农村人居环境。

对重点生态功能区实行严格的环境准入标准，严禁"两高一资"产业落地，对不符合主体功能定位的现有产业，实施搬迁或关闭。准确识别重点生态功能区中各类保护地以外的生态功能极重要、生态系统极敏感脆弱地区，纳入生态保护红线，按照禁止开发区域的原则进行管理。加强重点生态功能区的生态保护与修复，探索建立生态保护补偿机制，维护并提升重点生态功能区的生态产品供给能力，保障区域生态安全。

3.4.3 禁止开发区

建立禁止开发区名录，核定边界范围。将保安湖国家湿地公园、网湖湿地自然保护区、磁湖风景名胜区、雷山风景名胜区和大众山森林公园等区域，新设立的国家级及省级自然保护区、文化自然遗产、风景名胜区、森林公园、湿地公园、地质公园、蓄滞洪区等自动列入禁止开发区域名录。该区域属于国家及湖北省保护自然文化资源的重要区域、珍稀动植物基因资源保护地，应按照相关法律法规和法定程序调整、界定各类禁止开发区的范围，核定面积。依据有关法律法规，按照严格执法、强制保护的原则实施管理，引导超载人口有序向重点开发区转移，统筹人与自然的和谐发展，实现污染物零排放，提高环境质量，保障生态安全。加大各类受保护地的保护与建设力度，以维护生态系统完整性为目标，逐步提高受保护地区的面积。

3.5 严守生态保护红线，保护重要生态空间

黄石市遵循《湖北省生态保护红线划定方案》，确定黄石境内生态保护红线边界，加强生态保护空间管控，严守生态保护红线，保护重要生态空间，建设网络化生态安全格局。

3.5.1 确定生态保护红线边界

在生态系统现状调查、生态敏感性与生态服务功能评价的基础上，识别生态保护红线范围，结合湖北省生态保护红线划定方案，确定生态保护红线边界。

3.5.1.1 生态系统服务功能重要性评价

（1）水源涵养功能评价

采用定量指标法评价黄石市水源涵养功能：

$$WR=NPP_{mean} F_{sic} F_{pre}(1-F_{slo})$$

式中：WR——生态系统水源涵养服务能力指数；

NPP$_{mean}$——评价区域多年生态系统净初级生产力平均值；

F_{sic}——土壤渗流能力因子；

F_{pre}——由多年平均降水量数据插值并归一化到 0 ~ 1；

F_{slo}——根据最大最小值法归一化到 0 ~ 1 的评价区域坡度栅格图。

根据上述方法，确定黄石市水源涵养重要区，如图3-7所示。黄石市水源涵养重

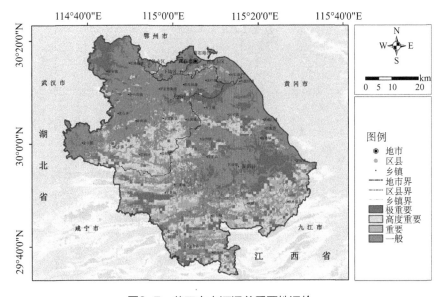

图3-7 黄石市水源涵养重要性评价

要性整体相对较高，其中极重要区面积 831.7 平方公里，比例为 18.1%；水源涵养高度重要区面积 916.9 平方公里，比例为 20.0%；水源涵养重要区面积 390.0 平方公里，比例为 8.5%；其他为一般区，比例为 53.3%。从空间分布特征来看，水源涵养极重要区和高度重要区主要位于西南部地区以及主要湖泊、山脉周边。

（2）土壤保持功能评价

基于通用水土流失方程（USLE）的模型评价黄石市土壤保持功能：

$$Ac=Ap-Ar$$

式中：Ac——土壤保持量；

Ap——潜在土壤保持量；

Ar——实际土壤侵蚀量。

根据上述方法，确定黄石市土壤保持重要区，如图 3-8 所示。黄石市土壤保持功能重要性整体相对较低，其中土壤保持极重要区面积 188.6 平方公里，比例为 4.1%；土壤保持高度重要区面积 168.9 平方公里，比例为 3.7%；土壤保持重要区面积 194.5 平方公里，比例为 4.2%；其他为一般区，比例为 88.0%。从空间分布特征来看，土壤保持极重要区和高度重要区主要位于中部、南部地区，尤其是区域重要山脉周边。

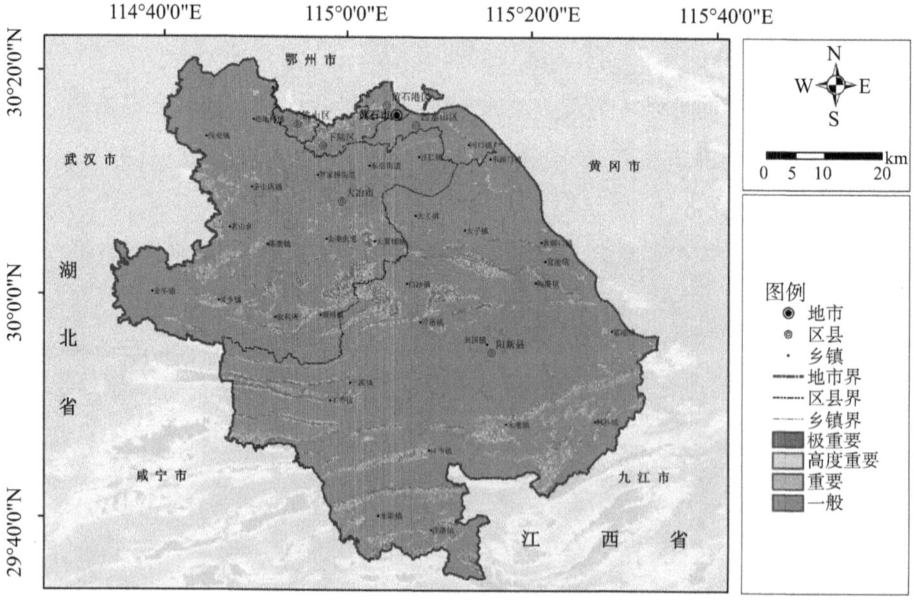

图3-8　黄石市土壤保持重要性评价

3.5.1.2　生态敏感性评价

（1）水土流失敏感性评价

根据《生态功能区划技术规范》的要求，结合黄石市实际情况，选取降水侵蚀力、土壤可蚀性、坡度坡长和地表植被覆盖等评价指标，对黄石市水土流失敏感性进行评价，具体公式如下：

$$SS_i = \sqrt[4]{R_i \times K_i \times LS_i \times C_i}$$

式中：SS_i——i 空间单元水土流失敏感性指数，评价因子包括降雨侵蚀力（R_i）、土壤可蚀性（K_i）、坡长坡度（LS_i）、地表植被覆盖（C_i）。不同评价因子对应的敏感性等级见表3-3。

表3-3　水土流失敏感性评价指标及分级赋值

指标	降雨侵蚀力R	土壤可蚀性K	坡长坡度LS	植被覆盖C	分级赋值S
不敏感	<25	石砾、沙	0～20	≥0.8	1
轻度敏感	25～100	粗砂土、细砂土、黏土	20～50	0.6～0.8	3
中度敏感	100～400	面砂土、壤土	50～100	0.4～0.6	5
高度敏感	400～600	沙壤土、粉黏土、壤黏土	100～300	0.2～0.4	7
极敏感	>600	砂粉土、粉土	>300	≤0.2	9

根据上述方法，确定黄石市水土流失敏感区，如图 3-9 所示，这里将表 3-3 中的轻度敏感和不敏感两级合并为一般区。黄石市水土流失敏感性整体不高，以水土流失高度敏感区为主，面积 1 498 平方公里，比例为 32.7%；水土流失极敏感区较少，面积为 178 平方公里，比例为 3.9%；水土流失敏感区面积 198 平方公里，比例为 4.3%；其他为水土流失一般区，比例为 59.1%。从空间分布特征来看，水土流失极敏感区和高度敏感区主要位于西部、南部地区以及主要山体、湖泊周边。

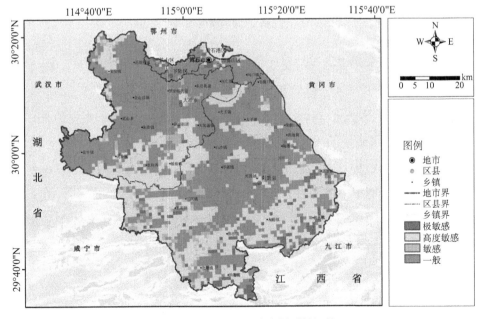

图3-9　黄石市水土流失敏感性评价

（2）河湖滨岸带敏感性评价

依据河流水环境功能和水质目标以及滨岸带集水区土壤侵蚀强度，确定河滨带敏感性。参考国内外河滨带植被保护宽度设计经验数据或通过试验研究滨岸植被带宽度—效益关系，提出滨岸带植被最小保护宽度。按照渔业、水质、野生动物栖息地与生物多样性、休憩和视觉质量等因素综合判定湖岸带敏感区。本书选择黄石市主要河流、湖泊1 000米范围缓冲区作为河湖滨岸带敏感区，总面积约709.8平方公里，如图3-10所示。

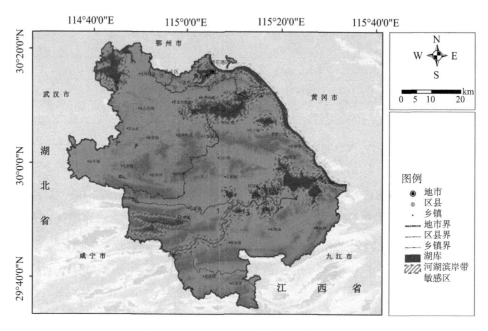

图3-10 黄石市河湖滨岸带敏感性评价

3.5.1.3 生态保护重要性综合特征

综合生态敏感性与生态系统服务功能重要性评价，将具有极重要、高度重要生态服务功能区域与生态极敏感、高度敏感区进行综合，形成黄石市生态保护重要性空间分布格局，如图3-11所示。黄石市生态保护极重要区最多，面积为1 117.2平方公里，比例为24.4%；生态保护高度重要区面积779.4平方公里，比例为17.0%；生态保护重要区面积746.4平方公里，比例为16.3%；其他为一般区，比例为42.3%。从空间分布特征来看，生态保护极重要区和高度重要区主要分布在西南部、东南部等地区，以及重要湖泊、山脉周边，涉及林地、草地、水域等重要生态用地。

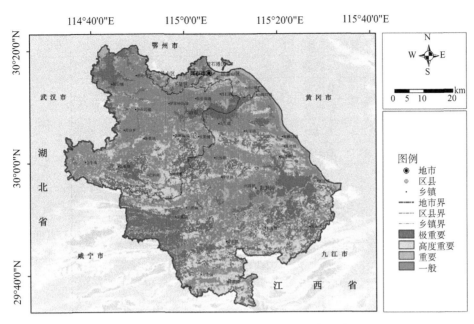

图3-11　黄石市生态保护重要性综合评价

3.5.1.4　生态保护红线清单

据《湖北省生态保护红线划定方案》，黄石生态保护红线面积约1 003平方公里，占市域总面积的21.8%，具体红线清单见表3-4。

表3-4　黄石市生态保护红线清单（《湖北省生态保护红线划定方案》）

序号	红线区域名称	所属行政区域	面积/平方公里
1	网湖湿地省级自然保护区	阳新县	204.95
2	东方山森林公园	下陆区	18
3	大王山森林公园	大冶市	15.33
4	雷山森林公园	大冶市	5.37
5	大众山森林公园	黄石市	3.9
6	黄石市磁湖风景名胜区	黄石市	95.56
7	雷山风景名胜区	大冶市	54.80
8	保安湖鳜鱼国家级水产种质资源保护区	大冶市	52.63
9	长江黄石段四大家鱼国家级水产种质资源保护区	黄石市	47.75
10	猪婆湖花鱼骨国际级水产种质资源保护区	阳新县	21.0
11	大冶湖	大冶市、阳新县、西塞山区	54.7
12	保安湖	大冶市、梁子湖区	45.1
13	网湖	阳新县	40.2
14	三山湖	大冶市、鄂城区	20.2

序号	红线区域名称	所属行政区域	面积/平方公里
15	朱婆湖	阳新县	15.2
16	赛桥湖	阳新县	13.6
17	海口湖	阳新县	11.1
18	磁湖	黄石市	10.5
19	南坦湖	阳新县	6.9
20	北湖	阳新县	6.2
21	东西湖	阳新县	4.5
22	金星月湖	阳新县	4.4
23	西湖	阳新县	4.2
24	石灰赛湖	阳新县	4
25	下洋湖	阳新县	3.44
26	竹林塘	阳新县	3
27	牛湖	阳新县	2.1
28	杨赛湖	阳新县	2
29	内牧羊湖	阳新县	1.9
30	大泉湖	阳新县	1.8
31	米铺湖	阳新县	1.7
32	芦灌湖	阳新县	1.62
33	下司湖	阳新县	1.51
34	太芦湖	阳新县	1.5
35	绒湖	阳新县	1.32
36	春湖	阳新县	1.2
37	东春湖	阳新县	1.1
38	小赛湖	阳新县	0.8
39	新保湖	阳新县	0.77
40	中湖	阳新县	0.73
41	游荡湖	阳新县	0.71
42	麦口湖	阳新县	0.68
43	大坡湖	阳新县	0.62
44	碧湖塘	阳新县	0.6
45	下马蹄湖	阳新县	0.56
46	上马蹄湖	阳新县	0.49
47	牛头山湖	阳新县	0.49
48	独山湖	阳新县	0.48
49	三汊湖	阳新县	0.47

序号	红线区域名称	所属行政区域	面积/平方公里
50	河赛湖	阳新县	0.47
51	神灵湖	阳新县	0.46
52	桥东上湖	阳新县	0.43
53	田铺塘	阳新县	0.42
54	桥头湖	阳新县	0.4
55	太平湖	阳新县	0.4
56	伍家湖	阳新县	0.39
57	沟二垱	阳新县	0.38
58	里湖	阳新县	0.38
59	桂花塘	阳新县	0.38
60	石臼湖	阳新县	0.37
61	下游湖	阳新县	0.33
62	金家塘	阳新县	0.32
63	八湘湖	阳新县	0.31
64	叶家塘	阳新县	0.27
65	雷家湖	阳新县	0.25
66	后湖	阳新县	0.25
67	率洲湖	阳新县	0.25
68	向家塘	阳新县	0.21
69	青山湖	黄石港区	0.2
70	贺师桥湖	阳新县	0.2
71	西湾塘	阳新县	0.19
72	芦荡湖	阳新县	0.13
73	东湾塘	阳新县	0.12
74	龙眼湖	阳新县	0.12
75	观音塘	阳新县	0.11
76	青港湖	黄石市	0.1
77	坟前塘	阳新县	0.1
78	西漳湖	阳新县	0.093
79	西石湖	阳新县	0.072
80	上游湖	西塞山区	0.068
81	王英水库	阳新县	28.35
82	杨桥水库	大冶市	—

3.5.2 加强生态保护红线的空间管控

开展生态保护红线勘界定标。以县级行政区为基本单元，将生态保护红线落到具体地块。设立统一规范的标识标牌，确保生态保护红线区落地准确。2018 年年底前，完成生态保护红线基础调查与勘界定标，建立生态保护红线台账系统。

加强生态保护红线的空间管控，原则上按禁止开发区域的要求进行管理。强化生态保护红线刚性约束，形成一整套生态保护红线管控和激励措施，确保生态保护红线功能不降低、面积不减少、性质不改变。实行严格的环境准入，严禁不符合主体功能定位的各类开发活动，严禁任意改变用途。

推动"多规合一"。以生态保护红线和主体功能区规划为基础，规范完善生态环境空间管控、生态环境承载力调控、环境质量底线控制、战略环评与规划环评刚性约束等环境引导和管控要求，落实生态保护红线、环境质量底线、资源利用上线和环境准入负面清单的技术规范要求，强化"多规合一"的生态环境支持。以县级行政区为单元，建立由空间规划、用途管制、差异化绩效考核等构成的空间治理体系。

此外，应严格落实耕地红线制度，加强基本农田保护区建设与管理，保障现有90 486.85 公顷基本农田数量不减少、功能不降低。

3.5.3 开展生态保护红线保护与修复

开展生态保护红线区域调查评估，识别受损生态系统类型和分布，建立生态保护红线台账系统。制定实施生态系统保护与修复方案，优先保护良好生态系统和重要物种栖息地，建立和完善生态廊道，提高生态系统完整性和连通性。以自然恢复和人工修复相结合的方式，开展受损生态系统修复，改善和提升生态系统服务功能。有序推动生态保护红线区人口集中安置，降低人类活动强度，减小生态压力。优先选择以水源涵养功能为主导的生态保护红线，开展生态修复示范。

3.5.4 建设网络化生态安全格局

研究建设一批流域沿岸及交通通道沿线的生态走廊，构建网络化生态安全格局。以山脉、水系为骨干，以山、林、江、湖、水库、田为基本要素，以"一区、两轴、五环、六片"为重点，构筑具有"绿心—绿廊—绿楔"的生态框架模式，形成"双湖一江，青山碧水，六楔渗城，两廊通脉"的黄石特点的生态空间结构，串联湖光山色，构建"生态节点、生态廊道、生态绿岛"点、线、面有机结合、层次分明、功能完善、廊道畅通、板块稳定的区域网络化生态安全保障体系，体现"环山抱水临江津，半城山色半城湖"的空间意境。

一区：黄石市主城区生态绿地，包括磁湖、青山湖和青港湖组成的"三湖"，以及"峰烈山—马鞍山—大众山、黄荆山—月亮山—廖家岩、尖林山—东方山—长乐山"三个楔形林地。

两轴：长江生态走廊和富水生态走廊，包括长江景观带和长江、富水流域防护林。

五环：环磁湖、大冶湖、保安湖、仙岛湖和网湖等五大水体保护区和林网。

六片：包括东方山、黄荆山、雷山、黄坪山、七峰山、大王山等六大森林片区。

"绿心"：利用黄荆山、磁湖、大冶湖共同构成中心城区的生态绿心。

"绿楔"：防止城市连绵成片的重要控制地带，是农田基质最为集中的地区，还包含以小雷山—天台山—黄坪山等自然山体所形成的山水绿楔。

"绿廊"：以河流、道路、区域水利设施为廊道，建立生态隔离带。建设带状开放绿地，限制城区的无序扩展，确保"分散集团式"城市格局的形成。

生态节点：由黄石各城区、大冶市城区、阳新县城区、集镇组成，这些节点位于若干条生态廊道的交汇处，是区域生态要素的集聚点，也是区域生态演化的生长极。

生态廊道：由纵横交错的铁路、公路、河流和渠道等线路两侧的绿化带形成的网状绿色生态廊道，它们将起到净化空气、防护隔离、改善景观、保护物种多样性等生态维护作用。

生态绿岛：以自然保护区、饮用水水源保护区、森林公园、风景名胜区、生态公益林和基本农田为主体，形成多组天然与人工相结合的生态绿岛，在生态系统内部起到缓冲和保护作用。

3.6 统筹优化城乡发展布局，优化生产生活空间

3.6.1 建设宜居舒适的生活空间

优化城镇布局。落实《黄石市城市总体规划（2001—2020年）》（2015年修订）和《黄石市国民经济和社会发展第十三个五年规划纲要》，加快推进黄石新型城镇化建设规划编制和实施，加快鄂东区域性中心城市和现代化特大城市建设，成为带动鄂东地区发展的主导力量。以黄石市城区为中心，以大冶市、阳新县为副中心，以韦源口镇—黄石中心城区—铁山区对接武汉光谷大道的西向城镇发展带、黄石中心城区—韦源口镇—富池镇沿长江的东向城镇发展带、黄石中心城区—大冶城区—阳新县城沿106国道南向城镇发展带，以及沿黄咸高速、杭瑞高速及大广高速等交通走廊构建的

次级城镇发展轴为城镇发展的廊道。构建"区域中心城市—县（市）域中心城镇—重点镇——一般镇"的城镇体系，加快形成"全域主次清晰、沉澧一体发展"的新型城镇格局。坚持把新型城镇化作为促进城乡协调发展的重要途径，大力实施城镇提质工程，优化城镇体系、加强城镇规划、提高城镇品位，加快人口和生产要素集聚化、非农产业园区化、基础设施现代化，不断提高城镇综合竞争力和辐射带动力。到2020年，全市常住人口城镇化率达到65%以上，到2027年，城镇化率达到70%。

建设绿色生活空间。扩大老城区、大冶湖生态新区、磁湖、沿江区域等城市居住、公共设施和绿地等空间，控制城市开发强度，加强生态保护，推动形成绿色低碳的生活方式，改善城市人居环境。推进陈贵、茗山、富池等示范乡镇的美丽乡村建设，优化整合农村居民点，保护农村田园景观。增加农村公共建设空间，将闲置的农村居民点等复垦整理成农业生产空间或绿色生态空间，改善农村地区的生活环境。

3.6.2 建设集约高效的生产空间

3.6.2.1 优化工业园区布局

坚持差异化、组团化、特色化的发展思路，科学制定产业发展规划，进一步优化黄石经济技术开发区、大冶湖高新技术产业园、大冶西部乡镇工业园、阳新经济技术开发区、黄石港（江北）工业园、西塞山区工业园、下陆长乐山工业园、铁山工业园、黄石新港（物流）工业园等九个组团产业定位和发展方向，建设一批产值过百亿的特色产业园，形成各具特色、各有侧重的工业聚集区，切实提高工业集群发展水平。创新园区投资机制，加快园区路、电、水、气等配套设施建设，完善园区功能，提升园区项目承载能力。加快企业退城入园步伐，确保三年内取得决定性成果。

（1）黄石经济技术开发区组团。重点发展电子信息、高端装备制造、生物医药三大产业，打造全国智能终端和工业物联网产业基地、国家级装备制造基地、生物医药产业基地。

（2）大冶湖高新技术产业园组团。重点发展新能源汽车及零部件、生物食品、高端装备制造三大产业，打造国家级高新区。

（3）大冶西部乡镇工业园组团。加快大冶西部乡镇还地桥、保安等特色工业园区建设，对接武汉光谷自主创新示范区、武汉自贸区和顺丰湖北国际物流机场，重点发展电子信息、装备制造、新型建材等产业。

（4）阳新经济技术开发区组团。重点发展汽车零部件、轻工纺织、生物医药等产业。

（5）西塞山区工业园组团。以特钢及延伸加工为主导，打造全国有影响力的模具制造产业特色园区和模具钢产业特色园区。

（6）黄石港（江北）工业园组团。发展智能输送装备制造，同时积极对接顺丰湖北国际物流机场，发展临空经济。

（7）下陆长乐山工业园组团。重点发展铜材、铝材、精密锻造、新材料等产业，努力建成循环经济产业园。

（8）铁山工业园组团。重点打造工模具新材料产业基地。

（9）黄石新港（物流）工业园组团。大力发展港口物流、新材料、食品精深加工及食品包装等产业，形成带动出口加工的新引擎。

3.6.2.2　完善农业发展布局

黄石市农业发展定位为高效生态城郊型农业，满足城市居民"菜篮子"、生态宜居及休闲观光等多样化需求，构建"两区统筹、三园共建、四带引领"的高效生态城郊农业空间布局。两区：高效生态城郊型农业引领区、两型现代农业发展示范区。三园：大冶现代农产品加工园、阳新富河现代农业示范园区、棋盘洲现代农产品物流园。四带：阳新县王英镇至大冶刘仁八镇316国道沿线老区库区精准扶贫示范和美丽乡村展示带、大冶湖生态新区"两镇一区"精准扶贫示范带、阳新县枫林镇至排市镇生态农业扶贫示范带、阳新县白沙镇至富池镇扶贫示范带。

遵循自然规律，发挥地域优势，按照"宜农则农、宜林则林、宜经则经"的思路，因地制宜，不断优化农业产业布局（表3-5）。

表3-5　生态农业发展方向及布局

	产业与发展目标	发展区域
优先发展产业	绿色农产品加工业：协调发展农产品初加工、精深加工和综合利用加工	大冶市；阳新县
	现代农产品流通业：建成较完备的粮食物流体系；支持重要农产品集散地、优势农产品产地市场建设；扶持产地农产品配套设施建设；推进供销社、冶商平价、众联物流农产品、农业生产资料和农村生活消费品流通网络建设	铁山区；下陆区；黄石港区；西塞山区； 大冶市：还地桥、金牛等乡镇； 阳新县：兴国、排市等乡镇
	生态休闲观光农业：建成休闲农业示范点、星级农家乐；打造休闲农业与乡村旅游框架；开发休闲农业与乡村旅游项目；培育打造休闲农业与乡村旅游主题节会；开发旅游商品	铁山区；下陆区；西塞山区； 大冶市：韶山、王英等乡镇； 阳新县：兴国、枫林等乡镇
	高效蔬菜产业：改善全市蔬菜生产基础设施；发展标准化蔬菜基地；发展蔬菜育苗产业	大冶市：保安、还地桥等乡镇； 阳新县：兴国、浮屠等乡镇

		产业与发展目标	发展区域
优先发展产业	生态水产业	打造现代水产种植基地2万亩	黄石港区； 阳新县：浮屠镇
		打造池塘渔业基地15万亩	阳新县：三溪镇、兴国镇
		打造湖泊生态渔业基地30万亩	大冶市； 阳新县：陶港镇
		打造水库洁水渔业基地5万亩	阳新县：王英乡
		打造稻田生态种植基地5万亩	大冶市：金山街； 阳新县：浮屠镇
		建设水产品加工产业集群	大冶市：保安镇
		建设休闲渔业产业集群	大冶市：保安镇； 阳新县：枫林镇
	经济林特色产业	发展白茶、中药材、玫瑰花等特色产业	阳新县：太子镇
		建设花卉苗木基地2.5万亩	黄石港区； 阳新县：浮屠镇
		加强油茶标准化生产建设	阳新县：三溪镇
		建设高效经济林、速生丰产林	黄石市
		发展林下经济3万亩	
		开发1~2条森林旅游精品线路	
稳定发展产业		优质水稻产业：建立现代粮食生产基地和高产攻关创建示范区，重点稳定100万亩优质稻基地	大冶市；阳新县
		优质油菜产业：重点发展50万亩"双低"油菜基地	大冶市；阳新县
	特色番鸭和水禽产业	建立2个种质资源保护区	阳新县：白沙镇、黄双口镇等
		发展健康养殖小区	阳新县：白沙、兴国、陶港等乡镇
		抓好番鸭产品深加工	阳新县
		建立现代养鸭工厂和生产车间	阳新县
		畜牧业：发展以奶牛、肉牛、肉羊为主的草食畜牧业	阳新县：枫林、木港、陶港、浮屠等乡镇
适度控制产业		生态生猪产业：发展养猪产业	黄石港江北；西塞山区河口； 阳新县：富池、太子等区域； 大冶市：金牛、还地桥等区域
		生态禽蛋产业：一是标准化肉鸡产业，二是建设30万只蛋鸡养殖项目	大冶市：陈贵、灵乡、还地桥等乡镇； 阳新县：龙港、排市、王英、军垦等乡镇

3.6.2.3 优化服务业发展布局

根据黄石市"十三五"产业发展沿江、沿路、环湖布局的规划思路，全市服务业总体布局为"两环、两带"。

两环：一是以黄石核心城区（黄石城区环磁湖组团）为依托，加快发展现代服务业，改造升级传统服务业，使之成为全市的综合性服务中心。着力打造具有高端服务品质、有较强辐射力的区域性服务业高地，重点发展现代商贸金融服务、信息技术服务、城市现代物流和家庭服务业。二是以环大冶湖北岸的黄金山工业园、大冶城北工业园、西塞山章山新区和大冶湖南岸"两镇一区"为依托，建设宜商、宜业、宜居、宜游的环大冶湖生态新区综合服务圈，重点发展电子商务、研发设计、软件信息、节能环保服务、休闲旅游、健康养老、房地产等服务业。

两带：一是以黄石新港（物流）工业园为中心，以西塞山、阳新滨江区域为依托，建设以生产性服务业为核心的沿江现代服务产业带，重点发展现代口岸物流业、航运服务、检验检测服务等生产性服务业。二是以106国道及光谷大道至铁山发展轴为依托，构建对外连接鄂州、武汉，对内连接铁山、下陆、大冶、阳新城区及区之间的还地桥、大箕铺、白沙、浮屠等乡镇，形成城乡结合的沿路服务产业带，重点发展商贸流通、现代物流、农村生产生活性服务业。

重点优化生态旅游发展布局。根据黄石市已建成旅游景区及旅游资源分布情况，将全市旅游空间结构分为五大片区，即环磁湖都市休闲旅游中心片区、保安·还地桥乡村生态旅游体验片区、大冶青铜文化旅游片区、阳新"生态画廊"旅游片区、大冶湖·华中康谷养生旅游片区的空间布局进行安排（表3-6）。

表3-6 黄石市旅游业分片一览表

片区	特色定位	重点项目	区域
环磁湖都市休闲旅游片区	城市休闲观光度假旅游区	大众山休闲度假景区、东方山宗教文化旅游区等	东方山、西塞山、磁湖风景区等
保安·还地桥乡村生态旅游体验片区	生态农业观光体验旅游区	黄金湖渔业休闲体验度假区、沼山乡村公园等	保安镇、还地桥镇、东风农场、保安湖生态湿地等
大冶青铜·生态文化旅游片区	青铜文化旅游区	大冶铜绿山青铜文化主题公园等	大冶市中心城区、陈贵镇、灵乡镇、茗山乡等
阳新"生态画廊"旅游片区	综合旅游区	仙岛湖生态旅游风景区、五夫生态园等	七峰山、半壁山、网湖旅游景区、王英镇、龙港镇等
大冶湖·华中康谷养生旅游片区	综合旅游区	天井嘴欢乐世界主题公园、华中康谷自驾游营地等	黄金山新区、大冶湖生态新区、"两镇一区"等

第4章 生态环境体系研究

以改善环境质量为核心，打好"大气、水、土壤"环境污染治理三大攻坚战，扩大生态产品供给，防范环境风险，提高监管能力，打造长江经济带沿岸重要绿色节点城市。

4.1 现状评估

4.1.1 大气环境质量

4.1.1.1 大气监测站点概况

黄石市按照国家规范要求开展了大气环境常规例行监测，在市中心城区内共布设了5个空气污染物自动监测站点，包括陈家湾、沈家营、新下陆、铁山和经济开发区，监测项目为二氧化硫、二氧化氮、一氧化碳、臭氧、可吸入颗粒物（PM_{10}）和细颗粒物（$PM_{2.5}$）。

4.1.1.2 空气质量评价

城区空气环境质量达标率低于湖北省平均水平，以细颗粒物为首要污染物。黄石市城区环境空气功能区为二类区，执行《环境空气质量标准》（GB 3095—2012）二级标准。2015年黄石城区空气质量二级以上优良天数240天，优良率为67.1%，低于湖北省平均水平（79%）。其中，1级（优）天数18天，占4.9%；2级（良）天数222天，占60.8%；3级（轻度污染）天数91天，占24.9%；4级（中度污染）天数23天，占6.3%；5级（重度污染）天数11天，占3.0%；6级（严重污染）天数0天。城区空气中SO_2、NO_2年均浓度值分别为21微克/米^{3}和33微克/米^3，达到国家标准；PM_{10}年平均浓度值为102微克/米^3，超过国家标准0.5倍；$PM_{2.5}$年平均浓度值为68微克/米^3，超过国家标准0.9倍，为黄石市的首要污染物。全市空气中CO 24小时平均第95分位浓度值为2.35毫克/米^3，达到国家标准；O_3日最大8小时滑动平均第90百分位浓度值为146微克/米^3，达到国家标准。

大冶市空气环境质量达标率高于湖北省平均水平，以细颗粒物为首要污染物。2015年大冶市空气质量二级以上优良天数330天，优良率为90.4%，高于黄石城区平均水平。其中，1 级（优）天数 18 天，占 4.9%；2 级（良）天数 222 天，占 60.8%；3 级（轻度污染）天数 91 天，占 24.9%；4 级（中度污染）天数 23 天，占 6.3%；5 级（重度污染）天数 11 天，占 3.0%；6 级（严重污染）天数 0 天。大冶市空气中 SO_2、NO_2 年均浓度值分别为 34 微克 / 米^3 和 33 微克 / 米^3，达到国家标准；PM_{10} 年平均浓度值为 80 微克 / 米^3，超过国家标准 0.14 倍；$PM_{2.5}$ 年平均浓度值为 68 微克 / 米^3，超过国家标准 1 倍，为大冶市的首要污染物。

阳新县空气环境质量达标率高于湖北省平均水平，以细颗粒物为首要污染物。2015 年阳新县空气质量二级以上优良天数 240 天，优良率为 66%，高于黄石城区平均水平。其中，1 级（优）天数 18 天，占 4.9%；2 级（良）天数 222 天，占 60.8%；3 级（轻度污染）天数 91 天，占 24.9%；4 级（中度污染）天数 23 天，占 6.3%；5 级（重度污染）天数 11 天，占 3.0%；6 级（严重污染）天数 0 天。阳新县空气中 SO_2、NO_2 年均浓度值分别为 38 微克 / 米^3 和 33 微克 / 米^3，达到国家标准；PM_{10} 年平均浓度值为 103 微克 / 米^3，超过国家标准 0.5 倍；$PM_{2.5}$ 年平均浓度值为 68 微克 / 米^3，超过国家标准 1 倍，为阳新县的首要污染物。

从年际变化来看，黄石市污染物浓度总体呈下降趋势。对于城区而言，SO_2 年平均浓度值比 2013 年和 2014 年分别下降 68% 和 54%。NO_2 年平均浓度值比 2013 年和 2014 年分别下降 35% 和 35%。PM_{10} 平均浓度值在过去 3 年无明显变化趋势，在 90 ～ 110 微克 / 米^3，均高于国家标准。$PM_{2.5}$ 平均浓度值比 2014 年下降 12%，其中 $PM_{2.5}$ 达到一级优的天数为 39 天，占全年有效监测的 11%，比 2014 年增加 8%；达到五级及以上重污染的天数为 11 天，占全年有效监测的 3%，比 2014 年增加 0.8%。

从月际变化来看，污染物浓度总体呈现夏季低、秋冬高的态势。冬季（1—2 月和 12 月）$PM_{2.5}$ 平均浓度值为 95 微克 / 米^3，为全年平均浓度的 1.4 倍。受极端不利气象条件影响，冬季 $PM_{2.5}$ 累积出现 9 天 4 次重污染，导致 $PM_{2.5}$ 年平均浓度增加。与 $PM_{2.5}$ 类似，PM_{10} 浓度水平在冬季较高，平均浓度值为 144 微克 / 米^3，是全年平均浓度的 1.4 倍。

从空间分布来看，黄石市空气质量经济开发区相对较好。2015 年各区空气质量二级以上优良天数为 200 ～ 254 天，优良率为 55.1% ～ 69.6%。各区空气中 SO_2 年均浓度范围在 15 ～ 25 微克 / 米^3，均达到国家标准；NO_2 年均浓度范围在 25 ～ 38 微克 / 米^3，均达到国家标准；PM_{10} 年均浓度范围在 95 ～ 109 微克 / 米^3，均未达到国家标准；$PM_{2.5}$ 年均浓度范围在 65 ～ 72 微克 / 米^3，亦均未达到国家标准；其中 $PM_{2.5}$ 优良率最低。下陆区 PM_{10} 浓度年均值最高，陈家湾 $PM_{2.5}$ 浓度年均值最高，这两个地区也是全年空气优良率最低的两个区域，影响了全市水平。2015 年各个站点整体的空气质量的优良率较2014年均有所下降，但就PM_{10}和$PM_{2.5}$的优良率而言，各个站点PM_{10}和$PM_{2.5}$优良率均相比于2014有所改善，其中铁山区PM_{10}和$PM_{2.5}$的优良率改善均最为显著，优良率比2014年分别提高41%和27%（表4-1）。

表4-1　2015年黄石市各区县空气质量统计

监测点	优良天数	有效监测天数	优良率/%
沈家营	239	361	66.2
陈家湾	200	363	55.1
经济开发区	254	365	69.6
新下陆	209	363	57.6
铁山	242	364	66.5
大冶市	—	—	—
阳新县	—	—	—

4.1.1.3　大气环境污染状况

黄石市大气颗粒物来源主要包括工业生产（包括工业锅炉及窑炉、生产工艺过程等排放的一次颗粒物和气态前体物产生的二次颗粒物）、机动车、燃煤（包括燃煤企业、燃煤电厂、居民散烧等）、扬尘（包括裸露表面、建筑施工、道路扬尘、土壤风沙等），且以煤烟型为主，主要污染物为二氧化硫、氮氧化物、烟（粉）尘。

城区工业生产是二氧化硫、氮氧化物、烟（粉）尘最大的排放源。2014年，全市二氧化硫排放总量为7.13万吨，工业二氧化硫排放量为6.55万吨，占排放总量的91.87%；氮氧化物排放总量为5.20万吨，工业氮氧化物排放量为4.30万吨，占排放总量的82.69%；烟（粉）尘排放总量为4.56万吨，工业烟（粉）尘排放量为4.33万吨，占排放总量的94.96%。工业排放主要集中在冶炼、电力和建材三大行业，三大重点空气污染行业工业排放中二氧化硫、氮氧化物排放量分别占工业排放总量的82.28%、84.89%，烟（粉）尘排放量占重点工业排放总量的86.79%。工业排放主要来源于市辖区，二氧化硫、氮氧化物、烟（粉）尘排放量占排放总量的71.39%、65.00%、39.47%（表4-2）。

表4-2　2014年黄石市废气中主要污染物排放总量情况　　　　　　　单位：万吨

行政区	二氧化硫		氮氧化物		烟（粉）尘	
	总量	其中：工业	总量	其中：工业	总量	其中：工业
全　市	7.13	6.55	5.20	4.30	4.56	4.33
市辖区	5.09	4.79	3.38	2.50	1.80	1.65
大冶市	1.64	1.46	1.08	1.07	1.86	1.81
阳新县	0.40	0.30	0.74	0.73	0.90	0.87

4.1.2 水环境质量

4.1.2.1 水质监测站点概况

湖北省黄石环境监测站主要监测的河流及湖泊包括长江黄石段、磁湖、青山湖的监测。大冶市环境监测站承担大冶湖内外湖、保安湖的例行监测；阳新县环境监测站承担富池大闸、富水饮用水水源地的例行监测任务；各例行监测点的采样频次按中国环境监测总站、湖北省环境监测中心站、黄石市环境保护局的要求开展监测。全年共考核监测断面22个，其中国控断面1个（风波港）、省控断面5个、市控断面16个。

按照《地表水环境质量标准（GB 3838—2002）》和《地表水环境质量评价办法》（环办〔2011〕11号）的要求，对黄石市2015年地表水水质进行评价，评价指标包括水温、pH酸碱度、溶解氧、高锰酸盐指数、化学需氧量（COD）、五日生化需氧量（BOD_5）、氨氮、总磷、总氮、铜、锌、氟化物、硒、砷、汞、镉、六价铬、铅、氰化物、挥发酚、石油类、阴离子表面活性剂、硫化物、粪大肠菌群共24个项目。

4.1.2.2 地表水质评价

水环境质量总体稳定，但水质达标率较低。近5年黄石市主要水体水质类别没有发生明显变化。据《黄石市"十三五"环保规划》，2015年全市地表水环境质量达到或优于Ⅲ类水质的比例为79.8%。在黄石市地表水水质考核断面目标清单中，22个断面中去除长江流域等国控断面，经计算得出2015年劣Ⅴ类水体比例为17%（表4-3）。

表4-3 2015年湖北省黄石市水体水质达标情况

水体名称	所属辖区	监测断面	水质目标	评价结果	是否达标	主要污染物及超标倍数
长江黄石段	黄石港区	黄石港	Ⅲ类	Ⅲ类	是	
	黄石港区	四门	Ⅲ类	Ⅲ类	是	
	西塞山区	冶钢闸下站	Ⅳ类	Ⅲ类	是	
	西塞山区	西塞山站	Ⅲ类	Ⅲ类	是	
	西塞山区	风波港站	Ⅲ类	Ⅴ类	否	总磷（1.24）
长江黄石段	阳新县	富池口站	Ⅲ类	Ⅴ类	否	总磷（1.22）
	阳新县	上巢站	Ⅲ类	Ⅲ类	是	
磁湖	黄石港区	鲶鱼墩	Ⅲ类	Ⅴ类	否	总氮（1.32）
	西塞山区	石料山	Ⅲ类	Ⅴ类	否	总氮（1.28）
	下陆区	理工学院	Ⅲ类	Ⅴ类	否	总磷（1.08）
网湖	阳新县	网湖	Ⅲ类	劣Ⅴ类	否	总磷（1.88）
大冶湖	开发区	大冶大桥站	Ⅲ类	Ⅳ类	否	总磷（1.50）、BOD_5（1.41）、总氮（1.32）
	开发区	磊山站	Ⅲ类	劣Ⅴ类	否	总氮（1.28）

续表

水体名称	所属辖区	监测断面	水质目标	评价结果	是否达标	主要污染物及超标倍数
三山湖	大冶市	三山湖站	Ⅲ类	Ⅳ类	否	总磷（1.38）、总氮（1.04）
保安湖	大冶市	湖心站	Ⅲ类	Ⅳ类	否	总磷（1.52）、BOD_5（1.28）
富水水库	阳新县	十里湖站	Ⅲ类	Ⅳ类	否	总磷（1.33）
	阳新县	富水水库	Ⅲ类	Ⅰ类	是	
王英水库	阳新县	王英水库	Ⅲ类	Ⅳ类	否	总氮（1.01）
蔡贤水库	阳新县	蔡贤水库	Ⅲ类	Ⅲ类	是	
铁金港	下陆区	下陆站	Ⅲ类	劣Ⅴ类	否	氨氮（2.20）、总磷（1.42）
	铁山区	铁山站	Ⅲ类	劣Ⅴ类	否	氨氮（2.34）、总磷（1.49）
小箕铺港	阳新县	小箕铺港	Ⅲ类	Ⅱ类	是	

　　总磷为首要水质超标因子。水质超标的监测断面中含有该超标因子的断面比例为71.4%，最大超标倍数为1.88。其次为总氮，水质超标的监测断面中含有该超标因子的断面比例为42.9%，最大超标倍数为1.32；BOD_5和氨氮也存在超标情况，水质超标的监测断面中含有该两种超标因子的断面比例均为14.3%，最大超标倍数分别为1.41和2.34。

　　长江黄石段的6个监测断面中有2个监测断面不达标，分别是风波港断面和富池口断面，且水质超标因子均为总磷，超标倍数分别为1.24和1.22，符合Ⅴ类水质标准。

　　对于湖泊断面，所有湖泊（磁湖、网湖、大冶湖、三山湖和保安湖）的水质断面均不达标。磁湖的三个监测断面均未达到水质功能区划Ⅲ类水质要求，主要超标因子为总磷和总氮。网湖监测断面的水质劣于Ⅴ类水质标准，主要超标因子为总磷。大冶湖的两个监测断面分别为Ⅳ类和劣Ⅴ类水质，不满足水质功能区划Ⅲ类水质要求，超标因子为总磷、BOD_5、总氮。三山湖断面水质为Ⅳ类，主要超标因子为总磷和总氮。保安湖断面水质也为Ⅳ类，主要超标因子为总磷和BOD_5。

　　水库断面中部分监测断面水质未达到要求。富水水库的两个监测断面中有1个不达标（十里湖站），超标因子为总磷。王英水库为Ⅳ类水，超标因子为总氮，超标倍数为1.01，接近满足Ⅲ类水质要求。此外，港口断面中，铁金港的两个监测断面的水质均劣于Ⅴ类水质标准，超标因子为氨氮和总磷。小箕铺港达到地表水环境功能区水质目标要求。

　　从2011—2015年的水质年际变化情况可以看出，黄石市主要水体水质类别没有发生明显变化；近两年，磁湖的鲶鱼墩和理工学院断面水质下降，三山湖、富水水库、蔡贤水库和小箕铺港断面水质类别提升，其他断面水质类别没有变化，详见表4-4。

表4-4 湖北省黄石市水体水质变化情况

水体名称	所属辖区	监测断面	2011年	2012年	2013年	2014年	2015年
长江黄石段	黄石港区	黄石港	Ⅳ类	Ⅲ类	Ⅲ类	Ⅲ类	Ⅲ类
	黄石港区	四门	Ⅴ类	Ⅲ类	Ⅲ类	Ⅲ类	Ⅲ类
	西塞山区	冶钢闸下	—	—	—	Ⅲ类	Ⅲ类
	西塞山区	西塞山	—	—	—	Ⅲ类	Ⅲ类
	西塞山区	风波港	—	—	—	Ⅲ类	Ⅲ类
	阳新县	富池口	—	—	—	Ⅴ类	Ⅴ类
	阳新县	上巢	—	—	—	Ⅲ类	Ⅲ类
磁湖	黄石港区	鲶鱼墩	Ⅳ类	Ⅴ类	Ⅴ类	Ⅳ类	Ⅳ类
磁湖	西塞山区	石料山	劣Ⅴ类	劣Ⅴ类	劣Ⅴ类	Ⅳ类	Ⅳ类
	下陆区	理工学院	Ⅴ类	Ⅴ类	Ⅴ类	Ⅳ类	Ⅳ类
网湖	阳新县	网湖	—	—	—	劣Ⅴ类	劣Ⅴ类
大冶湖	开发区	大冶大桥	Ⅳ类	Ⅳ类	Ⅴ类	Ⅳ类	Ⅳ类
	开发区	磊山	Ⅳ类	Ⅳ类	Ⅳ类	劣Ⅴ类	劣Ⅴ类
三山湖	大冶市	三山湖	—	—	—	Ⅴ类	Ⅳ类
保安湖	大冶市	保安湖心	—	—	Ⅳ类	Ⅳ类	Ⅳ类
富水水库	阳新县	十里湖	Ⅲ类	Ⅳ类	Ⅳ类	Ⅳ类	Ⅳ类
	阳新县	富水水库	—	—	—	Ⅳ类	Ⅲ类
王英水库	阳新县	王英水库	—	—	—	Ⅳ类	Ⅳ类
蔡贤水库	阳新县	蔡贤水库	—	—	—	Ⅳ类	Ⅲ类
铁金港	下陆区	铁金港下陆	—	—	—	劣Ⅴ类	劣Ⅴ类
	铁山区	铁金港铁山	—	—	—	劣Ⅴ类	劣Ⅴ类
小箕铺港	阳新县	小箕铺港	—	—	—	Ⅳ类	Ⅱ类

4.1.2.3 饮用水水源地水质评价

黄石城市供水以长江水为主要水源，湖水、地下水位辅助水源。生活用水以市专业水厂供给为主，企业自备水厂主要给工业生产用水。

根据《黄石环境质量公报2014》，长江和富水是黄石市主要饮用水水源，长江黄石段饮用水水源断面和富水饮用水水源地水质达标率均为100%（表4-5）。

表4-5 集中式饮用水水源地水质情况

区（市、县）	水源地名称	水质类别	达标率/%
黄石港区	长江黄石段	Ⅲ	100
阳新县	富水	Ⅲ	100

4.1.2.4 城区黑臭水体评价

截至2015年，黄石还存在8处不同级别的黑臭水体（表4-6），主要位于黄石港区、

表4-6 黄石市黑臭水体清单

编号	黑臭水体名称	水体位置（起始边界）	水体类型	面积/平方米/长度/米	水质现状						所在区域
					黑臭级别	透明度/厘米	氧化还原电位/毫伏	溶解氧/（毫克/升）	氨氮/（毫克/升）		
1	锁泉港	武黄高速路口王边村汉池桥—大泉路口段	港	20 000/2 000	轻度	40	-157.3	5.3	2.809		黄石港区
2	青山湖	谭家桥—二医院	湖泊	3 000/—	轻度	21	102.9	8	4.407		黄石港区
3	李家坊港	新华耀纺织实业公司—星月双语艺术幼儿园	港	2 700/600	轻度	10	-63.4	7.7	4.205		西塞山区
4	彭家堑港	老下陆港（嘉泰砂浆—桂林南路）	港	11 000/2 100	轻度	25	-98.7	3.92	12.8		西塞山区
		东钢港（老鹳庙路—与彭家堑港交会处）									
		老下陆港（下陆老火车站—嘉泰砂浆）		58 000/7 500	重度	见底/38	132.4	5.02	21.85		下陆区
5	五一湖	—	湖泊	11 800/—	重度	80	86.7	6.77	20.63		下陆区
6	新下陆东港	智信塑业—金桥大道交汇处	港	5 500/1 000	轻度	20	180.8	1.78	8.79		下陆区
7	新下陆西港	长乐山工业区对面段—下陆区社会事务管委会	港	8 000/1 000	轻度	18	34.9	7.35	1.774		下陆区
8	铁金港	106国道—秀山路大冶市鑫诚特钢公司段	港	16 000/1 600	轻度	17	151.6	6.04	0.4		铁山区

西塞山区和下陆区。在黑臭水体的治理方面，黄石市已经陆续开展了部分排查与整治工作，由黄石港区负责对青山湖进行了综合整治，并起草了《黄石市城市黑臭水体整治实施方案》。

4.1.2.5　水环境污染状况

（1）总体情况

黄石市水体污染物来源主要有工业源、城镇生活源和农业源三个方面。由黄石市主要污染物的排放情况可以看出（表4-7），工业源、城镇生活源和农业源的化学需氧量排放基本相等，均占1/3的比例；氨氮排放量中农业源最多，占总排放量的42.13%，城镇生活源次之，工业源最小，不到20%。根据环境统计数据，2014年黄石市化学需氧量排放总量为16 569吨，其中工业源5 294吨，占31.95%，城镇生活源5 492吨，占33.15%，农业源5 783吨，占34.90%；氨氮排放总量为1 891吨，其中工业源377吨，占19.96%，城镇生活源717吨，占37.91%，农业源797吨，占42.13%；城镇生活源的废水排放量远高于工业源，占废水排放总量的75%（图4-1）。

表4-7　2014年黄石市主要污染物排放情况

污染指标	工业源	城镇生活源	农业源	合计
化学需氧量/吨	5 294	5 492	5 783	16 569
氨氮/吨	377	717	797	1 891
废水排放量/万吨	5 158	15 417	—	20 575

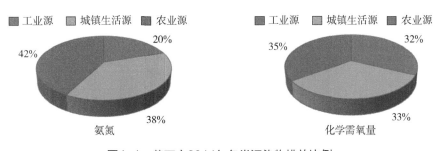

图4-1　黄石市2014年各类污染物排放比例

从各区县污染物排放量分析可以看出，大冶市和阳新县化学需氧量排放量所占比例较高，分别占总排放量的39.98%和26.95%，西塞山区的也相对较高，为15.97%；大冶市和阳新县的氨氮排放量所占比例最大，分别为37.49%和34.53%，下陆区、西塞山区和黄石经济开发区也相对较高，详见表4-8和图4-2、图4-3。

表4-8　2014年黄石市各区县主要污染物排放情况

区（市、县）	化学需氧量/吨	氨氮/吨
黄石港区	735	93
西塞山区	2 654	150
下陆区	983	139
铁山区	185	21
阳新县	4 479	653
黄石经济开发区	938	126
大冶市	6 644	709

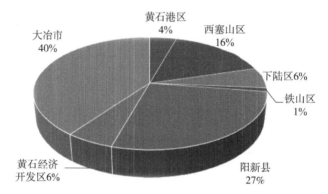

图4-2　黄石市2014年各区县化学需氧量排放比例

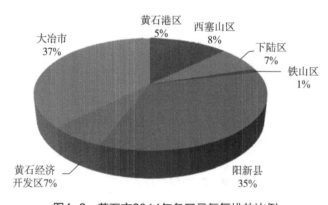

图4-3　黄石市2014年各区县氨氮排放比例

2012—2014年，黄石市化学需氧量呈降低趋势，氨氮排放量呈先减后增的趋势，但幅度不大。与2012年相比，2014年化学需氧量减少2 598.61吨，氨氮排放量基本不变（表4-9）。

表4-9　黄石市主要污染物排放年际变化

类型	化学需氧量/吨			氨氮/吨		
	2012年	2013年	2014年	2012年	2013年	2014年
工业	4 905	4 573	5 294	313	271	377
生活	5 097	5 323	5 492	665	695	717
农业	9 166	7 808	5 783	915	865	797
总计	19 168	17 704	16 569	1 893	1 831	1 891

（2）工业污染物排放情况

根据环境统计数据，2014年黄石市工业废水排放量为5 158万吨，化学需氧量排放量为5 294吨，氨氮排放量为377吨，根据2014年各区县排放比例来看，西塞山区和大冶市的化学需氧量排放量较大，分别达到37.93%和34.66%；大冶市的氨氮排放量较大，为37.71%，其次为下陆区，工业氨氮排放量为20.60%，详见图4-4、图4-5。

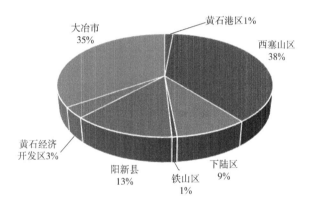

图4-4　黄石市2014年各区县工业化学需氧量排放比例

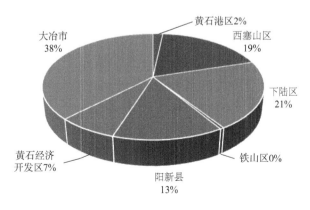

图4-5　黄石市2014年各区县工业氨氮排放比例

根据 2014 年黄石市工业各行业污染物排放情况可以看出，炼钢的化学需氧量排放量较大，达到 26.98%；其次为铜矿采选和其他调味品、发酵制品制造行业，分别为 14.21% 和 10.02%。铜矿采选的氨氮排放量最大，占总量的 20.84%，其他调味品、发酵制品制造行业的排放比例达 14.16%，详见图 4-6、图 4-7。

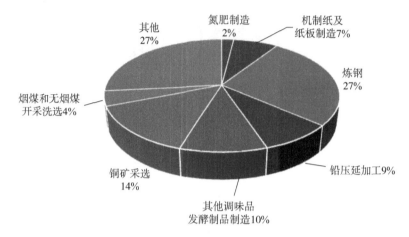

图4-6 2014年黄石市工业各行业化学需氧量排放比例

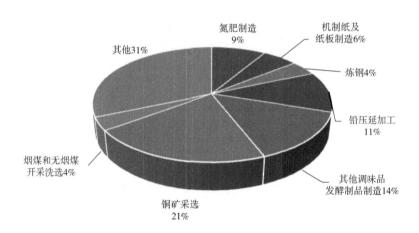

图4-7 2014年黄石市工业各行业氨氮排放比例

（3）城镇生活污染物排放情况

2014 年黄石市城镇生活污水排放量为 15 417 万吨，化学需氧量排放 5 492 吨，氨氮排放 716.89 吨，较 2012 年排放量分别增加了 396 吨和 52 吨。从各区县排放量来看，大冶市和阳新县的污水、化学需氧量及氨氮排放量均最大，污水排放量分别为 4 839 万吨和 4 809 万吨，约占总量的 30%；化学需氧量分别为 1 724 吨和 1 713 吨；氨氮分别为 225 吨和 224 吨，均约占总量的 30%。黄石港区和西塞山区的污染物排放量也相对较大（图 4-8，图 4-9）。

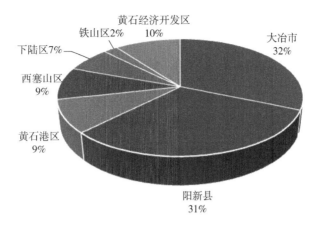

图4-8 2014年黄石市城镇生活化学需氧量排放比例

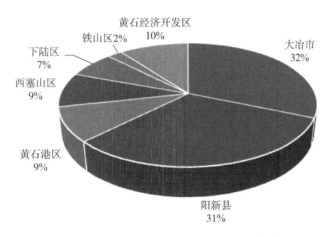

图4-9 2014年黄石市城镇生活氨氮排放比例

（4）农业污染物排放情况

2014年，黄石市农业化学需氧量排放总量为5 783吨，其中畜禽养殖化学需氧量排放量最大，为5 782吨，所占比例为99.9%；农业氨氮排放量为797吨，其中畜禽养殖排放量最大，所占比例为68.0%；畜禽养殖总氮排放量最大，约占总量的53.61%；畜禽养殖的总磷排放量最大，约占总量的72.3%（表4-10，图4-10）。

表4-10 2014年黄石市各类型农业源污染物排放情况 单位：吨

污染指标	规模化养殖	养殖专业户	种植业	水产养殖	合计
化学需氧量	1 965	3 817	—	0.34	5 782.24
总氮	1 219	671	1 606	28.59	3 524.59
总磷	215	108	122	1.47	446.47
氨氮	325	217	208	47.77	797.77

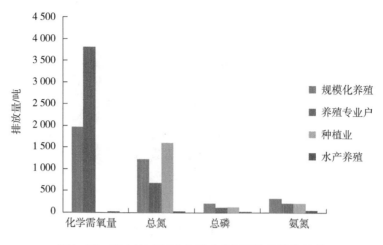

图4-10 2014年黄石市各类农业源污染物排放情况

4.1.3 土壤环境质量

土壤污染范围广、程度深，局部区域土壤污染严重，呈现砷、铅、锌、镉、铜等多种重金属复合污染的特征。根据相关土壤污染状况调查结果，黄石市土壤污染范围广，土壤总的点位超标率为76.06%，中度和重度污染点位比例达到34.27%。耕地土壤污染严重，存在重金属污染的耕地土壤点位占总耕地的77.25%，其中，轻微、轻度、中度、重度污染点位比例分别为23.35%、21.56%、20.96%、11.38%。部分区域土壤污染程度较深，如阳新县铅锌矿冶炼集中区，土壤中镉、铅、锌、砷含量较高。大冶市还地桥、金山店与罗桥街办片区、陈贵片区、金湖街办与大箕铺镇片区、阳新县兴国镇及其周边区域等地区土壤污染严重。土壤污染特征复杂，局部地区呈现多种重金属复合污染的特点，如下陆区、开发区大王镇、大冶市大箕铺镇、罗家桥、金湖和东岳路街道等地区土壤污染物为镉、铜和砷等，大冶市陈贵镇等地区土壤污染物为铜和镉等，阳新县兴国镇、白沙镇等地区土壤污染物为砷、铅、锌和镉等。

4.1.4 声环境质量

4.1.4.1 声监测站点概况

黄石市城区区域环境噪声监测点布设将建成区划分成101个有效网格，共布设101个监测点，监测覆盖面积36.36平方公里，占市区建成区面积的50.2%，测点面积内人口为70.57万人。每年昼间监测一次。黄石市区道路交通主、次干线25条，80个监测路段，布设80个监测点，监测路段总长160 416米，全年监测一次，平均路宽为25.6米。

4.1.4.2 声环境质量评价

区域环境噪声质量稳定，生活源为主要的噪声污染来源。依据《城市区域环境噪声标准》（GB 3096—2008），2015 年黄石市城区区域环境噪声平均值为 54.3 分贝，较 2014 年上升 0.3 分贝，小于 55 分贝的面积比例为 63.4%，质量等级为较好。主要声源为生活噪声，占 73.3%；其次为交通噪声，占 20.8%；其他工业噪声、建筑施工噪声合计占 5.9%。大冶市城区区域环境噪声平均值为 48.8 分贝，较 2014 年上升 0.2 分贝，小于 55 分贝面积的比例为 93.1%，质量等级为好。主要声源为生活噪声，占 47.5%；其次为交通噪声，占 18.1%；其他工业噪声、建筑施工噪声合计占 34.4%。阳新县兴国城区区域环境噪声平均值为 52.7 分贝，较 2014 年下降 2.1 分贝，小于 55 分贝面积的比例为 65.1%，质量等级为较好。主要声源为生活噪声，占 82.1%；其次为交通噪声，占 13.2%；其他工业噪声、建筑施工噪声合计占 4.7%（表 4-11）。

表4-11 2008—2015年黄石市区域环境噪声监测结果统计及年度变化

年份	网格大小/米 大小区	实测网格数/个	覆盖面积/平方公里	等效声级Leq均值/分贝
2008	60 086域环	101	36.36	55.5
2009	60 096域环	101	36.36	55.5
2010	60 006域环	101	36.36	55.6
2011	60 016域环	101	36.36	55.5
2012	60 026域环	101	36.36	55.3
2013	60 036域环	101	36.36	54.9
2014	60 046域环	101	36.36	54.0
2015	60 056域环	101	36.36	54.3

数据来源：《2008—2015年黄石环境质量报告书》。

道路交通声环境质量较好，噪声环境质量总体较为稳定。2015 年黄石市城区道路昼间交通噪声平均值为 71.0 分贝，较 2014 年上升 0.7 分贝，超过 70 分贝的路段占总干线长度的 56.3%，质量等级为轻度污染。大冶市城区道路昼间交通噪声平均值为 70.9 分贝，比 2014 年下降 0.8 分贝，超过 70 分贝的路段占总干线长度的 62.5%，质量等级为轻度污染。阳新县兴国城区道路昼间交通噪声平均值为 70.6 分贝，较 2014 年上升 2.6 分贝，超过 70 分贝的路段占总干线长度的 53.6%，质量等级为轻度污染（表 4-12）。

表4-12　2015年黄石市道路交通噪声情况

行政区	平均等效声级	质量等级	超过70分贝的路段占总干线长度百分比/%
市辖区	71.0分贝	轻度污染	56.3
大冶市	70.9分贝	轻度污染	62.5
阳新县	70.6分贝	轻度污染	53.6

4.1.5　生态环境质量

4.1.5.1　生态系统变化

生态系统结构变动较大。2000年黄石市耕地类型最多，面积比例超过45%，其次为林地，面积比例为33%，水域面积比例为13%，草地、建设用地和其他用地所占比例较低。2010年土地利用格局与2000年类似，但各种用地类型的比例有所变化，除建设用地比例增加了1.9%之外，耕地、水域和林地面积比例均减少，其中耕地面积减少最多，减少比例为1.5%，而草地和其他用地比例变化较小。2015年相比2010年林地和耕地面积比例变化明显，林地面积比例增加9%，成为最主要的用地类型，耕地比例下降了10个百分点。建设用地和草地用地比例稍微上升，水域面积有所下降，其他用地比例几乎不变。

2000—2015年黄石市土地利用总转移面积约为1 393平方公里，占黄石市总面积的30%。从2000—2015年整体阶段看，一级分类转移矩阵和转移比例中，转移量和转移比例较大的为耕地→林地，转移面积为527平方公里，其次为耕地→建设用地、林地→草地，转移面积分别为196平方公里和143平方公里，三类转移面积均占到总转移面积的10%以上（表4-13）。

表4-13　2000—2015年土地利用转移矩阵　　　　　　　单位：平方公里

用地类型	林地	草地	水域	耕地	建设用地	其他
林地	1 242	143	3.08	94.23	10.84	0.07
草地	34.53	9.59	2.01	55.94	1.98	0.15
水域	39.78	2.84	419	108	16.28	0.42
耕地	527	35.37	65.1	1 322	196	2.11
建设用地	13.39	0.99	6.45	32.03	72.29	0.24
其他	0.27	0	0	0.08	0.17	0

4.1.5.2　生态环境质量评价

生态环境质量整体良好。根据《生态环境状况评价技术规范》(HJ/T 192—2015)，

2014年，全市生态环境质量级别为良好，生态环境状况指数（EI）为69.93，处于湖北省中上游水平。从各县市区来看，阳新县的生态环境状况最好，EI为80，然后依次为大冶市（71）、黄石市区（62）；上述3个地区中阳新县的生态环境状况为优，其余地区生态环境状况均为良。

从EI的年际变化来看，2006—2014年黄石市的EI整体比较稳定。2007—2011年生态环境质量呈好转态势，2012年生态环境状况指数较上一年度下降6.98，2012年之后EI又有所增大（图4-11）。

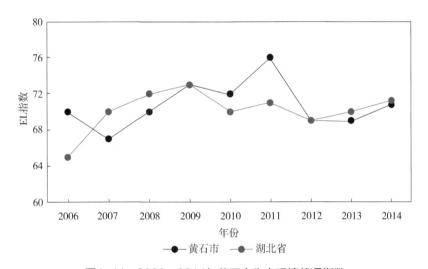

图4-11 2006—2014年黄石市生态环境状况指数

在影响指数变化的因素中，水网密度指数影响最大，主要由于水域面积修正后减少，且水资源总量比上年下降所导致的。植被覆盖指数和生物丰度指数略有增加，且生物丰度指数的权重最大，土地胁迫指数和污染负荷指数基本保持稳定。

4.1.6 现有工作基础

4.1.6.1 基础设施建设

市辖区污水收集与管网系统日趋完善。黄石市城市排水管网分雨水管网、污水管网和雨污合流管网三类，新建城区的排水管网以雨污分流为主，老城区及中心城区部分路段则以雨污合流为主。历年来，黄石市重视配套管网建设，为避免重复建设，提高投资绩效，坚持"厂网并举，管网先行，管网与道路建设同步推进"的原则，截至目前，黄石市区共建排水管网950公里，其中污水管网350公里、雨水管网550公里、雨污合流管网50公里。"十二五"期间，为整体推进黄石市污水处理配套管网建设进程、提高污水收集率，黄石市区计划建设185公里污水管网，预计总投资达2亿元，目前已建污水配套管网 125 公里，待建 60 余公里。目前，黄石已经形成了黄石港区、铁山区、下陆区、团城山区、西塞山区、河西工业园、城西北开发区、黄金山工业新区、新港工业园和汪仁镇九大污水收集系统（图 4-12）。

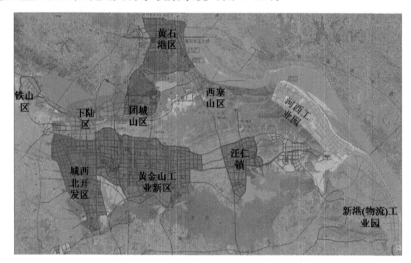

图4-12　黄石市区污水系统分区范围

市辖区污水处理能力显著提升。市辖区目前建成有花湖、青山湖、磁湖、团城山和黄金山 5 座污水处理厂，总处理能力为 23.5 万吨 / 日，2013 年处理污水 6 606 万吨，COD 削减量为 8 970 吨，2015 年污水处理率为 90.9%，2013 年 5 座污水处理厂平均负荷率为 77%。目前污水处理厂的主要问题是处理负荷不足，黄金山污水处理厂负荷最低，仅为 72%，这是由于老城区污水收集管网雨水污水合流，污水进入浓度偏低导致的污水处理厂负荷不足。现场调查发现，磁湖污水处理厂污水进入浓度不足 100 毫克 / 升、不足设计进入浓度的 1/3，且污水处理厂运营管理存在不规范之处，没有厂界的噪声和大气排放状况监测。污水厂中水均作为绿化用水处置，中水回用率约为 1%，尾水处理主要以排放方式直接进入地表水体。

垃圾无害化处理率较高。黄石市目前已建成黄石市黄金山垃圾焚烧发电厂，该厂位于黄金山工业新区，占地 89.9 亩，属于新建环保公益项目，投资商为创冠环保（国际）有限公司，采取 BOT 运营方式，协议时间 27 年，总投资 4.67 亿元，设计日处理生活垃圾量 1 200 吨，年最大发电量为 1.6 亿千瓦时，分两期建成，其中一期处理垃圾能力为 800 吨 / 日。该项目 2007 年正式启动，先后完成项目选址、环境影响评价书编制及评审、可行性报告编制及评审、土地报批、项目核准等二十余项前期手续审批工作。2009 年 5 月 8 日正式开工建设，2010 年 12 月主体工程完工，开始接收垃圾，2011 年 3 月 20 日一期工程并网发电。目前黄石市和大冶市城区日产约 600 吨生活垃圾全部进入该厂无害化处理，无害化处理率达到 99% 以上。

危险废物得到有效处置。目前，黄石共有持证危险废物处置企业4家，分别为黄石大江集团有限公司、黄石凯程环保有限公司、黄石兴鑫科技发展有限公司、大冶市英达思有色金属有限公司，年处理能力为3.9万吨。湖北振华化学股份有限公司自建有干法解毒窑，年处理能力为5万吨。黄石市医疗废物处置中心2011年1月建成并投入使用。医废处置中心位于黄石市西塞山区河口镇章山村，日处理医疗废物能力5吨。

4.1.6.2　污染防治状况

积极推进大气污染防治。2014年，黄石出台了《黄石市大气污染防治计划（2014—2017年）》，实施了大冶铁矿球团竖炉烟气脱硫等工业污染源治理项目320个，淘汰黄标车和老旧车7 715辆，发放环保标志24 000余个。黄石市编制了《武汉城市圈黄石市"十二五"大气污染联防联控规划》，成立了黄石市大气污染联防联控工作领导小组，落实城市圈大气联防联控工作任务，并协调和指导本市大气污染联防联控工作。领导小组实行联席会议制度和定期汇报制度，加强政府各部门、各级政府间的协作与交流。市政府把大气污染防治工作列入树立城市新形象的实事工程，制订切实可行的年度攻坚计划，认真落实工作目标责任制，将大气污染治理纳入各级领导的政绩考核。2013年为推进机动车氮氧化物减排，黄石市印发了《关于实施机动车污染防治的公告》，并明确规定新车上牌、转入机动车发动机未达到国Ⅲ排放标准的，交巡警支队车管所不予办理登记、入籍手续。

加大了水源保护区综合管理力度。关停了一批设备落后、污染严重的工艺，湖北华电黄石热电厂等沿江企业实现了闭路循环或达标排放，杜绝污染物对长江的污染。加大了对沿江化工企业的监管力度，督促重点化工企业制定了环境应急预案，编制了《黄石市集中式饮用水水源环境状况评估报告》，成立饮用水水源环境应急指挥部、应急指挥部办公室及由有关部门组成的水源地环境应急组织体系，确保生态环境安全。规划建设了"黄石外滩"，有效地减轻了对长江水源地的污染。保护区拆除部分违章建筑及拆迁或关闭部分排污口，迁移部分码头。二级保护区通过整治基本符合《饮用水水源保护区污染防治管理规定》的要求。水源地污水面源基本上实现100%截污后通过污水管网送入污水处理厂进行处理达标排放。根据省政府批准下发的《黄石市县城以上饮用水水源保护区划分方案》，组织实施饮用水水源保护区防护隔离带等污染防治工程。积极加强饮用水水源地监测能力建设，先后添购了ICP-MS、气相色谱等分析设备，目前具备饮用水水源地水质79项的分析能力，剩余30项暂未开展。饮用水水源地每年开展一次全分析监测。开展地下水监测工作，每年监测2次（枯水期、丰水期），水质状况良好。

深化流域地表水环境综合治理。2014 年，总投资 14.67 亿元的亚洲开发银行贷款项目——黄石市水污染综合治理项目稳步推进，五一湖、七一湖水环境治理工程基本完成，磁湖湿地公园项目和青山湖整治工作正式启动。工业源治理方面，黄石市按照国家产业发展需要，充分利用国家"上大压小"政策，加强专项整治，调整产业结构，彻底清除黄石市"十五小"和"新五小"污染企业，淘汰落后产能，把关闭企业腾出的环境容量留给科技含量高、生产规模化的企业，促进黄石市经济结构的进一步优化。生活源治理方面，"十一五"期间，黄石市城市污水处理厂由 2005 年的 2 座增加到 2014 年的 9 座，市区污水处理率由 63% 提高到 90.6%。目前已建成污水管网 421 公里（含合流管网）。目前全市 9 座污水处理厂总处理能力为 35.5 万吨 / 日，2013 年处理污水 6 606 万吨。新建管网按照雨污分流设计，以提高污水处理厂的处理负荷，促进减排效益得到有效发挥，避免造成减排资源的浪费。农业源治理方面，2011 年、2012 年黄石市农业污染减排任务均按期完成。2013 年共有 13 家畜禽养殖企业列入农业污染源治理名单，涉减企业数量几乎与 2011 年、2012 年任务总和（15 家）相当，减排压力较大。

深化工业固体废物治理和综合利用。根据《黄石市环境状况公报》，2008—2012 年黄石市共产生工业固体废物 6 807.77 万吨，其中，综合利用 4 648.21 万吨，处置 1 607.57 万吨，贮存 551.99 万吨，种类涉及冶炼废渣、粉煤灰、炉渣、煤矸石、尾矿、脱硫石膏、危险废物等。

强化重金属污染防治。大冶市设立了副科级事业单位重金属污染防治办公室，增加了 5 个事业编制，负责重金属污染防治的有关工作。为解决历史遗留问题，2010 年中央重金属污染防治专项资金将黄石振华化工有限公司蒋家湾铬渣及污染土壤治理项目作为重点支持的重点防控区综合防治项目，2011 年 9 月项目启动。截至 2011 年 12 月 10 日，蒋家湾渣场铬渣及被污染土壤、石块全部转运至黄石振华化工有限公司厂区渣棚内并得到有效的解毒处理，处理总量达 1.9 万吨。2014 年编制了《黄石市重金属污染综合防治规划》，加快实施重金属污染综合防治示范区 6 个治理项目。

4.1.6.3 生态建设现状

黄石市生态布局以山脉、水系为骨干，以山、林、江、湖、水库、田为基本生态要素，构建"一区、两轴、五环、六片"为重点的生态网络框架。建成"生态节点、生态廊道、生态绿岛"点、线、面有机结合的生态格局，形成层次分明、功能完善、廊道畅通、斑块稳定的区域网络化生态安全保障体系（图 4-13）。

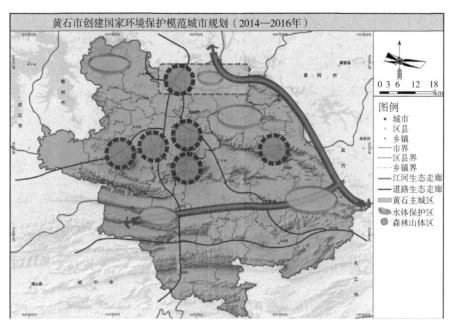

图4-13 黄石市现状生态结构

此外，黄石市生态城市创建全面启动，建成国家级生态乡镇 2 个，省级生态乡镇、村 30 个，市级生态乡镇、村 54 个，绿色学校 98 家，绿色社区 37 个，绿色矿山 8 家，美丽乡村 25 个。完成矿山生态恢复治理 42 家，区域绿化 14 万亩，城市规划区新增和改造城市绿地面积 125 公顷。市委将"注重生态"作为好干部标准之一，市政府将生态文明建设内容纳入了政府目标管理考核体系，作为各县（市）区重点考核指标。

4.2 突出问题

4.2.1 工业排放是黄石市颗粒物超标的主要原因

黄石市辖区和阳新县城区二氧化碳、二氧化氮和 PM_{10} 均达到国家二级标准并在环境容量内。大冶市城区二氧化氮、PM_{10} 均达到国家二级标准，二氧化硫未达到国家二级标准且已超出环境容量。造成污染物超标的主要原因为冶炼、电力和建材等行业等污染物的排放。

根据《黄石市总体规划》和《环境空气质量标准》（GB 3095—2012），黄石市辖区和阳新县城区二氧化硫、二氧化氮有环境容量，PM_{10} 无环境容量，大冶市城区二氧化氮有环境容量，二氧化硫、PM_{10} 无环境容量。黄石市辖区和阳新县城区需加强对 PM_{10} 污染的控制，大冶市城区需加强对二氧化硫、PM_{10} 污染的控制。

4.2.2 水污染严重，且治污能力不足

4.2.2.1 水环境容量严重不足

黄石市长江、富水水环境质量较好，水质达标率分别为71%、100%。磁湖、网湖、大冶湖、三山湖、保安湖考核监测断面水质均超标。磁湖、青山湖、大冶湖、保安湖部分指标已超出水环境容量，超标的水质因子主要为总氮、总磷和五日生化需氧量。

根据《黄石市总体规划》，长江黄石老电厂以上段、磁湖、青山湖、大冶湖、保安湖均无环境容量，环境压力较大。磁湖、青山湖、大冶湖、保安湖一方面需进行环境治理使水环境质量恢复现有水质标准，另一方面需在现有水环境功能区水体标准基础上提高至Ⅲ类水体标准，环境压力较大。

4.2.2.2 产业结构与空间布局不合理

黄石地区工业化学需氧量排放量和氨氮排放量分别占总量的31.95%和19.96%。黄石市仍然存在6个"十大"重点行业（造纸、氮肥、有色金属、农副食品加工、农药、原料药制造），大冶市的工业企业重点污染源最多。根据实地调查，黄石市有460个工业企业重点污染源，其中大冶市162家、阳新县51家、开发区109家、黄石港区3家、西塞山区83家、下陆区30家、铁山区22家。其中，农副食品加工的化学需氧量和氨氮排放量占工业源排放总量的10%和14%，工业废水处理率为69%，需要进一步提高污水处理以及回收利用效率。

黄石市畜禽养殖规模过大，无公害认证的企业少，缺少配套化的粪便雨污分流、污水贮存、处理、资源化利用设施。近年来，伴随黄石地区城市化发展，城市人口对畜禽肉类蛋类需求量不断加大，黄石市畜禽养殖业亟须发展，以配合市场的需要。黄石市畜禽养殖业的化学需氧量排放量（5 782.29吨/年）几乎占据农业源的化学需氧量排放量的总量，氨氮排放量（541.24吨/年）约为农业源总量的67.00%。2014年的数据表明，黄石市241个养殖场中的受纳水体为保安湖、大冶湖、富水、长江黄石段、长江上游干流区间及中下游干流区间。其中，大冶湖接受52.68%的化学需氧量排放量和52.33%的氨氮排放量；富水接受29.56%的化学需氧量排放量和29.67%的氨氮排放量；保安湖接受11.23%的化学需氧量排放量和10.80%的氨氮排放量，这三个受纳水体接收了黄石市养殖场的绝大多数排放污染物。因此这三个地区地表水污染比较严重，其化学需氧量均为Ⅳ类水质标准，这与畜禽养殖业有着密不可分的关系。

由于农业生产中化学品的大量使用以及畜禽、水产养殖规模的不断扩大，农业面源污染等已日益成为地表水环境的重要污染因素。大量未经处理的农业污水、退水进入，严重威胁岑河、减河等中心城区的水环境安全。随着中心城区辖区内农村步入快速城镇化阶段，乡镇及社区对水资源的压力和水环境的要求进一步提升。

4.2.2.3　污染源治理体系仍不完善

污水处理厂进水水质浓度偏低，雨污分流难度大。由于黄石市普遍存在的雨污合流制排水系统导致大部分污水处理厂进水水质较设计偏低，目前除花湖、青山湖污水处理厂进水 COD 浓度高于 150 毫克 / 升外，团城山、磁湖污水处理厂进水 COD 浓度均低于 150 毫克 / 升。由于要推进老城区雨污分流工作必须结合老城区的改造才能配套实施，因此不仅实施难度大，而且资金需求量大，是一个相对漫长、长期的过程。对此，我们仍将坚持成熟一个、分流一个的原则，逐步推进雨污分流制管网改造。同时建议进一步加强区管范围内雨污分流、临街或露天餐饮业、洗车业的排水许可管理力度。

黄石与大冶两地污水主干管对接难度大，工程进展缓慢。根据《铁山、新下陆片区污水接入大冶城西北污水处理厂输送主干管建设规划》，两市对接污水管网建设总长为 43 公里（黄石境内主干管 3 公里、大冶境内主干管 13 公里、新下陆片支管 14 公里、铁山片支管 13 公里）。截至目前，两市总共只完成 8 公里管网的建设（黄石境内 3 公里，大冶境内 5 公里），管网建设进度缓慢因素涉及征地拆迁难、规划设计方案尚未落实等诸多方面。为此，建议黄石、大冶两市相关部门积极推进辖区污水管网建设工作，尽快完成两市污水主干管无缝对接。

4.2.2.4　水环境监管能力亟待加强

风险源监管力度不够，工业企业存在直排现象。目前全区内安装污水在线监控的工业企业较少，主要依靠环保部门人员不定期检查执法，监管能力有待提高。作为"水十条"考核的 21 项污染指标，目前监测能力只能覆盖 COD 和氨氮等少数指标，不能覆盖所有应测指标，应提高监测设备与能力。

运营欠费情况严峻。自 2011 年以来，黄石市污水处理费收支存在缺口并逐年拉大，运营欠费问题日趋严重。为弥补经费缺口，财政部门分别从花湖污水处理厂特许经营项目变现资金、城市配套费等方面进行调剂，仅 2014 年、2015 年就分别筹措 1 966 万元和 784 万元冲减欠费，尽管如此 2012—2015 年仍欠费 3 510 万元，其中磁湖厂 2 036 万元、团城山厂 716 万元、花湖厂 241 万元、黄金山厂 202 万元、市污水公司 255 万元、华新污泥处置 24 万元、排水管理处相关项目 36 万元。虽然自 2016 年 1 月起黄石市调整了污水处理费征收标准，预测调价将增收污水处理费约 1 500 万元，但因考虑新建污水处理设施的新增费用，2016 年污水处理费收支缺口仍在 1 700 万元左右。为此，一是市财政部门已考虑将 2016 年度收支缺口纳入财政预决算管理，但建议市财政尽快落实历史欠费的还款计划。二是加大污水处理费征收力度，建议由市政府责成市政府机关带头并通告少数行政部门足额缴纳污水处理费。三是争取将行业监管人员经费、建设前期费用、局部雨污分流改造和建设还贷等专项费用列入城维费或配套费资金计划，尽可能减少污水处理费的支付压力，切实将有限的资金用于保运转。

特许经营协议履约不力。基于污水处理费入不敷出、欠费额日益增多的实际，按特许经营协议 2 年一次的污水处理服务费单价及保证水量调整工作相对滞后，如 2011 年、2012 年的正常调量到 2013 年 7 月才同意执行，2013 年应调整的最后一轮保证水量也未如期履约，而 2 年一次测算调整污水处理费单价除磁湖污水处理厂因同意延长三年调整最后一轮保证水量并相应延长特许经营期及调整单价外，花湖、团城山污水处理厂均未获准调整污水处理服务费单价。建议按照三部门下发的新办法政策精神，由财政部门委托中介机构对磁湖、花湖、团城山厂开展第二轮中期评估，据中期评估结果统一会商污水处理服务费单价调整问题。

4.2.3　长期矿产资源开发是土壤重金属超标的主要原因

历史遗留尾矿库对土壤环境构成威胁。黄石市矿产资源丰富，拥有 3 000 多年的青铜冶炼史、100 多年的近代民族工业发展史，矿产资源采冶业曾经为国家经济发展做出过重大贡献。由于过度开采，遗留下大量尾矿库，对生态环境构成严重威胁。经调查，境内因矿产资源开发遗留的挖损、压占、塌陷、污染和诱发地质灾害以及遭到严重影响的工矿废弃地共有 2 075 块，总面积 21.06 万亩，占全市土地总面积的 3.06%；零散分布在全市 52 个乡镇（街办）。遗留的大量尾矿砂，已成为当地农田土壤、地下水和生态环境安全的巨大隐患，如陈贵镇尾矿砂压占的农田已达 689 亩，对周边居民健康和环境安全造成极大危害；大冶市部分区域土壤受到重金属污染，虽然振华铬渣场投资 1 180 多万元完成铬渣的土壤修复，解决了 1958 年以来的历史遗留问题，但跟踪性监测尚不到位。农村生活污水、生活垃圾、畜禽养殖粪便、农用化学品、农业废弃物等导致的土壤污染问题已经相当严重，给黄石市生态文明建设带来较大挑战。

4.2.4　矿山活动是黄石市生态环境风险的主要原因

在长期的资源开发与利用过程中，产生大量的矿山废石、尾砂、煤矸石等固体废物对生态环境安全构成较大威胁;废弃矿土地的复垦工作任重道远,采空区、塌陷区和露天采坑也亟须生态治理。

黄石市矿产资源较为丰富,虽然经过几十年的大规模开采,资源呈逐步枯竭的趋势,部分矿产资源的保有储量下降到40%以下,但近年来通过深部找矿,又发现了一些新的矿床,使资源枯竭的状况得以有效缓解。同时,一些矿山企业积极实施"走出去"战略,如大冶有色为解决自有矿山铜资源不足10%的问题,先后在蒙古、吉尔吉斯斯坦等国家购买和开采铜矿并积极实施城市矿产示范基地项目;黄石市煤炭矿务局也在贵州开采煤矿,在一定程度上减缓了资源压力。随着黄石市产业转型升级,对矿产资源的依赖程度将有所减弱,预期黄石的矿产资源在今后较长的一段时间内能够为经济社会发展提供较强保障。

黄石矿山工程活动产生的矿山地质环境问题较多,主要有崩塌、滑坡、泥石流、地面塌陷、采空区地面沉降与塌陷、矿坑突水、侵占土地、水均衡破坏、土壤污染、水土流失、地表水污染、地下水污染等。黄石市废弃和正在使用的矿区面积2.18万公顷,污染面积927公顷,受影响面积6.1万公顷;因采矿造成地表和植被破坏1 915处,其中采石塘口395处,尾砂库188座,大中型采坑、排土场、废石场、煤矸石等1 332处。历史遗留工矿废弃地2 075块,总面积1.4万公顷,占全市总面积的3.08%。全市被破坏山体有395处,仅黄荆山南麓、北麓及长乐山沿线就有60余处,面积达56万平方米。不合理的采矿活动、违法的采矿活动(矿山布局不合理、强行开采保安矿柱、乱采滥挖),往往加剧了危岩、崩塌的变形进程,甚至使原来稳定的坡体变为不稳定坡体,是造成矿山地质灾害的重要原因。

4.3 承载力分析

4.3.1 大气环境承载力分析

大气环境容量评价的污染因子主要包括SO_2、NO_2、可吸入颗粒物(PM_{10})和细颗粒物($PM_{2.5}$),基于WRF-CALMET模型测算的1公里分辨率通风系数,采用A值法测算了四种污染物全年最大允许排放量。铁山区大气环境容量相对较小,阳新县和大冶市的大气环境容量相对较大。2015年大气污染物排放情况和容量比较结果表明黄石市整体二氧化硫和氮氧化物的大气环境承载率均小于0.8,为大气环境容量富余区(表4-15)。

表4-15 黄石市各区县大气环境容量 单位：万吨/年

区县	SO_2	NO_2	PM_{10}	$PM_{2.5}$
黄石港区	0.09	0.06	0.10	0.05
西塞山区	0.30	0.20	0.35	0.18
下陆区	0.16	0.10	0.18	0.09
铁山区	0.07	0.05	0.09	0.04
阳新县	7.47	4.98	8.72	4.36
大冶市	4.21	2.81	4.91	2.46

4.3.2 水环境承载力分析

黄石市濒临长江，境内河港、湖泊纵横，水库星罗棋布，水资源丰富，水环境总体状况稳定，水资源可充分保证生产及生活需要。

4.3.3 土地资源承载力分析

土地供需形势严峻，耕地占补平衡任务艰巨。工业化、信息化、城镇化和农业现代化等"四化"同步推进，使得城镇用地需求量将在相当长时期内保持较高水平，快速发展的用地需求与农业生产用地保护的矛盾日益突出。根据《黄石市土地利用总体规划（2006—2020年）》，2011—2020年，全市需新增建设用地10 800公顷，其中占用农用地8 500公顷、占用耕地7 000公顷。同时，黄石市耕地后备资源相对不足，通过宜耕后备土地开发补充耕地的难度越来越大，耕地保护形势将更加严峻。

农村居民点利用效率低，整理难度大。黄石市农村建设用地总量规模较大，2010年，全市农村居民点用地总面积为25 512.05公顷，人均农村居民点用地170.16平方米，超出了《村镇建设标准》规定的150平方米/人的最高限。同时在上轮土地开发整理规划的实施过程中，农村建设用地整理只是小范围的开展，农村居民点整理基础薄弱，群众认识不足。城镇化快速发展的同时，村庄用地不减反增，出现了大量的"空心村""路边店""独家院"，土地利用率不高，在一定程度上加剧了建设用地供需矛盾。此外，农村居民点整治涉及农民权益保护，受规划、资金和社会保障等多方面制约，整体推进的难度较大。

工矿废弃地点多，复垦任务量大。据调查，2010年全市因矿产资源开发造成地质环境遭受到不同程度的破坏或受到严重影响的有2 075个地块，分布在52个乡镇（街办），单个地块最大面积188公顷，总面积达到14 041.71公顷。属历史遗留的废弃矿山和 5 年内即将关停的矿山以及受到严重影响而亟待综合整治的有 1 817 个地块，总面积达 12 415.98 公顷，占全市总面积的 27.19%。可见大力推进工矿废弃地复垦势在必行，但在上一轮土地开发整理规划实施期内，全市只实现了 301.13 公顷的复垦，后续的工矿废弃地复垦工作任务量大。

4.3.4　基于生态足迹的生态承载力分析

4.3.4.1　生态足迹

生态足迹一般是指生态足迹需求，是支持一定地区的人口所需的生产性土地和水域的面积，以及吸纳这些人口所产生的废物所需要的土地总和。不同的能源和资源来自不同的土地类型，在生态足迹的计算中，生物生产性土地主要涉及 6 种类型：①耕地，主要包括提供粮食、蔬菜、瓜果等农作物、经济作物产品的土地；②草地，即适用于发展畜牧业的土地；③水域，主要提供水产品；④林地，包括人工林及天然林；⑤化石燃料产地，指用于消纳化石燃料燃烧产生的废物的土地；⑥建筑用地，包括人类修建住宅、道路、电站等所占用的土地。计算公式如下：

$$EF=N\times\sum_{j=1}^{6}\sum_{i=1}^{n}(r_j\times c_i/p_i)$$

式中：EF——区域总的生态足迹；

　　　　N——区域人口总量；

　　　　j——6 种生态生产性土地：耕地、林地、草地、水域、建筑用地和化石能源用地；

　　　　i——消费资源的类别（例如耕地中的谷物、豆类、薯类等）；

　　　　r_j——第 j 种生态生产性土地的均衡因子；

　　　　c_i——区域内第 i 类消费资源的人均产量；

　　　　p_i——第 i 类消费资源的省域（全国、世界）平均产量。

人类的生产、生活消费由两部分组成：生物资源消费（主要包括农产品和木材）及能源消费，因而生态足迹的计算相应也有这两部分消费组成。其中：

$$EF_{生物}=\frac{生物生产量}{全国平均生产量\times总人口数}，\quad EF_{能源}=\frac{能源生产量\times折算系数}{全国平均特殊能源足迹\times总人口数}$$

根据 2014 年《黄石市统计年鉴》的统计数据，黄石市人均生态足迹见表 4-16。在生态足迹需求中，化石燃料用地、草地和水域用地所占比重较大，说明黄石市的社会经济发展过多依赖于化石能源的消耗、畜禽养殖和水产业的发展。

表4-16 2014年黄石市人均生态足迹

土地类型	人均消费面积/（公顷/人）	均衡因子	人均生态足迹需求/（公顷/人）
耕地	0.137	2.8	0.385
草地	1.252	0.5	0.626
林地	0.009	1.1	0.010
水域	3.035	0.2	0.607
建筑用地	0.015	2.8	0.043
化石燃料用地	1.560	1.1	1.715
总需求足迹			3.387

4.3.4.2 生态承载力

生态承载力是指生态系统的自我维持和调节能力，资源与环境子系统的供容能力及其可维持的社会经济活动强度和具有一定生活水平人口的能力。根据黄石市林地、草地、湿地、耕地和建设用地的面积，计算出各类生产性土地面积的人均拥有量，再乘以相应的均衡因子和产量因子，汇总后得到人均生态承载力，最后扣除12%的生物多样性保护面积，得到实际可利用的人均生态承载力为0.453 6公顷（表4-17）。

表4-17 黄石市人均生态承载力

土地类型	不同类型土地面积现状/公顷	人均供给土地面积/（公顷/人）	产量因子	均衡因子	人均生态足迹供给/（公顷/人）
耕地	214 800	0.087 7	1.66	2.8	0.407 6
草地	10 800	0.004 4	0.19	0.5	0.000 4
林地	151 100	0.061 7	0.91	1.1	0.061 8
水域	59 300	0.024 2	1	0.2	0.004 8
建筑用地	21 500	0.008 8	1.66	2.8	0.040 8
化石燃料用地	0	0	0	1.1	0.000 0
总供给足迹					0.515 5
生物多样性保护（12%）					0.061 9
可利用生态承载力					0.453 6

4.3.4.3 生态盈余/赤字

当一个区域的生态承载力小于生态足迹时，呈现生态赤字；生态承载力大于生态足迹时，呈现生态盈余。生态赤字表明该区域的人类压力超过了其生态承载力，要满足其人口在现有生活水平下的消费需求，有两种途径：该区域可从区域之外进口欠缺的资源；通过消耗自然资本弥补供给量的不足。

2014年黄石市生态承载力、生态足迹分析表明，黄石人均生态承载力0.453 6公顷，而人均生态足迹需求为3.386 5公顷，无论是包括化石能源用地（生态赤字为2.933公顷/人）还是不包括化石能源用地（生态赤字为1.217公顷/人），均高于全球人均生态赤字（0.9公顷）和中国人均生态赤字（1.24公顷）。由此可见，黄石需要提高生态系统服务功能，提高生态承载力，同时调整产业结构，提高资源利用效率，降低资源能源消耗，从而减少生态赤字（表4-18）。

表4-18　黄石市生态足迹平衡情况

土地类型	人均生态足迹需求/ （公顷/人）	人均生态足迹供给/ （公顷/人）	生态赤字/盈余/ （公顷/人）
耕地	0.384 9	0.407 6	0.022 8
草地	0.626 0	0.000 4	−0.625 6
林地	0.010 3	0.061 8	0.051 5
水域	0.607 1	0.004 8	−0.602 3
建筑用地	0.042 8	0.040 8	−0.002 0
化石燃料用地	1.715 5	0.000 0	−1.715 5
总计	3.386 5	0.453 6	−2.932 9

4.4　创建目标

4.4.1　总体目标

以污染防治为手段，控制主要污染物排放总量，改善和提升区域环境质量，以对潜在污染源实施有效监控、最大限度降低环境污染和生态破坏风险为目标，增强环境风险防范能力，显著消除新型环境问题隐患，区域环境安全得到有效保障，增强黄石市经济社会可持续发展的环境支撑能力。

建立以改善环境质量为核心，适应社会新期待，分区分类，突出可达、可控、可预见、可考核，约束、预期和引导性指标相结合，覆盖水、大气、土壤、生态等领域的综合性规划指标体系，系统反映质量改善、治污减排、生态保护、风险管控、制度建设等要求。其中，水环境治理方面，要深入贯彻落实江、河、湖、库、塘"五长责任制"，以治水为龙头，以治污水为重点，全面开展"治污水、防洪水、排渍水、保供水和抓节水'五水共治'"行动计划，打造具有黄石特色的"五水共治"新模式。

4.4.2 阶段目标

近期目标（2015—2020年）：环境基础设施配套齐全，建立起完善的城市环境污染防治体系，形成城乡环境保护网络格局，完善核与辐射全过程制度管理，建立土壤重金属风险防范与修复机制，实现污泥资源化利用，各类污染源得到有效监管。空气环境质量、水环境质量和声环境质量均达到当地功能区划要求标准，空气环境质量好于二级标准（优良天数）的比例 ≥ 81% 且可吸入颗粒物（PM_{10}）和细颗粒物（$PM_{2.5}$）浓度下降率达到相应指标要求；地表水环境达到功能区标准，且城市劣 V 类水体下降到 5% 以下。

远期目标（2020—2027年）：深化健康生态环境体系建设，加强对县域内水功能区水质和境内主要河流地表水水质的治理及监督管理，主要污染物排放得到有效控制，环境质量明显提高，区域生态功能得到明显提升。开展调整产业结构，优化城镇布局，调整能源结构，加强扬尘防治，强化机动车尾气防治。建立部门联动机制，加大社会生活噪声整治力度，严格控制交通噪声，大力整治工业噪声和施工噪声。严格控制主要污染物的排放，实现工业企业污染物达标排放。空气环境质量好于二级标准（优良天数）的比例 ≥ 85%，水质达到或优于Ⅲ类水标准比例 ≥ 90%，地表水环境达到功能区标准，且城市无劣 V 类水体，实现建成生态文明示范市。

4.4.3 指标差距分析

4.4.3.1 已达标目标

指标 11：生态环境状况指数（EI）。2015 年生态环境状况指数（EI）为 69.93，生态环境状况为良好，高于创建生态文明示范市的考核指标（55）。此外，通过对生态环境状况指数近年来变化趋势的分析，黄石市 EI 一直处于湖北省中上游水平。因此该指标属于已达标指标。

指标 14：危险废物安全处置率。危险废物安全处置率达到 100%，达到建设生态文明示范市的考核标准。根据黄石市危险废物管理台账资料，黄石市辖区内已上报的危险废物的综合利用和处置去向明确，且 2010 年后，黄石市危险废物利用处置率持续稳定在 100%，危险废物均送至具备相应资质的单位进行综合利用和安全处置。因此该指标属于已达标指标。

指标 13：生物物种资源保护。据实际调研以及相关资料，黄石市建立了网湖、保安湖湿地和大冶湖湿地等自然保护区并先后通过评审，成为国家级或省级湿地公园，对湿地生态系统及珍稀野生物种进行保护，因此属于已达标指标。

4.4.3.2　易达标指标

指标 15：污染场地环境监管体系。该指标没有现状值。根据《黄石市创建国家环境保护模范城市规划》及相关资料的结果，黄石市污染场地环境监管体系尚未建立，历史遗留危险废物处置及污染场地的修复尚未列入专项经费计划，根据黄石市工业现状和环境风险情况，认为该指标为易达标指标。

指标 16：重特大突发环境事件。黄石市近年来未发生重特大突发环境事件。黄石市编制了《黄石市环境保护局突发环境事件应急预案》（黄环发〔2011〕47 号），目前正在实施，并且针对黄石市环保应急工作实际情况，正在按照原环保部《突发环境事件应急预案管理暂行办法》和省生态环境厅的要求对应急预案进行修订，但是尚未建立突发环境事件应急响应机构和信息报送系统。总体来讲，该指标属于易达标指标。

4.4.3.3　难达标指标

指标 9：环境空气质量优良天数比例。优良天数比例指的是行政区环境空气质量达到或优于二级标准的天数占全年有效监测天数的比例。执行《环境空气质量标准》（GB 3095—2012）和《环境空气质量功能区划分原则与技术方法》（HJ 14—1996）。根据AQI 计算结果，黄石市 2015 年优良天数比例为 67.1%，指标考核值为 ≥ 85%，提高幅度为 18%，计算得到差距指数为 21%，属于难达标指标。

指标 10：地表水环境质量。水质达到或优于Ⅲ类水比例指的是行政区内主要监测断面水质达到或优于Ⅲ类水的比例，执行《地表水环境质量标准》（GB 3838—2002），要求辖区地表水达到水环境功能区标准，且Ⅰ、Ⅱ类水质比例不降低。《黄石市"十三五"环境保护规划》中 2015 年黄石市水质达到或优于Ⅲ类比例为 79.8%。在黄石市地表水水质考核断面目标清单中，去除长江流域等国控断面，经计算得出 2015 年劣Ⅴ类水体比例为 17%。根据 2027 年全国劣于Ⅴ类的水体断面基本消除，且结合黄石地表水环境现状，该指标属于难达标指标。

指标 12：森林覆盖率。森林覆盖率指的是行政区森林面积占土地总面积的比例。经计算，黄石市森林覆盖率的现状值 31.57%，2027 年指标目标值为 ≥ 40%，计算得到差距指数为 21%，属于难达标指标。

4.5 打好三大战役，改善环境质量

4.5.1 精准提升水环境质量

贯彻落实《中共黄石市委、黄石市人民政府关于落实"五长"责任制推进"五水共治"的决定》《黄石市水污染防治实施方案》的任务部署，以治湖为核心，深入开展江、河、湖、库、塘水环境污染治理，维护长江流域环境安全，全面改善水环境质量。

4.5.1.1 加强重点污染源治理

深化工业污染防治。加强"十小"企业排查，取缔不符合国家产业政策的小型造纸、制革、印染、染料、炼焦、炼硫、炼砷、电镀、农药等严重污染水环境的生产项目。落实重点行业和重污染企业专项集中整治，实现全市工业企业污水全入网。强化工业集聚区废水"企业预处理，集聚区集中处理"的两级处理模式，严禁废水直排。

加强农业面源污染防治。划定水产养殖限制区域，将网湖、王英水库、富水水库等自然保护区、饮用水水源地划定为禁养区，将大冶湖、保安湖等重点湖库划定为限养区。开展禁止投肥养殖活动，拆除围网养殖。依法关闭或搬迁全市禁养区内的水产养殖、规模化畜禽养殖场（小区）和养殖专业户。以阳新县的排市镇、兴国镇，大冶市的刘仁八镇、陈贵镇、金湖街道办事处、还地桥镇、保安镇等为重点，推进现有规模化畜禽养殖场配套建设粪便污水贮存、处理、利用设施建设。到 2020 年，规模化畜禽养殖场（小区）粪便资源化利用率达到 85% 以上。推广测土配方施肥，到 2020 年，全市测土配方施肥技术推广覆盖率达到 90% 以上，主要农作物化肥农药使用量零增长，农作物病虫害统防统治覆盖率达到 40% 以上。

4.5.1.2 强化重要河流湖库治理

深化重点流域水污染防治。完成长江干流、大冶湖生态环境保护方案编制，以长江黄石段、大冶湖及其周边入湖支流为重点，实施重金属、总磷浓度特别排放限值。加大长江黄石段保护力度，狠抓沿江区域重金属风险防控和涉重金属企业污染治理，加强长江岸线管控，禁止乱停、乱靠、乱建。强化大冶湖污染防治，编制实施大冶湖生态环境综合治理方案，落实大冶湖分区管控，湖西强化重金属污染源治理，湖中重点加强工业重金属和生活污水处理设施建设，积极开展大冶湖周边三里七湖、红星湖、尹家湖等污染严重湖泊生态修复。

改善重要湖库水环境质量。加强富水、保安湖、王英水库、富水水库、杨桥水库等现状水质较好的河流湖库保护，强化控源减排，增强自然修复能力，不断改善环境质量。完善网湖、保安湖和梁子湖生态环境保护，积极开展退田还湖、还湿，治理入湖港渠河流，确保湖体水质稳定达标。进行杨桥水库、富水水库、毛铺水库、罗北口水库、九眼桥水库等主要水库磷超标控制，全面拆除围网养殖，禁止人工投肥投饵，积极治理流域农业面源污染。

4.5.1.3 加大城区污染严重水体治理

加强城市内湖治理。强化磁湖、青山湖、青港湖等城市内湖水环境综合治理，禁止向城市内湖排污。完成环磁湖、环青山湖、环青港湖生活污水截污工程和初期雨水收集处理工程。开展环磁湖主要排洪港、磁湖—青山湖连通渠等污染严重港渠清淤疏浚工程。

全面消除城市黑臭水体。编制实施全市黑臭水体整治方案，以黄石港区、西塞山区和下陆区为重点，加大黑臭水体整治力度，确保 2019 年年底前，基本消除城市建成区黑臭水体。到 2020 年，基本消除全市劣 V 类水体。

4.5.1.4 有效防治地下水污染

开展地下水污染状况调查，划定地下水污染治理区、防控区及一般保护区。加强石化、有色金属冶炼、采矿区、铬渣填埋场、垃圾填埋场、加油站等重点区域防渗处理，建设垃圾中转站渗滤液收集处置设施。全市加油站地下油罐全部更新为双层罐或完成防渗池设置。

4.5.2 加强大气环境综合治理

4.5.2.1 全面治理散乱污企业

以"污"定性，以村（社区）为单位全面摸清各县（市、区）涉气类"散乱污"企业的总量、分布和企业责任人，并按照清理整顿类、升级改造类进行分类。2020 年年底前，清理整顿类"散乱污"企业全面落实"两断三清"，即断水、断电，清产品、清设备、清原料；清理整顿类"散乱污"企业全部进驻工业园区，实行统一监管、统一处理、统一排放。2027 年年底前，严防"散乱污"企业死灰复燃，确保"散乱污"企业零增长。

4.5.2.2 强化重点企业监管

到 2020 年前，全部淘汰全市 10 蒸吨／小时以下燃煤锅炉，禁止新建 20 蒸吨／小时以下的燃煤锅炉。制订实施落后产能淘汰计划，加强钢铁等产能过剩行业项目管理。划定城市中心城区煤炭禁燃区。有序推进新兴管业、华新水泥黄石分公司等重污染企业搬迁工作。现有城区火电、钢铁行业，严格执行颗粒物排放限值。以大冶市新冶特钢、大冶华鑫实业、大冶尖峰水泥、华新水泥、大冶市华兴玻璃、湖北实美、大冶兴进铝业等企业为重点，开展钢铁、有色金属、燃煤电厂、水泥等重点行业脱硫脱硝、除尘技术升级改造。2025 年年底前，完成全市高架源超低排放改造。

4.5.2.3 强化机动车污染防治

加强禁、限行区域内的机动车监管，严格执行中心城区货车禁行，禁止转入、注册、登记不符合第四阶段排放标准的车辆。加强黄标车上路执法，有序推进黄标车淘汰计划，到 2020 年，基本淘汰全部黄标车。自 2021 年起，执行机动车排放国 V 标准，完成机动车排放监控平台建设，严格落实机动车污染物排放定期检验制度，全市环保标志发放率达到 100%，本地发标车辆的环保和安全性能同步检测率达到 100%。推动出租车、公交车油改气，力争完成出租车油改气，公交车低碳环保率达 100%。

4.5.2.4 全面防治扬尘污染

实施工业堆场专项整治，对工业原料进行密闭存储、装卸和运输。加强建筑施工扬尘污染控制，全市所有在建、待建、拆迁、市政道路和园林绿化等施工工地，严格按照住建部 6 个百分百要求管理，城区（开发区）建设工程工地文明施工合格率达到 95% 以上，确保施工时工地区域可吸入颗粒物（PM_{10}）浓度不超过 100 微克 / 米^3。严格控制道路扬尘污染，加强城区道路清扫、洒水，到 2020 年城区机械化清扫率达到 90% 以上。加强餐饮油烟污染执法，中心城区全面取缔违法露天烧烤，推进所有饮食服务经营场所安装高效油烟净化设施，强化运行监管。严禁秸秆焚烧、生活垃圾焚烧等违法活动，积极推进秸秆还田、转运及回收利用，规划建设一批集秸秆打包、粉碎、收储、转运等于一体的区域性秸秆转运中心，配套村镇秸秆临时收储（站）点。到 2020 年，在大冶市、阳新县各建成至少 1 家 5 000 吨及以上秸秆利用企业并投入生产，全市秸秆综合利用率达到 85% 以上。实施矿山生态修复场地降尘措施整改，到 2020 年前完成 24 个生态环境恢复治理矿山和在采矿山的整改工作。

4.5.2.5 强化挥发性有机污染物治理

对含 VOCs 工业物料的运输、生产、储存、产品分装等过程实施密闭生产和操作，加装集气系统，重点加强黄石市铝型材企业、换热器企业等表面喷涂工艺以及劲牌印务等印刷包装企业的废气收集处理设施建设。到 2020 年年底前，全市涉 VOCs 排放工业企业全部建成运行废气收集处理设施。大力推广使用低（无）VOCs 涂料、有机溶剂、胶黏剂、油墨等原辅材料，配套改进生产工艺。到2020年年底前，全市加油站加装油气回收装置。

4.5.3 分类防治土壤环境污染

开展土壤污染状况详查。以农用地和重点行业企业用地为重点，开展土壤污染状况详查，制定详查总体方案和技术规定，明确目标、任务分工、时间节点和保障措施。2020年年底前，基本摸清黄石市重点行业企业污染地块数量、分布、污染物类型和风险特征，将各县（市、区）的污染地块信息统一汇总到土壤环境信息化管理平台。

加强工矿企业土壤污染控制。严格工矿企业环境准入，提高有色金属冶炼、采矿、选矿、医药、水泥等行业环境准入门槛。各县（市、区）要强化对现有工业企业土壤环境污染行为的监督执法，启用土壤环境重点监管企业管理信息系统，加强矿产资源开发土壤环境质量监管。

开展农用地土壤污染治理。完成黄石市农用地土壤环境质量类别划分，并建立清单。到2020年，受污染耕地实现安全利用的面积达到11.58万亩，重度污染耕地种植结构调整或退耕还林还草面积达到9.61万亩。

防控建设用地土壤环境风险。建立重点监管企业名单和关闭搬迁企业优先管控名录。建立建设用地新建、开发运行、流转、关闭等全过程的监测和风险管控制度。实施大冶市和铁山区土壤污染风险管控项目，强化重点污染物排放企业监管，对排放重点污染物的企业，要定期开展土壤环境质量监测。

建设土壤污染综合防治先行区。落实土壤污染综合防治示范区实施方案，建立项目库。重点开展下陆区、西塞山区、大冶市以及阳新县等典型区域土壤污染治理、遗留污染地块土壤治理与修复、饮用水水源地生态修复与污染治理和工矿废弃地生态恢复。加强对治理实施情况的跟踪检查。到2020年年底，受污染耕地治理与修复面积达3.17万亩。

4.6 加强生态保护修复，提升生态产品供给能力

4.6.1 保护重要生态系统

加强森林生态系统保护与建设。深入贯彻省委、省政府《关于加快推进绿满荆楚行动的决定》和黄石市委、市政府《关于加快推进绿满黄石行动的决定》，推进国土绿化工程项目，实施精准灭荒，扎实推进森林城市创建、宜林荒山造林、道路和水岸

绿化、镇村绿化美化、绿色产业富民、封山育林、退耕还林、工矿废弃地绿化等八大工程建设。加强黄荆山、七峰山森林公园管护能力建设，争创国家森林公园。到2020年，实现全市宜林地、无立木林地、通道绿化地、村庄绿化地应绿尽绿，森林覆盖率不低于35%，森林蓄积量达到460万立方米；2027年，森林覆盖率达到40%。

加强湿地生态系统保护与修复。建立湿地生态系统保护关键节点，强化重要水源地、网湖湿地自然保护区、磁湖湿地公园的保护与规范化建设，积极申报网湖晋升国家级湿地自然保护区，争创国家级湿地自然保护区、国家级湿地公园。开展网湖湿地生态保护与恢复、网湖流域灭螺等工程。实施河流与湿地系统的综合整治及生态修复，连通并完善以流域水系为基底的生态廊道，建立"源—节点—廊道—流域"的保护格局。到2020年，全市湿地保有量保持在5.56万公顷以上。

4.6.2　推进山水林田湖草生态保护修复

全面贯彻"山水林田湖是一个生命共同体"的系统思想，统筹推进山水林田湖草生态系统整体保护、系统修复、综合治理。开展受损矿山生态恢复，推进全市开山塘口生态修复。加大长江沿岸生态保护与建设力度，加强大冶湖、网湖、保安湖等湿地保护与修复，改善重点河流、湖泊主体水质。加强森林保护修复，实施中幼林、人工林抚育改造、森林质量精准提升、林相改造工程，提高森林生态系统质量。加强农田生态系统保护，改善农田基础设施条件，增加有效耕地面积，提高耕地质量。推进退耕还林、还草、还湿和退养还滩、还湖。

4.6.3　加强生物多样性保护

开展生物多样性本底调查，建立黄石市物种本底资源档案、编目数据库和信息管理系统。实施生物多样性监测。加强野生动植物及其栖息地保护。加强迁地保护，打造野生动物驯养繁殖产业园和珍稀野生植物繁育基地，对物种资源或遗传资源进行有计划的收集和贮存，严格保护重点保护物种。开展外来入侵物种防治，严格控制外来物种本土规模化栽培、养殖，保障生物安全。实施生物多样性优先区保护，重点加强阳新县七峰山、大冶市黄坪山和大王山、市区的东方山等生物多样性富集区域生物多样性保护，优先布局重大生态保护工程，提升区域生态功能，提高生物多样性可持续利用能力，探索生物多样性扶贫增收新道路。

4.6.4　强化矿山生态环境恢复

依法逐步取缔自然保护区、风景名胜区、历史文化保护区、重要生态功能区、水源保护区、基本农田保护区、重要基础设施工程保护地内的露天矿山。到2020年，全面关闭"五边区域"及生态保护区域内的露天采石场，推进露天采石场整合，全市露天矿山总量控制在2015年的1/3以内。其中，长江沿岸、环大冶湖周边可视范围内露天矿山关停率达到90%。

开展矿山生态修复治理，重点在自然保护区、风景名胜区、居民集中生活区周边和重要交通干线、河流湖泊沿线可视范围内实施13个矿山复绿治理工程，共治理面积58.85公顷，复绿面积94.39公顷；实施黄荆山、长乐山开山塘口生态修复，积极推进矿山边开采、边恢复治理和复绿工作，减轻水土流失。推动石漠化治理工程，到2020年，完成矿山地质环境治理三期工程，工矿废弃地土地复垦率达到45%以上；新建矿山做到边开采、边复垦，破坏土地复垦率达到85%以上。

强化矿产资源开发利用生态监管，编制矿山地质环境保护与恢复治理方案，加强矿产资源开发利用"三率"的监督管理，加强闭坑矿山的审查、管理和恢复。

深化绿色矿山创建活动，到2020年，区域内绿色矿山创建率达到30%，全市主要矿种开采回采率、选矿回收率和综合利用率分别达到91%、89%和61.5%。

4.7 防范生态环境风险，保障生态环境安全

4.7.1 建立全防全控的环境风险防范体系

开展黄石市环境风险等级评估，明确黄石市重点环境风险源和环境敏感点。建设风险防范配套管理体系，强化调查基础信息的规范管理和动态更新，建立动态数据库和档案。加强高环境风险企业环境监管，对排放重金属、持久性有机物、危险废物和使用危险化学品的工业企业实行分区分类监管，推动各重点企业落实环境风险防范工程措施，加大对环保违法企业查处力度。实施企业生产全过程环境风险管控，利用互联网和电子标识系统等手段，对危险化学品、危险废物等高环境风险物资的储存、运输、使用实施全过程监控，完善危险化学品储存和运输过程中的环境安全管理制度，强化风险防控。

4.7.2 加大重金属污染防治力度

强化重金属污染源监管。规范日常环境管理和企业管理。对确定的重点防控行业实行"行业限批"，分批次实施强制性清洁生产审核，督促其按期进行技术改造和采取高效的污染治理技术。强化对涉重金属企业的执法、监管力度，将所有涉重金属企业

纳入重点污染源进行管理，促进重金属污染源稳定达标排放。严格限制涉重金属项目，设定具有黄石市环境特色的产业准入门槛。通过关停、淘汰、工业污染治理改造升级等措施，加强涉重金属行业污染防控，到2020年，重点行业的重点重金属铅、汞、镉、铬和砷排放量较2013年分别下降15.0%、14.2%、19.2%、15.3%和15.0%。

深化重点区域分类防控。将黄石大冶市及周边地区作为铜冶炼治理与历史遗留污染整治示范区，制定重金属污染综合防治规划，有效防控环境风险和改善区域环境质量。优化调整重点区域环境质量监测点位，建成重金属环境监测体系。

4.7.3　强化危险废物安全处置

促进危险废物依法安全处置。掌握辖区内危险化学品环境管理信息，建立黄石市危险化学品环境信息动态数据库。限制高毒、高残留、环境危害大的化学品的生产和使用。筛选辖区内危险化学品重点防控企业，对相关企业（包括生产、使用、经营、储存、运输和废弃全生命周期过程）开展环境风险评估。加强黄石市化工园区规范化管理，科学规划新建医药、化工园区，严格执行环境影响评价制度，强化环境准入和项目管理；加快远大医药富池工业园等已有园区的环境基础设施建设，强化日常监督管理，确保园区环境安全，实现危险废物100%依法安全处置。

推进医疗废物的集中收运安全处置。完善收运体系和扩展收运范围。加强医疗废物产生管理。规范市区医疗废物集中收集处置，同时开展基层医疗单位医疗废物收集体系建设，提高运输保障能力，建立覆盖全市辖区医疗机构的医疗废物收运体系，确保医疗废物全部安全处置。

4.7.4　加强辐射环境管理

依托黄石市已有的三级档案辐射管理体系，建立高风险源强制退役和保险制度，推进辐射安全技术升级，督促存在问题的单位落实整改措施，降低辐射事故潜在风险；为在用放射源安装在线视频监管设施，管理人员实时通过互联网在线查看放射源使用情况，防止放射源丢失事故发生；将闲置放射源的收贮作为加强放射源安全管理的重点，严格根据有关法规要求，责令闲置放射源企业必须限期进行收贮。

4.7.5　加强噪声污染治理

加强交通噪声污染防治，建设隔声屏障，划定噪声敏感区和敏感时段，控制过境车辆。严格建筑施工噪声控制，改善施工设备，合理安排施工时间。开展社会生活噪声管理，完善娱乐、营业性餐饮等场所的噪声污染监管，建设噪声控制示范工程。整治工业噪声源，对居民区内的工业噪声源要求限期整改，加大超标噪声源排污收费力度。到 2020 年，噪声环境质量持续达到功能区标准。

4.8 建立完善的生态环境监测体系，提高监管能力

深入贯彻落实《关于省以下环保机构监测监察执法垂直管理制度改革试点工作的指导意见》，从环境监测、监管能力、智慧环保能力、环境应急响应能力等方面切实加强生态环保能力建设。

4.8.1 提高环境监测监管能力

提升环境监测站标准化建设水平，重点加强生态环境质量监测、监测数据质量控制、环境应急监测、核与辐射监测等能力建设。以国控和省控重点污染源为重点，加强全市重点污染源自动监控系统建设，强化重点污染源设施运行监管，及时掌握污染治理设施运行及企业排污情况。建立健全黄石市环境空气质量网格化自动监测网络，在 2020 年年底前，在全市各县（市、区）共布设多个微型空气质量自动监测站，建设大气污染网格化监管系统平台，初步建成网格化自动监测网络；2025 年，进一步完善点位布局，在全市建成由多个微型空气质量自动监测站组成的网格化自动检测网络体系。以村（社区）为单元，划分大气污染监管网格，配备网格员，实施市—县—乡镇—村四级网格监管执法，实现全市空气质量实时监测预警和监督执法。制定实施重污染天气应急预案，制订重污染天气应急预案减排措施项目清单，对重点污染源工业企业实施"一厂一策"。

4.8.2 加强环境监察能力建设

强化环境监察队伍建设，加强环境监察人员培训学习，实行环境监察人员持证上岗制度，提高执法人员培训率和持证上岗率。完善监控中心，实现大气污染网格化监管系统平台、水环境质量自动监测平台、污染场地监管平台等自动化监测设备全部联网。提高环境监察办公自动化水平，综合业务数据库的规范管理、自动查询统计和综合利用。提高污染物超标排放、在线监测监察设备运行和重要核设施流出物异常等信息追踪、捕获与报警能力以及企业排污状况智能化监控水平。

4.8.3 增强环境应急响应能力

健全环境应急响应机制。建立健全突发性环境污染事故应急组织管理机构，配备

人员编制，加大环境应急经费投入，增加应急指挥车，配备应急车载系统、快速检测设备、防护设备等应急设备，并做好应急设备维护工作，推进全市应急指挥平台联网建设，完善区环保部门与敏感企业、重点企业之间的应急联动网络体系。建立完善的污染事故应急指挥系统，利用现代科技手段，对一定时间和范围的污染信息准确收集、迅速研判、及时传递、快速处置。

建立环境事故应急预案。配备完善的应急设施和装备，进行定期演练。优化突发性环境污染事故应急报告、监测、处置等应急机制，加强环境应急值守、预警和响应工作，定期检查应急机构、队伍、车辆、物资、设备状况，加强应急培训及演习，同时做好应急事故信息发布和舆论引导工作，不断提高应急实战能力和水平。

4.8.4 建设智慧环保系统

加强环境信息资源建设，提升环境信息服务能力和服务水平。建设完善的市级环境信息资源共享平台，形成环境信息快速采集、资源共享的局面，并在此基础上加大环境信息资源的开发利用力度，充分发挥环境信息资源的价值。建设环境管理业务应用平台，建设和整合统一的全市环保电子政务及业务网络、统一的办公自动化和协调指挥系统、统一的综合业务信息系统和面向企业、社会的环境信息发布系统和环保公众服务系统。完善"12369"环保热线系统建设。按照《全国地方环保系统环境信息机构规范化建设标准》要求，建设市级及县（市区）级环境保护信息机构，提升智慧环保水平。

第5章 生态经济体系研究

全面贯彻"绿色决定生死、市场决定取舍、民生决定目的"三维纲要，践行绿色发展，坚持生态立市、产业强市，按照"培育新兴，改造传统，提升三产，优化一产，循环发展"的思路，推进产业结构战略性转型，推进供给侧结构性改革，实现经济发展由依靠重工业带动向三次产业协调带动转变，促进全市经济绿色、高质量发展。

5.1 现状评估

"十二五"期间，面对复杂严峻的宏观经济形势和艰巨繁重的改革发展稳定任务，黄石市在市委、市政府的领导下，通过创新驱动发展，优化产业布局和结构，发展现代化生态农业，推动工业化绿色转型，促进服务业优化升级，扎实做好各方面工作，全市经济在新常态下保持平稳较快发展。

5.1.1 人口缓慢增长

5.1.1.1 人口增长趋势缓慢

据 2015 年《黄石市统计年鉴》，到 2015 年年末，全市常住人口 245.8 万人，其中，城镇人口 150.68 万人，城镇化率 61.3%。人口自然增长率 8.33‰。

近 7 年，黄石市户籍人口与常住人口数缓慢增加，具体情况见表 5-1。

表5-1 黄石市人口情况（2008—2014年）

年份	常住人口/万人	常住人口变化率/%	户籍人口/万人	户籍人口变化率/%	常住人口-户籍人口/万人
2008	242.2		257.31		−15.11
2009	242.61	0.17	258.56	0.5	−15.95
2010	242.93	0.13	260.14	0.6	−17.21
2011	243.46	0.22	260.14	0	−16.68
2012	244.07	0.25	261.5	0.5	−17.43
2013	244.5	0.18	262.86	0.5	−18.36
2014	244.92	0.17	265.14	0.9	−20.22
2015	245.8	0.36	267.97	1.0	−22.17

5.1.1.2 外出人口逐年增多

通过分析户籍人口及常住人口的差额，发现黄石市人口变化主要来源于户籍人口自然增长和外出人口逐年增多（图5-1）。

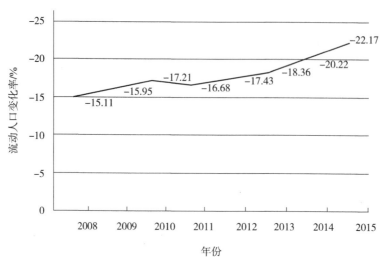

图5-1　流动人口变化趋势

5.1.1.3 分区人口小幅度增长

表5-2 为 2012—2015 年黄石市分区人口的数据。

表5-2　2012—2015年黄石市分区人口情况　　　　　　　　　　　单位：万人

地区	2012年	2013年	2014年	2015年	3年总增长人数	年增长率/‰
黄石港区	23.65	23.7	23.74	23.74	0.09	1.27
西塞山区	23.71	23.74	23.76	23.78	0.07	0.98
下陆区	18.18	18.21	18.24	18.26	0.08	1.46
铁山区	5.81	5.82	5.83	5.83	0.02	1.15
开发区	16.72	16.74	16.78	16.96	0.24	4.76
阳新县	73.51	73.65	73.80	74.12	0.61	2.76
大冶市	82.49	82.64	82.79	83.11	0.62	2.50
全市	244.07	244.50	244.92	245.80	1.73	2.36

注：其中下陆区包括团城山街道；黄石港区包括花湖街道；大冶市不包括金山街道、汪仁镇；阳新县不包括大王镇、太子镇、金海开发区；西塞山区不包括章山街办。
数据来源：《黄石市统计年鉴》。

2015 年，黄石市人口资源主要集中在阳新县和大冶市，分别占黄石市常住总人口的 30.15% 和 33.81%。各分区近 3 年常住人口小幅增长，其中开发区、阳新县、大冶市较其他分区增长速率快，年增长率分别为 4.76‰、2.76‰、2.50‰，均超过黄石全市常住人口年增长率（2.36‰）。

5.1.2 经济总量逐步提高

5.1.2.1 地区生产总值保持稳步增长，整体增速有所下降

黄石市地区生产总值由 2005 年的 362 亿元增长到 2015 年的 1 228.1 亿元，增长239.25%。增速于 2007 年达到峰值，后明显下降，2009 年达到最低，2009 年后明显增长，于 2011 年达到峰值，后持续下降。但从总体来看，黄石市 GDP 仍保持高速增长（图 5-2）。黄石市人均 GDP 从 2005 年的 14 358 元增长到 2014 年的 51 486 元，增长3 倍多，人均 GDP 增长迅速（图 5-3）。

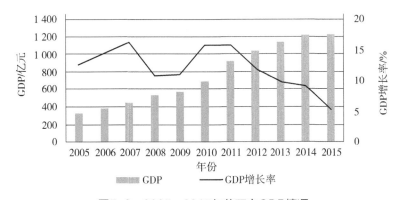

图5-2 2005—2015年黄石市GDP情况

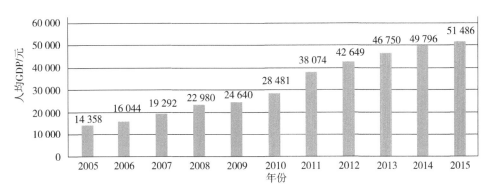

图5-3 2005—2015年黄石市人均GDP

5.1.2.2 三次产业增加值整体稳步增长

第一产业增加值从 2005 年的 30.56 亿元增长到 2015 年的 108.56 亿元，增长了255.23%，增长率在 2007 年达到顶峰，后有所下降。第二产业增加值从 2005 年的187.49 亿元增长到 2015 年的 679.88 亿元，增长了 262.62%，近四年增速下降。第三产

业增加值从 2005 年的 114.08 亿元增长到 2015 年的 439.66 亿元，增长了 285.39%，年增长速率均保持在 8% 以上（图 5-4）。

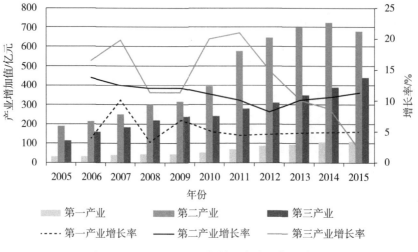

图5-4　2005—2015年黄石市产业发展情况

5.1.2.3　产业资本主要集中在北部市辖区和西部工业区

产业资本主要集中在北部市辖区和西北部工业区，尤其是大冶市、下陆区，据 2015 年《黄石市统计年鉴》，两区规模以上工业总产值 1 291.8 亿元，占全市规模以上工业总产值比重约 64.69%。西北部大冶市作为中国最具投资潜力百强县市、全国县域经济科学发展十大范例城市，经济发展速度十分可观；下陆区生产总值为全市第三，发展速度十分迅速，生产总值由 2008 年的 73 亿元增长到 2015 年的 179.16 亿元，增长了 1.45 倍（表 5-3）。

表5-3　黄石市各区县GDP及比重（2005年、2010年、2015年）

地区	2005年		2010年		2015年	
	GDP/亿元	占全市GDP比例/%	GDP/亿元	占全市GDP比例/%	GDP/亿元	占全市GDP比例/%
大冶市	93.06	28.36	226.89	32.88	458.64	37.35
阳新县	57.24	17.44	110.71	16.04	189.34	15.42
黄石港区	42.23	12.87	84.8	12.29	158.96	12.94
西塞山区	54.69	16.66	102.37	14.83	157.68	12.84
下陆区	43.22	13.17	87.45	12.67	179.16	14.59
铁山区	10.82	3.30	17.3	2.51	31.73	2.58
经济开发区	26.93	8.21	60.6	8.78	52.59	4.28

注：本表数据按现行区划对2012—2013年数据进行了调整，大冶市不包括汪仁镇、金山街道办部分，下陆区含团城山街道办，黄石港区含花湖街道办，2015年开发区不含花湖街道办、团城山街道办。

5.1.2.4 黄石市处于工业化中期向后期迈进阶段

陈佳贵等在《中国地区工业化进程的综合评价和特征分析》提到经典工业化理论，指出工业化是一国（或地区）随着工业发展、人均收入和经济结构发生连续变化的过程，人均收入的增长和经济结构的转换是工业化推进的主要标志。

具体而言，工业化主要表现为：①国民收入中制造业活动所占比例逐步提高，乃至占主导地位；②制造业内部的产业结构逐步升级，技术含量不断提高；③在制造业部门就业的劳动人口比例也有增加的趋势；④城市这一工业发展的主要载体的数量不断增加，规模不断扩大，城市化率不断提高；⑤在上述指标增长的同时，人均收入不断增加（约翰·伊特韦尔等，1996；库兹涅茨，1999）。根据经典工业化理论，衡量一个国家或地区的工业化水平，一般可以从经济发展水平、产业结构、工业结构、就业结构和空间结构等方面来进行。

考虑到指标的代表性、可行性及可比性，本书选择了以下指标来构造地区工业化水平的评价体系：经济发展水平方面，选择人均GDP为基本指标；产业结构方面，选择第一、第二、第三产业产值比为基本指标；工业结构方面，选择制造业增加值占总商品生产部门增加值的比重为基本指标；空间结构方面，选择人口城市化率为基本指标；就业结构方面，选择第一产业就业占比为基本指标。然后，参照钱纳里等（1989）的划分方法，将工业化过程大体分为工业化初期、中期和后期，再结合相关理论研究和国际经验估计确定了工业化不同阶段的标志值。

表5-4给出了黄石市工业化不同阶段的标志值和2014年黄石市相关实际值。其中人均GDP以2004年为基准年，首先将黄石市居民消费价格指数同比序列转换成以2004年为1的可比序列，为1.36；其次将黄石市人均GDP通过对应的居民消费价格指数可比序列转换成实际人均GDP，为37 857元；再次使用2004年美元汇率平均值8.276 8，将实际人均GDP换算成实际美元，为4 574美元。三次产业产值结构A、I、S分别代表第一、第二和第三产业增加值在GDP中所占的比重；人口城市化率、第一产业就业人员占比从《黄石市统计年鉴》中获得。

表5-4 黄石市工业化阶段划分

基本指标	前工业化阶段	工业化实现阶段			后工业化阶段	黄石市（2015年）
		工业化初期	工业化中期	工业化后期		
人均GDP（2004年美元）	720～1 440	1 440～2 880	2 880～5 760	5 760～10 810	10 810以上	4 574
三次产业产值结构	A＞I	A＞20%，且A＜I	A＜20%，I＞S	A＜10%，I＞S	A＜10%，I＜S	A=8.84，I=55.36，S=35.80

续表

基本指标	前工业化阶段	工业化实现阶段			后工业化阶段	黄石市（2015年）
		工业化初期	工业化中期	工业化后期		
制造业增加值占总商品增加值比重	20%以下	20%～40%	40%～50%	50%～60%	60%以上	—
人口城市化率	30%以下	30%～50%	50%～60%	60%～75%	75%以上	61.3%
第一产业就业占比	60%以上	45%～60%	30%～45%	10%～30%	10%以下	19.97%

黄石市 2014 年实际人均 GDP 以 2004 年美元为基期，换算结果为 4 574 美元，未超过工业化中期阈值。与此同时，三次产业产值结构为 8.84∶55.36∶35.80，人口城市化率为 62.3%，第一产业就业占比均达到了工业化后期标准值，制造业增加值占总商品增加值比重指标值没有统计值。初步判断当前黄石市处于工业化中期向后期迈进阶段。

5.1.3 农业基础继续巩固

"十二五"期间，黄石市强力推进农业生态化改革，农业产业产值不断提高，农作物产量不断提高，农业产业化水平不断提升，农业基础设施不断完善，新型农业生产主体不断涌现，呈现良好的发展态势。

5.1.3.1 农业产业产值持续增加

据《黄石市统计年鉴》，2015 年农林牧渔业总产值 158.75 亿元，按可比价计算，增长 5.2%。其中，种植业产值 61.71 亿元，增长 6.5%；林业产值 3.14 亿元，增长 24.0%；牧业产值 45.52 亿元，同比持平；渔业产值 45.91 亿元，增长 6.8%，农林牧渔服务业产值 2.47 亿元，增长 42.0%（图 5-5）。

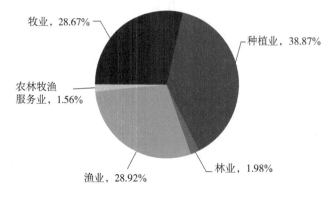

图5-5　2014年黄石市农林牧渔业总产值比例

2015 年，全市农林牧渔业增加值 110.33 亿元，按可比价计算，比 2014 年增长 5.22%。其中，种植业增加值 44.12 亿元，增长 7.0%；林业增加值 2.34 亿元，增长 19.0%；牧业增加值 29.07 亿元，同比持平；渔业增加值 33.04 亿元，增长 6.8%，农林牧渔服务业增加值 1.77 亿元，增长 20.0%（图 5-6）。

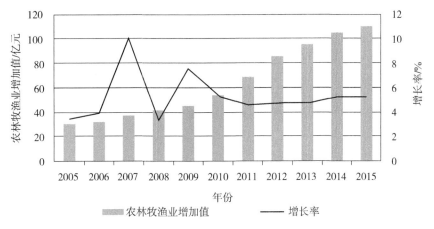

图5-6　2005—2015年黄石市农林牧渔业增加值情况

5.1.3.2　主要农产品产量保持增长，供需状况良好

2015 年主要农产品产量保持增长。粮食总产量 65.94 万吨，增长 1.5%；水产品产量 22.71 万吨，增长 5.4%；肉类总产量 14.66 万吨，下降 1.8%。近 4 年黄石市主要农产品产量情况见图 5-7。

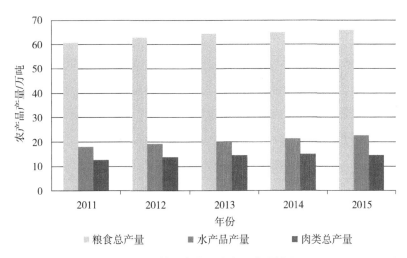

图5-7　黄石市主要农产品产量情况

2013 年，黄石市主要农产品供大于求。从图 5-8 可知，具有供给优势的主要农产品为稻谷、蔬菜。

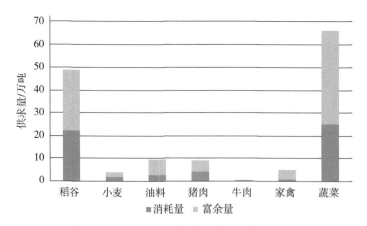

图5-8 黄石市2013年主要农产品供需状况

5.1.3.3 农业产业化水平逐步提高

2014年，全市有市级以上龙头企业66家，比2010年增加16家。2014年，全市龙头企业年销售额为119亿元，比2010年增加了45亿元。农业加工产值235.55亿元，比2010年增加了128亿元，且农产品加工产值占农业总产值比重达到了1.60%。

5.1.3.4 新型农业经营主体规模不断增强

2014年，黄石市在工商部门登记注册农民专业合作社1 427个，注册资本19.64亿元，入社成员12.2万户，带动农户15万户。目前，全市国家级示范社有8家；省级示范社有22家；市级示范社有30家；县级示范社有40家。在工商注册登记各类家庭农场350户，其中，个人独资企业72户，普通合伙企业1户，公司1户，个体工商户276户。

5.1.3.5 三品种农业产品规模逐步增大

"十二五"期间，黄石市大力发展无公害农产品、绿色食品和有机食品，完善农产品质量安全监测体系，开展三品种农业产品和产品地理标识认证工作。2015年，黄石市有机、绿色及无公害化农业产品总种植面积为3 617公顷（合计54 255亩），三品种农业产品规模增大（表5-5，表5-6）。

表5-5 黄石市无公害农产品

序号	申请人	产品总数/个	年产量/吨	产地规模/公顷
1	大冶市龙凤山农业开发有限公司	10	1 464	43
2	湖北盛丰生态农业开发有限公司	4	2 191	114
3	阳新县荆头山联宜种养殖专业合作社	2	10 350	733
4	黄石市龙泉湖生态农业发展有限责任公司	2	930	20
5	阳新县半壁山兴欣农业发展有限公司	1	3 000	133
合计	5家	19	17 935	1 044

表5-6　黄石市绿色食品

序号	生产商	产品总数/个	批准产量/吨	监测面积/公顷
1	阳新新冠生态农业开发有限公司	1	5 000	200万袋
2	黄石市军垦农场	4	80 000	1 000
3	湖北新阳农业综合开发有限公司	5	4 650	240
4	阳新县宝塔湖春潮湖蒿专业合作社	1	42 000	1 333
合计	4家	11	131 650	2 573

5.1.4　工业经济总量提高

"十二五"期间，黄石市坚持以科学发展观为指导，以加快转变经济发展方式、提升产业整体竞争力为目标，深入贯彻落实"生态立市、产业强市"战略，提升改造传统产业，推动工业绿色转型，全市工业经济保持平稳健康发展。

5.1.4.1　工业增加值稳步增长

2015 年，全市规模以上工业总产值 1 948.02 亿元，比 2014 年下降 7.9%。全市规模以上工业增加值达到 497.50 亿元，同比增长 1.0%；规模以上工业企业 724 家，其中产值过亿元的企业 274 家，同比减少 6 家，产值占规模以上工业总产值的 89.7%；产值超过 10 亿元的企业 22 家，产值占规模以上工业总产值的 52.2%；产值 100 亿元以上的企业 1 家，产值占规模以上工业产值的 16.68%（图 5-9～图 5-11）。

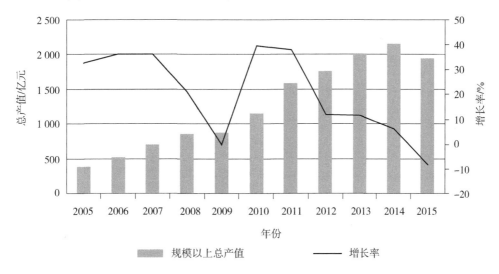

图5-9　2005—2015年黄石市工业规模以上总产值情况

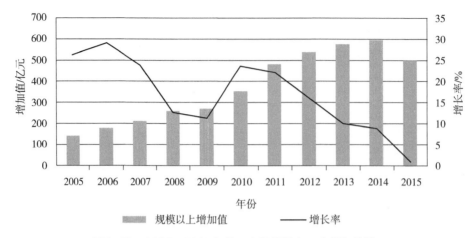

图5-10　2005—2015年黄石市规模以上工业增加值情况

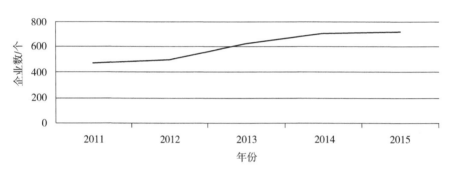

图5-11　2011—2015年黄石市规模以上工业企业个数

5.1.4.2　工业经济效益总体提高

黄石市经济效益综合指数由2005年的163.7%提高到2015年的215.61%，提高了51个百分点，整体呈增长趋势。2015年黄石市规模以上工业企业主营业收入为2 497.40亿元，实现利润60.96亿元，利税121.95亿元，与"十一五"末期相比，分别增长86.77%、11.32%、51.66%（图5-12）。黄石市工业经济效益总体提高。

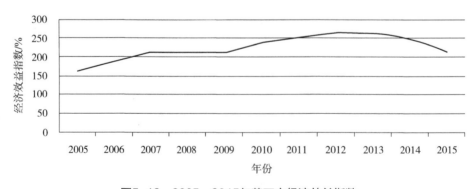

图5-12　2005—2015年黄石市经济效益指数

5.1.4.3 传统支柱产业不断壮大

黄石市形成了黑色冶金、有色冶金、建材、能源、装备制造、化工医药、纺织服装、食品饮料加工等八大工业支柱产业。2015年，八大主导产业总产值合计1 638.65亿元，比2012年增长2.2%，其中百亿元产业达到了6个，其中黑色冶金、有色冶金总产值分别为370.25亿元、422.19亿元。黑色金属、食品饮料、纺织服装和能源产业与2010年相比，实现了倍增。

5.1.4.4 工业结构进一步优化

黄石市坚持工业绿色转型，轻重工业结构比重由2011年的11.8∶88.2调整到2015年的15.8∶84.2。八大主导产业总产值占全市总产值比重由2012年的91.3%调整到2015年的84.11%，新兴产业产值比重上升（图5-13）。

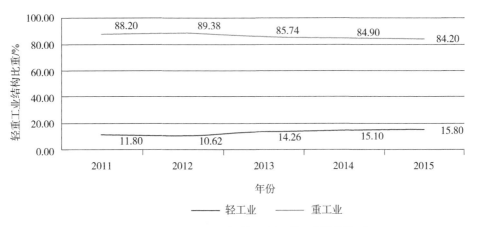

图5-13 2011—2015年黄石市轻重工业结构比重

5.1.4.5 绿色低碳产业稳步发展

黄石绿色低碳产业主要包括电子信息、先进制造、新材料、新能源与高效节能、生物医药与医疗器械五个部分。2010年黄石市绿色低碳产业增加值为82.32亿元，占GDP比重达11.9%；2012年绿色低碳产业增加值156.22亿元，占GDP比重达15.0%，比2010年提高3.1个百分点，年均提高1.55个百分点。2014年黄石市新材料、高端装备制造、电子信息、生物医药产业规模分别突破400亿元、130亿元、24亿元、70亿元，与2010年相比年递增分别为30%、30%、38%、42%。

5.1.4.6 工业投资逐年增长

2015年，黄石市工业投资682.55亿元，占全社会固定资产投资的50.49%，有力地推动了黄石市产业层次的提升和产业结构的优化。2011—2015年，工业总投资

2 426.81 亿元，且投资金额逐年上涨，其具体情况见图 5-14。

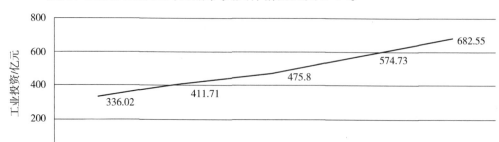

图5-14　2011—2015年黄石市工业投资情况

5.1.4.7　工业转型继续推进

"十二五"期间，黄石市严禁建设新增产能项目，坚决遏制产能盲目扩张，清理整顿建成违规产能，全面关停"五小"企业，着力转变工业发展方式，大力培育战略性新型产业，同时黄石市被列为国家循环经济示范市、全国工业绿色转型发展试点城市，黄金山工业新区被列为国家低碳工业园区试点。截至 2014 年年底，全市共组织实施重大节能技改项目 240 项，关停"五小"企业 367 家，累计淘汰水泥、钢铁、电解铝等行业落后产能 196.7 万吨。发放企业转型和帮扶资金 6 000 多万元，引导企业实施 500 万元以上技改项目 122 个。黄石市发展方式正逐步改变。

5.1.5　服务业日趋活跃

《湖北生态省建设规划纲要》中提出，优先发展以物流、科技、商务等为代表的集约高效生产性服务业。"十二五"在市委、市政府的正确领导下，积极推动生产性服务业与制造业、农业的互动融合发展，提升科技服务经济社会发展的支撑能力，全市服务业保持平稳健康发展。

5.1.5.1　旅游业初具规模

旅游业是"十三五"黄石市推进"生态立市、产业强市，加快建设现代化特大城市"发展战略、实现城市转型发展的重点替代产业，在"十二五"期间取得明显进展，促进了全市经济与社会的稳定发展。

（1）经济效益稳步增长

2015 年，黄石市国内旅游人数 1 583 万人次，同比增长 12%；国内旅游收入 100 亿元，同比增长 38.8%。入境旅游人数 2.11 万人次，同比增长 14.7%；入境旅游收入 700 万美元，同比增长 1.4%。黄石市旅游业近 5 年总收入 344.22 亿元，年收入稳步增长，接待总人数为 6 289.93 万人次（图 5-15，图 5-16）。

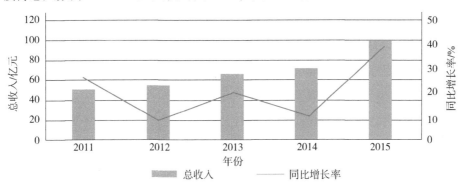

图5-15　2011—2015年黄石市旅游业总收入情况

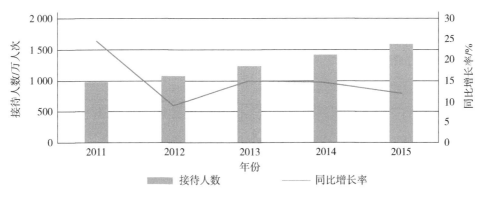

图5-16　2011—2015年黄石市旅游业接待人情况

（2）旅游景区、目的地不断建设

"十二五"期间，黄石市旅游目的地不断推进，铁山区及大冶市陈贵镇分别成功创建湖北旅游强区、湖北旅游名镇，同时全市重点指导东方山、雷山、仙岛湖成功创建国家 4A 级旅游景区。黄石市旅游景点情况见表 5-7。

表5-7　黄石市旅游景点情况

景点	数量	名称
国家4A级旅游景区	4	黄石国家矿山公园、阳新仙岛湖旅游风景区、雷山风景区、东方山风景区
国家3A级旅游景区	6	青龙山风景区、西塞山风景名胜旅游区、湘鄂赣边区鄂东南革命烈士陵园、大冶市龙凤山生态园休闲度假村等
湖北省4星级工业旅游景区	1	劲牌公司
湖北省旅游强区	1	铁山区
旅游名镇	1	大冶市陈贵镇
旅游名村	2	阳新县龙港镇阳辛村、大冶市灵乡镇坳头村

（3）旅游产品不断建设

据统计，2014 年黄石市新开工、在建、续建旅游项目约 32 个，完成旅游投资 15.8 亿元，其中包括东方山琉璃佛塔、龙凤山生态园、阳新县仙岛湖丹凤地等旅游项目，全市重点项目建设在稳步推进中。

全市策划了阳新油菜花旅游节、铁山槐花旅游节等 17 个旅游节庆活动，促进全市旅游要素聚集，形成黄石生态旅游特色节庆品牌。

全市策划以工矿铁路为纽带，以五大工业遗址为核心吸引物，以各时代火车为特色旅游交通的特色旅游项目开发思路，打造全国独有的工业旅游项目。

（4）投资力度逐步增大

据初步估算，"十二五"期间，全市投入旅游项目开发建设资金 54.5 亿元；招商引资 0.5 亿元以上项目 32 个，投资总额 179.4 亿元，到位资金 42.5 亿元。逐步形成了政府加大投入，外资、民营加快进入的多元化旅游投资格局。

（5）旅游配套设施逐步建设

目前，黄石市拥有 4 星级以上农家乐 8 家、旅行社 45 家，其中，4A 级旅行社 1 家、3A 级旅行社 14 家；星级饭店 24 家，其中，五星级酒店 1 家、四星级酒店 4 家、三星级酒店 9 家、客房 2 200 间、床位数 4 000 张；旅游汽车客运公司 8 家，旅游客车 168 辆；内湖游船 120 艘。同时随着大广高速、杭瑞高速、黄咸高速和武黄高铁的建成通车，增加了黄石市旅游交通的便捷性、可进入性，大大缩短了黄石市与武汉"1+8"等国内主要区域市场的空间距离，为黄石市旅游业提供了交通便利。

5.1.5.2　物流业突飞猛进

物流业是融合运输业、仓储业和信息业等的复合型服务产业，是国民经济的重要组成部分。"十二五"期间，黄石市大力发展现代物流业，促进了物流业自身平稳较快发展，对于促进产业结构调整、转变经济发展方式和增强经济增长内生动力也提供了支撑。

（1）物流行业发展初具规模

黄石市的生态物流行业构成特点突出、层次鲜明。大部分物流行业集中在传统物流服务领域（如运输），新兴的物流行业（物流信息、第三方物流等行业）快速崛起，其他物流行业（仓储、配送等）完善了物流服务体系，物流行业的发展已经形成一定规模。2014 年年底，社会物流总额 2 012.91 亿元，较上年度增长 11.5%。

（2）规模逐步增大

黄石市已在运管部门、工商部门注册登记的各类物流企业达 2 887 家。其中，按物流企业基本类型分为三大类：货物运输型企业 2 515 家，占 87%；仓储服务型企业 106

家，占 3.67%；综合服务型企业 266 家，占 9.21%。A 级物流企业有三家，其中 4A 级企业两家，分别是大冶有色物流有限责任公司、湖北全诚物流有限责任公司；3A 级企业一家——天海物流责任有限公司。

（3）投资逐步增加

截至 2014 年，黄石完成物流项目投资 20 亿元。其中，交通物流项目 4.8 亿元，社会一般物流项目 15.2 亿元。同时，物流行业综合信息化平台、物流产业统计信息化平台在同步建设中。

（4）物流体系逐步完善

近年来，黄石市物流服务体系逐步完善，服务功能不断增强。物流企业积极推广应用越库配送、共同配送、供应商管理库存等服务模式，满足现代零售企业小批量、多频次、快周转的物流服务需求。家电、农副产品等专业物流形成一定规模，冷链物流得到了广泛应用。信息科技的广泛应用，大大提高物流企业的服务能力和供应链管理水平。

5.1.5.3 科技、商业服务业稳定发展

黄石是全国科技进步先进城市，有着较好的科技基础。截止到 2015 年，黄石市拥有各类科技中介服务机构 100 多家，涉及工业、农业、服务、咨询等各行业；全市高新技术产业企业 137 家。实现高新技术产业增加值 156.05 亿元，占 GDP 的 12.7%。研究与试验发展经费支出预计 30.20 亿元，增长 16.0%，占 GDP 的 2.5%。安排 89 项市级科技计划项目。全市申请专利总量 3 416 件，其中发明专利申请量 1 300 件。授权专利总量 1 116 件，其中发明专利授权量 102 件。

黄石商业服务业构成广泛，包括为工业企业服务的会计审计、法律咨询、拍卖、广告、会展、工商咨询、设备厂房租赁、职业中介等，发展势头总体较好。

5.1.6 经济发展与环境协调性分析

5.1.6.1 环保重点领域环境与经济绩效分析

（1）主要涉气、涉水行业发展现状

大气污染控制主要行业经济发展现状。近些年，黄石市与大气污染控制密切相关的主要产业，除黑色金属冶炼及压延加工业、有色金属冶炼及压延加工业总产值近年有所下降，其他行业总产值呈上升趋势。四大产业总产值从 2011 年的 823.31 亿元上升至 2015 年的 1 041.36 亿元，但占全部工业产值的比重保持稳定（表 5-8）。

表5-8　黄石市大气污染排放主要行业发展情况

产业 年份	电力、热力燃气及水的生产和供应业/亿元	黑色金属冶炼及压延加工业/亿元	有色金属冶炼及压延工业/亿元	非金属矿物制品业/亿元	四大产业总产值/亿元	占工业总产值比例/%
2011	48.83	294.91	426.25	135.6	823.31	51.82
2012	49.52	388.58	418.15	147.35	947.83	53.91
2013	56.9	424.69	496.86	163.45	1 091.71	54.17
2014	58.87	445.8	476.69	185.58	1 107.76	51.47
2015	63.12	370.25	422.19	185.8	1 041.36	53.45

水污染控制主要行业经济发展现状。近些年，黄石市与水污染控制密切相关的主要行业，除化学原料及化学制品制造业、医药制造业产值大幅度下降外，其他产业均呈现稳步增长趋势，四大主要水污染行业总产值从 2011 年的 149.48 亿元上涨至 2015 年的 293.64 亿元，占工业总值比重也由 9.41% 上涨至 15.07%，其中食品、饮料制造业和纺织、服装、鞋帽制造业的增长近 2 倍（表 5-9）。

表5-9　黄石市水污染排放主要行业发展情况

产业 年份	食品、饮料制造业/亿元	纺织、服装、鞋帽制造业/亿元	化学原料及化学制品制造业/亿元	医药制造业/亿元	四大产业总产值/亿元	占工业总产值比例/%
2011	53.32	42.2	44.47	135.6	149.48	9.41
2012	91.58	51.53	55.88	147.35	211.92	12.05
2013	113.26	64	63.94	163.45	257.17	12.76
2014	126.4	79.08	65.84	185.58	286.31	13.30
2015	131.48	82.76	64.68	14.72	293.64	15.07

（2）主要涉气、涉水行业污染物排放现状

工业废气中污染物的排放量。2014 年，黄石市大气环境污染仍以煤烟型为主，主要污染物为二氧化硫、氮氧化物、烟（粉）尘。2014 年，全市二氧化硫排放总量为 7.13 万吨，工业二氧化硫排放量为 6.55 万吨，占排放总量的 91.87%；氮氧化物排放总量为 5.20 万吨，工业氮氧化物排放量为 4.30 万吨，占排放总量的 82.69%；烟（粉）尘排放总量为 4.56 万吨，工业烟（粉）尘排放量为 4.33 万吨，占排放总量的 94.96%。其中市辖区废气中二氧化硫排放量为 4.76 万吨，氮氧化物排放量为 2.50 万吨，烟（粉）尘排放量为 1.65 万吨。工业二氧化硫、氮氧化物、烟（粉）尘排放主要集中在冶炼、电力和建材三大行业，其中二氧化硫、氮氧化物排放量分别占工业排放总量的 82.28%、

第5章 生态经济体系研究

84.89%，烟（粉）尘排放量占重点工业排放总量的86.79%。三大行业主要集中在市辖区和大冶市（图5-17）。

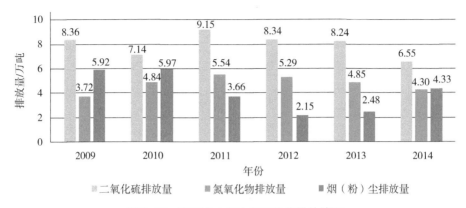

图5-17　黄石市主要大气污染物排放情况

工业废水中污染物的排放量。2014年，黄石市废水排放总量1.57亿吨，其中工业废水排放量为0.58亿吨，占排放总量的36.94%，基本排向大冶湖和长江黄石段。全市COD、氨氮排放总量分别为3.17万吨、0.43万吨，其中工业COD、氨氮排放量分别为0.59万吨、0.038 9万吨，分别占排放总量的18.61%、9.05%。工业废水排放主要集中在采选、冶炼和化工等行业，其排放量累计占工业废水排放总量的62.37%，主要集中在市辖区和大冶市（图5-18）。

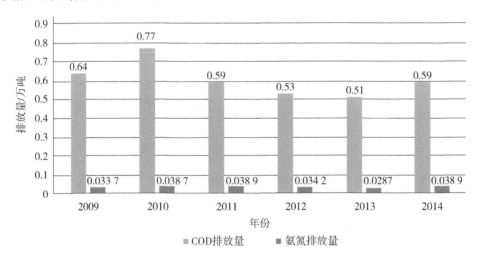

图5-18　黄石市工业废水主要污染物排放情况

（3）工业环境绩效分析

化学需氧量排放绩效水平分析。根据工业增加值和工业化学需氧量排放量计算出黄石市工业化学需氧量排放绩效水平，结果表明，黄石市化学需氧量排放绩效整体呈明显下降趋势，2013年达到最低，2014年略有上升。黄石市万元工业增加值化学需

氧量排放量從 2009 年的 2.38 千克 / 萬元下降至 2014 年的 0.99 千克 / 萬元，下降了
140.4%（圖 5-19）。

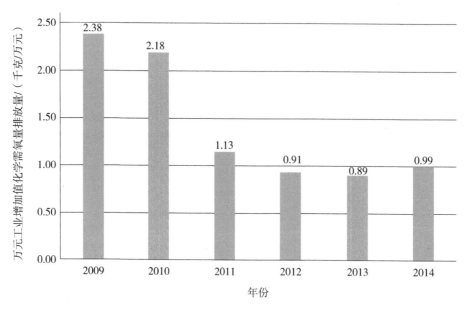

图5-19　黃石市萬元工業增加值化學需氧量排放情況

　　氨氮排放績效水平分析。根據工業增加值和工業氨氮排放量計算出黃石市工業氨
氮排放績效水平，結果表明，黃石市氨氮排放績效整體呈下降趨勢，2013 年達到最低，
2014 年略有上升。黃石市萬元工業增加值氨氮排放量從 2009 年的 0.13 千克 / 萬元下降
至 2014 年的 0.07 千克 / 萬元，下降了 85.71%（圖 5-20）。

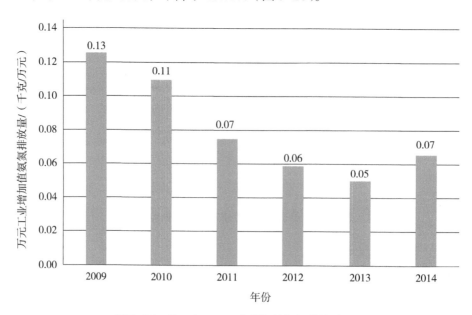

图5-20　黃石市萬元工業增加值氨氮排放情況

二氧化硫排放绩效水平分析。根据工业增加值和工业二氧化硫排放量计算出黄石市工业二氧化硫排放绩效水平，结果表明，黄石市二氧化硫排放绩效呈明显下降趋势，2014 年达到最低。黄石市万元工业增加值二氧化硫排放量从 2009 年的 33.41 千克 / 万元下降至 2014 年的 11.98 千克 / 万元，下降了 178.9%（图 5-21）。

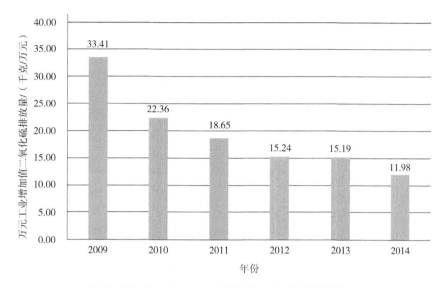

图5-21　黄石市万元工业增加值二氧化硫排放情况

氮氧化物排放绩效水平分析。根据工业增加值和工业氮氧化物排放量计算出黄石市工业氮氧化物排放绩效水平，结果表明，黄石市氮氧化物排放绩效呈明显稳步下降趋势，2014 年达到最低。黄石市万元工业增加值氮氧化物排放量从 2009 年的 13.81 千克 / 万元下降至 2014 年的 7.21 千克 / 万元，下降了 91.54%（图 5-22）。

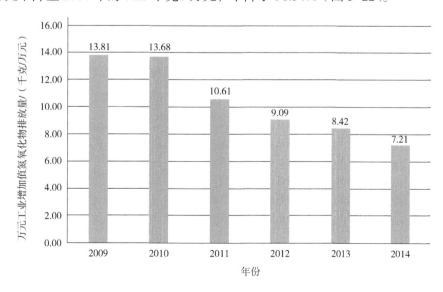

图5-22　黄石市万元增加值氮氧化物排放情况

烟（粉）尘排放绩效水平分析。根据工业增加值和工业烟（粉）尘排放量计算出黄石市工业烟（粉）尘排放绩效水平，结果表明，黄石市烟（粉）尘排放绩效整体呈下降趋势，2012年达到最低，随后2013年、2014年又有明显上升。黄石市万元工业增加值烟（粉）尘排放量从2009年的21.97千克/万元下降至2014年的7.26千克/万元，下降了202.62%（图5-23）。

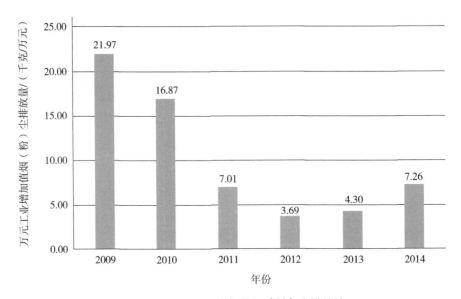

图5-23　黄石市万元增加值烟（粉）尘排放情况

5.1.6.2　资源环境承载评价

（1）水资源及其承载力评价

1）黄石市水资源概况

根据《2009—2014年黄石市水资源公报》数据显示，黄石市多年平均地表水资源量为34.780 3亿立方米，折合径流深763.9毫米，地表水资源量地域分布与降水量基本一致（图5-24）。黄石市水资源分布时空不均，人均水资源量为1 416立方米，远远低于全国人均水资源量2 100米^3/人，根据国际水资源丰富程度指标，黄石地区属于人均水资源量短缺地区，近6年人均水资源量如图5-25所示，除2010年人均水资源量略高于全国人均水资源量，其他年份都远远低于全国人均水资源量。2013年再现了易涝易旱的特殊市情，全市平均降水深1 057.0毫米，折合年降水量48.13亿立方米，比2012年减少28.3%，较多年平均降水量减少27.0%，属枯水年份。2014年，黄石市各市县水资源情况如表5-10所示。

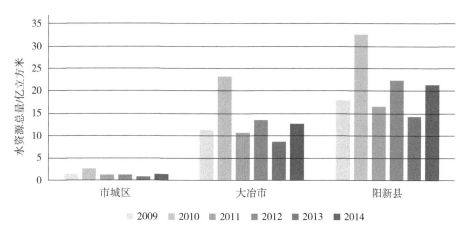

图5-24　2009—2014年黄石市各市县水资源总量分布

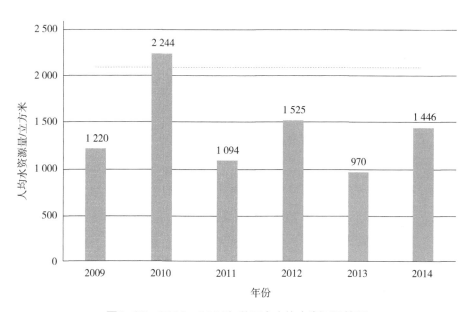

图5-25　2009—2014年黄石市人均水资源量情况

表5-10　黄石市2014年行政分区水资源总量

行政 分区	总面积/ 平方 公里	年降水 量/亿立 方米	地表水资 源量/亿立 方米	地下水资 源量/亿 立方米	不重复资 源量/亿 立方米	水资源总 量/亿立 方米	产水 系数	产水模数/ （万立方米/ 立方公里）
市城区	233.8	2.596 9	1.350 4	0.207 1	0.044 2	1.394 6	0.537	73.8
大冶市	1 566.3	22.974 5	11.942 2	2.757 8	0.778 5	12.720 7	0.554	79.7
阳新县	2 782.8	40.269 4	21.088 9	4.669 0	0.215 3	21.304 2	0.529	77.0
全市	4 582.9	65.840 8	34.381 5	7.633 9	1.038 0	35.419 5	0.538	77.8

2）水资源承载力评价方法

影响区域水资源承载能力的因素很多，涉及水资源系统的各个方面，综合评判指标体系要求能从不同方面、不同角度、不同层面客观地反映区域水资源条件、开发利用状况、供需关系及生态环境等。根据水环境承载力评价指标体系建立的基本原则，通过全面分析水资源承载能力的各影响因素，参照全国水资源供需平衡分析中的指标体系和其他水资源一些评价指标体系及其标准，根据黄石市社会经济发展状况和水资源利用的实际情况，最终确定了水资源利用率、人均水资源量、人均供水量、人均GDP、工业废水达标率、工业废水重复用水率、城镇生活污水处理率、城镇恩格尔系数、农民人均纯收入等9个主要因素，组成黄石市水资源承载力综合评价的指标体系。

采用层次分析法结合"模加和"方法对水环境承载力进行综合评价，即

$$|E|=\left[\sum_{l=1}^{m}(W_i\times E_i)^2\right]^{1/2}$$

式中：E——黄石市水环境总承载力；

W_i——第 i 个指标承载度的权重；

E——第 i 个指标承载度的数值；

m——指标数目。

权重的确定包括两个方面：特征向量的计算和一致性检验。用方根法计算特征向量，将判断矩阵每一列归一化，随后对按列归一化的判断矩阵进行开方计算，并将所得向量进行归一化处理求得特征向量，通过计算，最后可得到各判断矩阵的特征向量即各个指标的权重（表5-11）。

表5-11　各指标权重

指标	水资源利用率	人均水资源量	人均供水量	人均GDP	工业废水达标率	工业废水重复用水率	城镇生活污水处理率	城镇恩格尔系数	农民人均纯收入
权重	0.33	0.12	0.12	0.12	0.07	0.07	0.07	0.05	0.05

指标承载度的计算模型采用对数函数：

$$y=a+b\lg x$$

参考国际公认的指标值和我国发布的《全国人民小康水平的基本标准》以及近几年我国社会人口和经济发展的实际情况，确定了各指标承载度核算标准，得出各指标承载度计算模型的参数（表5-12）。

表5-12 各指标承载度模型

指 标	指标承载度计算模型
水资源利用率/%	$y=-0.336+0.664\,11\lg x$
人均水资源量/（米³/人）	$y=-0.97+0.487\,11\lg x$
人均供水量/（米³/人）	$y=-0.682+0.46\lg x$
人均GDP/（美元/人）	$y=-0.82+0.411\lg x$
工业废水达标率/%	$y=1+2.51\lg x$
工业废水重复用水率/%	$y=1+2.19\lg x$
城镇生活污水处理率/%	$y=1+1.19\lg x$
城镇恩格尔系数/%	$y=0.3-\lg x$
农民人均纯收入/（元/人）	$y=-2.068+0.671\lg x$

根据根据黄石市水利局资料、《黄石市环境公报》《黄石市经济年鉴》等有关资料得到黄石市2010—2014年水环境承载力各指标值，见表5-13。

表5-13 黄石市水环境承载力评价指标原始值

指标名称	2010年	2011年	2012年	2013年	2014年
水资源利用率/%	26.63	52.86	40.5	63.48	43.97
人均水资源量/（米³/人）	2 244	1 094	1 525	970	1 446
人均供水量/（米³/人）	598	578	617	616	636
人均GDP/（美元/人）	4 345	5 808	6 506	7 132	7 596
工业废水达标率/%	99*	99*	99.05	99.05*	99.1
工业废水重复用水率/%	86.71	87*	87*	87*	87.76
城镇生活污水处理率/%	52.05	80.87	76.62	75.92	86.81
城镇恩格尔系数/%	39.2	42.2	39.2	39.1	35.1
农民人均纯收入/（元/人）	5 525	6 485	7 477	8 492	10 957

注：*表示未查到准确数据，根据近年数据推测所得。

根据黄石地区水环境承载力评价指标原始值，应用所建立的各评价指标承载度计算模型，计算得出黄石地区水环境承载力各评价指标的承载度值（表5-14）。

表5-14 黄石市水环境承载力各评价指标承载度值

指标名称	2010年	2011年	2012年	2013年	2014年
水资源利用率/%	0.717 6	0.519 9	0.596 7	0.467 1	0.573 0
人均水资源量/（米³/人）	0.662 3	0.510 3	0.580 6	0.484 9	0.569 3
人均供水量/（米³/人）	0.595 3	0.588 5	0.601 5	0.601 2	0.607 6
人均GDP/（美元/人）	0.675 2	0.727 0	0.747 3	0.763 7	0.774 9

续表

指标名称	2010年	2011年	2012年	2013年	2014年
工业废水达标率/%	0.989 0	0.989 0	0.989 6	0.989 6	0.990 1
工业废水重复用水率/%	0.864 4	0.867 5	0.867 5	0.867 5	0.875 8
城镇生活污水处理率/%	0.662 5	0.890 3	0.862 4	0.857 6	0.926 9
城镇恩格尔系数/%	0.706 7	0.674 7	0.706 7	0.707 8	0.754 7
农民人均纯收入/（元/人）	0.443 1	0.489 8	0.531 3	0.568 4	0.622 6

各评价指标值通过指标承载度模型计算后，均得到0～1的指标承载度值。1为指标承载度最优值，0为指标承载度最差值。指标承载度值越接近1，表明承载能力越强；指标承载度值越接近0，表明承载能力越弱。

根据表5-14所列出的黄石市水环境承载力各评价指标承载度值，计算得出黄石市水环境承载力值（表5-15）。

表5-15　黄石市水环境承载力

年份	水环境承载力
2010	0.702 4
2011	0.641 2
2012	0.680 7
2013	0.629 9
2014	0.688 7

水环境承载力值越接近1，表明水环境承载能力越强；水环境承载力值越接近0，表明水环境承载能力越弱。由图5-26看出，黄石市近几年水环境承载力在0.66附近波动，水环境承载力一般，水资源利用率承载度下降20%。但黄石市与水污染控制密切相关的主要行业呈现稳步增长趋势，所以初步预测黄石市未来水环境承载力在0.5以上，水资源能满足经济发展和人民生活的基本需求，但水资源利用率需要提高。

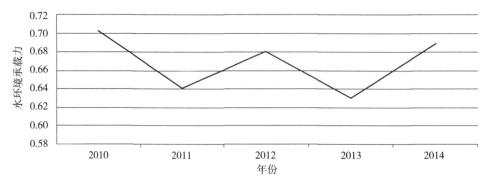

图5-26　黄石市水环境承载力变化趋势

（2）大气环境承载力评价

大气环境承载力是由一系列环境因素决定的，每个因素都是由相互制约又相互对应的分量构成。要将大气环境承载力运用于实际工作中，不仅要建立概念模型，还要将其量化。引入城市大气环境纳污承载指数来评价黄石市大气环境承载力。我国空气质量分为5级（优、良好、轻度污染、中度污染、重度污染），综合考虑未来区域产业发展特征，以城市大气污染防治标准为基础，根据不同级别城市空气污染指数所对应的天数占全年（365天）的比例，确定5个位于优化开发区域的大气环境纳污承载力底限水平值。

不同级别城市空气污染指数所对应的天数占全年监测天数的比例为：

$$B_i = A_i / T$$

式中：A_i——城市空气污染指数级别 i 所对应的天数（$i \leqslant 5$）；

B_i——要素 i 占全年监测天数的比例；

T——黄石监测天数。

城市大气环境纳污承载指数为：

$$C = \sum_{i=1}^{n} W_i B_i$$

式中：C——城市大气环境纳污承载指数；

W_i——构成要素的得分值。

根据"空气污染指数范围及相应的空气质量类别"表和"空气污染指数对应的污染物浓度限值"表，综合得到评分准则（表5-16）。

表5-16 不同级别城市空气污染指数对应天数得分准则

等级	Ⅰ级标准	Ⅱ级标准	Ⅲ级标准	Ⅳ级标准	Ⅴ级标准
得分	100	75	40	20	0

环境承载力评价包括对承载能力和承载水平的评价。承载水平是当前承载量和承载能力的比较，承载水平越高，表明该地区环境压力越大。对承载水平的评价是制定环境政策的主要依据。在大气环境纳污承载力评价中，根据"各项污染物的浓度限值"表、"空气污染指数范围及相应的空气质量类别"表和"空气污染指数对应的污染物浓度限值"表，以及大气环境各要素承载水平的高低，得到5种不同的环境等级分级标准（表5-17）。

表5-17 大气环境纳污承载力综合指标分级标准

等级	表征状态	综合标准	等级描述
一级	理想,高承载	90~100	发展空间很大,大气环境承载能力很强
二级	良好,较高承载	80~90	发展空间较大,大气环境承载能力较强
三级	一般,中承载	70~80	发展空间一般,大气环境承载能力一般
四级	预警,低承载	60~70	发展空间较小,大气环境承载能力较弱
五级	危机,弱承载	<60	发展空间很小,大气环境承载能力很弱

根据2015年黄石市大气不同级别城市空气污染指数所对应的天数状况(表5-18),利用大气环境纳污承载指数法,核算出2015年黄石市大气环境纳污承载指数为64.5,处于四级标准范围内。初步判断黄石市大气环境环境承载能力较弱,发展空间较小。黄石市未来发展大气环境压力较大,要实行更严格的大气污染物排放标准和总量控制指标,对各类污染物排放总量进行削减控制,大幅度减少大气污染物排放量,对不达标的排污企业征收惩罚性环境税,并限期进行治理,严格控制新增超载类大气污染物排放的项目,在规定时限内分期逐步使环境承载水平达到正常状态。

表5-18 2015年黄石市大气环境情况

Ⅰ级标准天数	Ⅱ级标准天数	Ⅲ级标准天数	Ⅳ级标准天数	Ⅴ级标准天数
19	226	88	21	11

(3)土地资源承载力评价

土地资源承载力一般是指一定面积的土地所能持续供养的人口数量,即土地资源人口承载量,其实质是研究人口消费与食物生产、人类需求与资源供给间的平衡关系问题。本书采用要素指数法评价黄石市土地资源承载力,以区域社会经济发展的重要支撑要素"人均建设用地"为指标进行土地资源承载力评价,通过人均建设用地水平(CLP)与健康人均建设用地水平(HCLP)的比值计算土地承载力指数(LCCI),以反映区域土地承载力的状态。

根据《黄石市城市总体规划(2001—2020年)》(2015年修订),预估2020年黄石市各县市人均建设用地,见表5-19。根据刘强等《基于要素指数法的皖江城市带土地资源承载力评价》选取健康人均建设用地为102.5平方米,通过人均建设用地情况,核算出各县市土地承载力指数(表5-20)。本书将承载力状态分为良好、一般、警戒与危机4种(表5-21)。承载力状态与承载力指数保持一致,即承载指数越高,承载状态越好。

表5-19　黄石市各县市人均建设用地情况

区域		人均建设用地/（m²/人）
中心城区	黄石港组团	96
	胜阳港组团	140
	团城山组团	117
	磁湖南组团	88
	黄金山组团	17.7
	大冶湖核心区组团	140
	下陆组团	149
	黄思湾组团	40
大冶城区		105
阳新县城		105

表5-20　黄石市各县市土地承载力指数

区域		土地承载力指数
中心城区	黄石港组团	0.94
	胜阳港组团	1.37
	团城山组团	1.14
	磁湖南组团	0.86
	黄金山组团	0.17
	大冶湖核心区组团	1.37
	下陆组团	1.45
	黄思湾组团	0.39
大冶城区		1.02
阳新县城		1.02

表5-21　土地承载力单要素评价分级标准与状态划分

等级	I级标准	II级标准	III级标准	IV级标准
承载状态	良好	一般状态	警戒状态	危机状态
土地承载力指数	≥1.171	0.833～1.171	0.585～0.833	<0.585

由图5-27可知，中心城区的胜阳港组团、大冶湖核心区组团、下陆组团土地承载力状态为良好，反映其地区具有较强的土地资源承载潜力，有利于承接产业的转移。中心城区的黄金山组团、黄思湾组团土地承载力状态为危机状态，土地承载潜力弱。

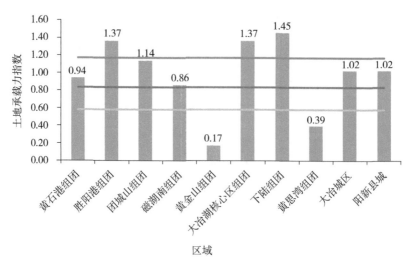

图5-27　黄石市各市土地承载力指数

5.2　突出问题

经济发展方式较为粗放。黄石市是以生产原材料和资源型产品粗加工为主的资源型枯竭城市，产业结构呈现"三多三少"的特点：资源型企业多，高新技术企业少；初级产品多，终端产品少；关联度低的单体企业多，产业集群配套企业少。单位 GDP 能耗、水耗、万元工业增加值主要污染物较大；金属冶炼、非金属矿物制品业、电力、机械设备制造产业等高耗能、高污染行业产值占工业产值总量的比重高；采选、冶炼、电力等行业工业产值占工业总产值的 55% 左右，但工业固体废物量累计占总产生量的89.68%，二氧化硫、氮氧化物排放量占工业排放总量的 80% 左右。

产业结构失衡。黄石市沿袭了 20 世纪大多数城市工业发展模式，是典型的以第二产业为主的发展城市，2015 年第一产业产值比重不足 10%，第二产业比重高达55.36%。第二产业中，重工业产值比重为 84.2%，轻工业产值比重为 15.8%。第三产业 GDP 总值呈上升趋势，比重也有所提高，但对第一、第二产业依赖性强，发展空间受到束缚。在当前经济增速放缓、传统产品及新兴产品产能过剩、环保标准加严、产业结构转型升级的紧迫形势下，黄石市产业结构调整任重道远，经济发展的竞争潜力不足。

产业布局不合理。黄石市因矿建城、因矿设厂，沿袭了 20 世纪大多数城市工业发展模式，以资源与劳动密集型产业为主。各矿厂规模大、工人多，分布在各自矿区中，较为分散。一方面，近些年随着矿产资源的大量开发，面临着资源枯竭的严峻现实，这使相关冶炼企业为了发展，在区际贸易条件下，向外购买资源，致使交通、运输、物流压力较大；另一方面，黄石市大部分矿场位于黄石市水系上游，每年排放大量工业废水进入湖库，最终进入长江，给区域饮水安全、环境安全带来巨大威胁。

5.2.1 农业现代化程度不高

目前，黄石市农业正处于由传统农业向现代农业转型过渡的起步阶段，虽然在"十二五"期间，黄石市农业发展加快，农产品数量、种类增加，产业化提高，但仍面临诸多挑战。

5.2.1.1 农业生产方式较为粗放

黄石市农业的现代化起步较晚、进程较慢，这主要是前些年对工业化的过度重视和对农业存在一定的偏见造成的。近年来，黄石市农机化作业水平进一步提高，但同武汉城市圈其他城市相比，农业生产方式仍较为粗放，技术装备水平依然较低，抗御自然灾害的能力仍然不强，推广的投入不足和科技进步贡献率较低问题仍然突出。在耕地和水资源双重约束的情况下，黄石市传统农业向现代农业的转变受到严重制约。

5.2.1.2 农业劳动力短缺，生产性资源减少

一方面，黄石市的农业生产总体上还处于分散经营的状态，由于从事农业生产带来的收益有限，因此很多人外出务工，留下妇女、老人和儿童成为农业生产的主要力量，加上新农村建设任务较重，导致劳动力短缺，2014年黄石市从事农林牧渔业的人员仅为21.57万人。

另一方面，2015年全市常用耕地总面积134.12万亩，仅略高于神农架和潜江，只有监利县的3/5；人均占有耕地面积0.55亩，低于全国人均耕地面积1.4亩，人均占有耕地面积不足。2012年，全市耕地抛荒面积已达到11万亩，其中，季节性抛荒8万亩，常年性抛荒3万亩，大面积耕地抛荒现象存在。

5.2.1.3 面源污染问题严重，生产环境遭到很大破坏

黄石市是全国重金属污染重点防控区之一，市区及周边有色金属矿采选业、有色金属冶炼业等涉重企业较多，环境风险较大。同时，随着黄石工业化的快速发展与农业化肥的大量使用，带来的大气污染、水污染和土壤污染给农业生产环境造成了很大破坏。2014年，受重金属和"工业三废"的污染，全市有26万亩耕地不同程度弃耕或减产。

5.2.1.4 耕地流转不畅，规模经营受到限制

在当前以分散经营为主的农村土地家庭承包经营体制下，积极推动农村土地向大

户集中、向企业集中，是实现规模经营的必然要求。然而黄石市大多数农民都把耕地看作是最基本的生活保障，即使外出务工导致耕地撂荒也不愿意放弃耕地。另外，耕地流转信息不畅也影响了耕地的顺利流转。由于黄石耕地流转不畅导致农业生产规模化经营程度偏低，限制了土地生产效率的提高和经济效益的改善。

5.2.1.5　组织化程度不高，市场适应能力不强

在推进农业生态化的进程中，由于农业生产环节和流通环节组织化程度不高，个体农户在市场竞争中完全处于被动地位，农产品收获后很难进入大流通领域。农业龙头企业、专业合作组织、农产品行业协会是提高农民组织化程度的重要途径，但黄石市农业龙头企业规模偏小，且以初级农副产品加工为主，对农产品深度开发不够，而专业合作组织与农产品行业协会的覆盖面又有限，专业技术人才比较缺乏，所以导致黄石生态农业整体市场适应能力不强。

5.2.2　工业绿色化转型尚需大力推进

"十二五"时期，黄石市工业保持平稳健康发展，转型升级取得了较为显著的成效，但仍然存在一些突出问题和矛盾。

5.2.2.1　工业规模不大，结构性矛盾凸显

2015 年，全市规模以上工业总产值 1 948.02 亿元，与武汉"1+8"城市圈相比，工业总产值为武汉市的 19%、宜昌市的 36%，工业规模总量不大。且黄石市是以生产原材料和资源型产品粗加工为主的资源型城市，产业结构呈现"三多三少"的特点：资源型企业多，高新技术企业少；初级产品多，终端产品少；关联度低的单体企业多，产业集群配套企业少。偏重的产业结构使黄石市经济风险不断加大，每当宏观经济"转冷"时，经济发展随之陷入"低谷"，企业生产经营难以为继。

5.2.2.2　高新技术产业发展不快，核心竞争力不强

黄石高新技术产业结构不优的问题突出，战略性新兴产业中节能环保、生物产业、新能源、新能源汽车、新一代信息技术产业等在黄石市处于起步阶段。黄石市服装、滋补酒等产品，虽然在国内有一定名气，但是技术门槛较低，缺乏核心竞争力。近年黄石市除了有色铜板带、新兴铸管，产品技术含量较高的投产大项目不多，高新技术产业发展后劲不足。2015 年高新技术产业增加值为 156.05 亿元，仅占 GDP的 12.7%，较 2013 年减少 21.08 亿元，比重下降 2.8 个百分点，高新技术产业发展缓慢。

5.2.2.3 工业园区功能配套不完善、产业特色不明显、主导产业不突出

黄石市依托国家级开发区和省级开发区为工业发展载体,拥有"一区八园",但是园区经济规模发展不够,园区数量较少、规模较小。阳新工业园、西塞工业园、大冶灵成工业园实际开发面积分别为规划面积的36.63%、51.54%、43.72%,开发力度严重不足;各园区产业虽初步形成特色,但是园区功能区定位欠清晰,各园区产业布局比较混乱,缺乏统筹,规划产业特色不明显,且各个园区都存在多个产业并行、园区主导产业尚未建立、产业导向不明显的问题;各个园区中小企业多、小项目多,缺乏世界500强等重大项目,园区内企业规模偏小。

5.2.2.4 产业布局不合理

一方面,黄石市因矿建城、因矿设厂,沿袭了20世纪大多数城市工业发展模式,以资源与劳动密集型产业为主。各矿厂规模大、工人多,分布在各自矿区中,较为分散。近些年随着矿产资源的大量开发,面临着资源枯竭的严峻现实,这使得相关冶炼企业为了发展,在区际贸易条件下,向外购买资源,致使交通、运输、物流压力较大。另一方面,黄石市大部分矿场位于黄石市水系上游,例如,大冶矿产、大冶有色位于大冶湖上游,每年排放大量工业废水进入大冶湖,最终进入长江,给区域饮水安全、环境安全带来巨大威胁。

5.2.2.5 资源枯竭,环境压力较大

经过60多年的大规模开采,黄石主要矿产资源进入开采晚期,矿产储备大幅下降,铁矿石和铜矿石分别存在55%和60%的缺口,濒临枯竭。2012年全市铁矿石年开采量120万吨,比历史最高时期的602万吨减少80%;铜矿石年开采量1.3万吨,比历史最高时期的4万吨减少67.5%;煤炭年开采量83万吨,比历史最高时期的231万吨减少64%;石灰石年开采量440万吨,比历史最高时期的1 100万吨减少60%。黄石市开山塘口400多个,废弃矿山300多座,尾矿库150多座,几十万亩工矿废弃地和大面积湖泊污染,环境压力较大。

5.2.2.6 节能减排任务十分艰巨

黄石市主要耗能行业也是黄石市的支柱产业和传统优势产业,分别为黑色金属、有色金属、建材、能源四大行业。2014年,四大行业工业总产值占到全市工业总产值的55.77%,但能源消耗却占很大比例,废气中二氧化硫、氮氧化物和烟尘的排放占到工业废气总排放的80%左右,工业固体废物排放量占到工业总排放的89%左右,废水排放量相对占比较低,但也达到了50%左右。这些高耗能行业需要花大力气进行转型,才能进一步缓解黄石市的新增环境问题与经济发展问题。

5.2.3 旅游业、服务业体系不完善

5.2.3.1 生态旅游业

经过近几年的发展，黄石市旅游业的发展虽然较快，但与全国、全省相比，还处于明显落后地位。突出表现在：旅游总收入徘徊在全省第 12 位左右；黄石市还是旅游输出地，尚未建成旅游目的地，还处在旅游发展的起步阶段。

（1）缺乏吸引力度强的"旅游主打产品"

由于黄石旅游资源在级别、规模等方面，真正具有外向性吸引力、能给外地游客留下鲜明印象的还不多。磁湖虽大，但水源污染、水上配套游憩设施不足，以及磁湖周边较差的环境降低了其原有的景观品质；铜绿山古铜矿遗址品质高，但因专业性太强、可达性太差及内涵不够丰富，旅游吸引力也大打折扣。

（2）城市形象的负面影响及低迷的区域宏观经济环境的消极影响

黄石长期被人们视为一个基础重工业城市，城市整体环境较差，城区内工矿企业密布，环境污染严重，大气、水及噪声等城市环境质量仍不能令人满意，加之相应的宣传推介不力，使得黄石在国内外的影响不大、给人的印象不深，在游客选择旅游目的地时处于极为不利的境地。同时经济的不景气迫使广大消费者不愿轻易进行大量消费，从而使旅游发展所必需的外围辅助环境和发展基础受到影响。

（3）缺少竞争力

随着客源市场的竞争越来越激烈，而黄石正好处于武汉、九江（庐山）两个高峰城市影响范围的谷地地带，再考虑到周边鄂州、黄冈等地（大别山景区）对旅游者的吸引，加上黄石市没有开发出精品名牌旅游景区，缺乏比较优势、市场竞争力和影响力，黄石旅游业将面临更大的压力。

（4）投资乏力，管理体制有待完善

旅游业是一项投资高、见效慢的产业，旅游业的启动、发展，景点的建设等都需要一定的资金保证。由于地方财政难以在短期内将大量资金投入旅游业，因此使其发展缺乏后劲。而景点管理涉及各级部门，管理体制、机制不顺，市场监管力量薄弱，使统一规划和建设难以实现，势必影响旅游业的高效、健康发展。

（5）配套设施建设相对不足

黄石市旅游服务咨询中心、集散中心、旅游休闲购物精品街区等配套设施建设相对不足，旅游氛围不浓，致使黄石市难以创造舒适悠闲的旅游氛围。

5.2.3.2 服务业

（1）物流服务业

①整体实力不强。黄石物流企业普遍小、散、弱，多数主要从事传统的货物运输业务，缺乏龙头企业。全市4A级物流企业仅3家、3A级物流企业2家，大多数物流企业竞争实力较弱。

②服务水平不强。黄石市现代物流特别是第三方物流尚未形成规模，多样性、高品质、个性化物流需求得不到有效满足。物流信息化、标准化程度不高，物流企业信息技术应用落后，信息渠道不畅，物流业发展与信息技术快速发展"不合拍"。

③高级人才匮乏。物流专业人才匮乏，物流从业人员管理、培训、教育机制不完善，行业素质参差不齐，专业人才特别是高端物流专业人才缺乏，从业人员现代物流意识不强，难以适应现代物流发展的要求，缺少物流业发展的领军人物。

④管理体制不顺。目前，黄石市物流业仍然是条块分割、部门分割的分散多元管理方式，涉及发改委、商务、铁路、交通、邮政、能源等多个部门，管理上存在缺位和错位，市场秩序较为混乱，发展环境不优。与其他先进地区相比，黄石市缺乏与国务院、省政府物流业调整和振兴规划相配套、可操作性强的系列政策措施。

（2）其他生产性服务业

①对生产性服务业的政策扶持不够。一是长期以来，对服务业的多数行业征收营业税，并实行多环节全额征收，重复征税的弊端明显。二是与制造业相比，生产性服务业的政策扶持力度明显不足，投入力度也不够。三是生产性服务业大多以无形服务为主，较难获得银行贷款和中小企业信用担保机构的支持。四是相关的法律法规不健全。

②生产性服务业发展水平不高。黄石大部分生产性服务业仍处于"自给自足"的状态，竞争力相对较弱，潜能发挥不足，行业龙头企业并未真正建成。一是生产性服务业结构不完善，高端服务比重低，低端服务比重高；智力型服务比重低，劳务型服务比重高。二是服务水平较低，尤其是在法律咨询、会计事务、工商咨询、技术研发、营销策划等高知识性、高技术性领域服务水平不高。

③生产性服务业的产业关联度不强。黄石产业主要以采掘、建材、火电等重化工业为主，对资源的依赖性大，产业链短，技术含量较低，总体位于产业发展的初中期，对相关服务业的潜在需求还没有充分释放。为黄石制造业发展服务的现代物流业、科技服务业、金融保险业、商务服务业等生产性服务业之间关联度不高，没有形成比较成熟的服务业集群，难以形成规模效益。

④生产性服务业发展人才积聚不足。生产性服务业具有高人力资本含量、高技术

含量和高附加值的特点，其发展需要高素质的人才。目前，黄石十分缺乏信息服务业、电子商务业、金融保险业等的高层次服务人才，智力支持较弱。虽然近年黄石加大了人才培养与引进力度，但短期内生产性服务业从业人员的素质难以得到较大提升。

⑤生产性服务业市场化程度水平较低。由于发展先天不足，黄石生产性服务业的市场开放水平较低。部分生产性服务行业中，政事不分、营利机构与非营利机构不分等现象依然存在，个别行业还存在人为准入障碍，公平竞争环境尚未真正形成。这种低市场化程度不仅会抑制服务的有效供给，限制消费者的选择，还会影响整个服务业的产业化发展程度，从而直接制约了服务业的经济增长。

5.3　创建目标

5.3.1　总体目标

未来一段时间，黄石市将会保持稳定高效的发展势头，这个时期是黄石加快建设现代化特大城市的关键时期。牢固树立创新、协调、绿色、开放、共享的发展理念，坚持生态立市、产业强市，加快建设现代化特大城市，推进经济社会深度转型，实现巩固第一产业、发展壮大第二产业、加快发展第三产业的发展方针，实施"大产业、大园区、大城市"战略。在提升改造传统产业和尊重城市现有发展格局基础上的同时，进一步优化空间布局与产业布局，推进产业结构优化，发展推广现代化高效生态农业、战略性新兴产业、特色旅游业及以物流、科技、商务等为代表的集约高效生产性服务业，促进工业企业前端技术性节能减排与清洁生产，重视集约利用资源、打造稳定高效的开放型循环经济体系，为生态文明建设示范市建设奠定坚实的经济基础。

5.3.2　阶段性目标

5.3.2.1　近期目标（至2020年）

到2020年，产业结构得到优化升级，工业绿色转型取得初步成功。坚持改造、延伸、集群发展，支持新冶钢模铸精品生产线改造、大冶有色机械装备制造基地等项目建设，做优、做强传统产业。突破性发展现代服务业，大力发展商贸物流业，加快实施工业企业主辅分离，促进研发、设计、现代物流等产业发展。加快团城山商圈、万达广场商圈建设。健全农产品流通规划体系，完善农村商贸流通网络，加快推进电商进农村。以"智慧城市"建设为契机大力发展信息服务业，建成全市统一的大数据平台。大力发展文化旅游业，以工业遗址开发建设为依托，带动乡村生态、宗教文化、红色文化旅游发展，建成东方文化园，推动商旅文深度融合发展。加快发展现代农业，转变农业发展方式，加快推进黄石国家农业科技园区建设，建成一批绿色农产品生产基地。大力培育新型农业经营主体，加快发展农产品加工业，支持家庭农场、农民合作社、种养大户、农业产业化龙头企业发展。全面提升农业机械化水平。大力发展观光农业、休闲农业，繁荣农村经济。加强园区平台建设，推进黄石开发区超常规发展。抓好黄石大冶湖高新园区创建国家级高新区工作。统筹推进省级园区发展，加快配套设施建设，增强园区服务功能和项目承载能力。

5.3.2.2　中期目标（2020—2027年）

到2027年，瞄准重点领域和方向，抢占未来发展制高点，以电子信息、节能环保、新能源产业为突破口，加快培育一批具有黄石特色的新兴产业，形成新的产业支撑。按照"突出特色、放大优势、抢占高点、发展终端"的思路，从10大板块着力推进黄石市电子信息产业突破性发展。按照资源节约、环境友好的要求，以节能减排和资源综合利用为重点，围绕市场应用广、节能减排潜力大、需求拉动效应明显的重点领域，加快相关技术装备的研发、推广和产业化，带动节能环保产业发展水平全面提升。支持一批现有的传统能源企业加快发展新型能源，如发展太阳能、生物质能源、风电、核电项目，推进清洁能源、替代能源以及可再生能源的开发利用，推动能源产业发展。规划要求到2027年，黄石市完成生态经济体系建成。

5.3.3　指标差距分析

5.3.3.1　已达标目标

指标23：单位工业用地工业增加值。根据《2016年黄石市统计年鉴》，2015年黄石市工业增加值为679.88亿元，工业用地30.51平方公里，核算单位工业用地工业增加值为148.58万元/亩，为已达标目标。

黄石市依托国家级开发区和省级开发区为工业发展载体，拥有"一区八园"，但是园区规模小，开发力度不大。阳新工业园、西塞工业园、大冶灵成工业园实际开发面积分别为规划面积的36.63%、51.54%、43.72%。规划期间黄石市将继续加快发展特色鲜明、集中度高、关联性强、竞争优势明显的产业集群，科学制定和严格执行工业园区发展规划，按照产业规划的要求布局产业发展，形成功能完善、定位准确、配套齐全的产业集聚区。与此同时，要鼓励老城区工业企业搬迁改造，进入专业园区集聚发展。通过加快产业聚集和工业园区建设，预计单位工业用地工业增加值逐年提高。

5.3.3.2 难达标指标

指标 21：单位地区生产总值能耗。根据《黄石创建国家生态文明先行示范区建设实施方案》及《2016 年黄石市统计年鉴》，2014 年该指标为 1.324 吨标准煤 / 万元，2015 年全市万元 GDP 综合能耗下降 10.84%，因此 2015 年该指标为 1.188 吨标准煤 / 万元，距指标达标值的差距指数为 69.7%，为难达标指标。

根据基准预测，2020 年、2027 年黄石市 GDP 分别为 1 804.48 亿元、3 092.56 亿元，要想达到目标值 2020 年 1.07 吨标准煤 / 万元、2027 年 0.70 吨标准煤 / 万元，则应该控制能源消耗在 2020 年 1 971 万吨、2027 年 2 165 万吨标准煤以内。黄石因矿建城，主要耗能行业也是黄石市的支柱产业和传统优势产业，这些高耗能行业需要花大力气进行转型，才能进一步缓解黄石市的新增环境问题与经济发展问题。

从纵向看，2010—2015 年，万元地区生产总值能耗由 1.83 吨标准煤下降到 1.188 吨标准煤，下降了 35.07%，下降幅度高于国家同期的下降水平。能耗下降幅度较大说明近几年黄石市在节能低碳等方面取得的成效十分明显。生态文明示范市建设期间黄石市将继续依照国家节能减排、抑制产能过剩的相关要求，淘汰黄石市涉及的落后产能，提升能耗效率。同时，积极承接武汉城市圈、长三角、珠三角等地的循环经济产业，实现单位地区生产总值能耗逐年持续下降是可以实现的。

指标 22：单位地区生产总值用水量。根据《2015 年黄石市水资源公报》，全市总用水量为 18.381 5 亿立方米，则 2015 年黄石市单位地区生产总值用水量为 149.67 米 ^{3}/ 万元，距指标达标值的差距指数为 113.8%，为难达标指标。

根据基准预测及《黄石创建国家生态文明先行示范区建设实施方案》，2020 年黄石市 GDP 为 1 804.48 亿元，用水量为 18 亿立方米，则 2020 年该指标目标值为 118.48 米 ^{3}/ 万元。2027 年要想达到考核值，则用水量应控制在 21.65 亿立方米。2015 年单位工业生产总值用水量为 179.47 米 ^{3}/ 万元，远超过考核值。因此推广节水新技术、新器具、新设备，推动高耗水行业节水技术综合改造，提高工业用水重复利用率，为规划期间降低单位地区生产总值用水量主要任务。

从纵向看，2011—2015 年，单位地区生产总值用水量由 162.48 米 ^{3}/ 万元下降到 149.67 米 ^{3}/ 万元，下降约 8%，水耗下降说明近几年黄石市在节水等方面取得了一定成效。同时黄石节水工作逐步走上制度化、规范化、科学化轨道，计划用水、节约用水办公室被中国水协授予 "2011 年度城市节水先进集体" 称号，2012 年荣获全国城市节水宣传周活动 "优秀组织奖"。规划期间，黄石市通过实施节水、再生水等措施，预计全市单位地区生产总值用水量将逐年降低。

指标 24：应当实施强制性清洁生产企业通过审核的比例。根据实地调研及相关资料，2015 年通过审核的比例为 15%，距指标达标值的差距指数为 85%，为难达标指标。

"十二五"期间在市政府的领导下，黄石市扎实推进生态企业示范建设，黄石企业的生态环境意识逐渐增强，多数企业能够自觉承担生态责任，但仍有一部分企业思想仍未转型，同时环境保护监管能力不足，导致企业清洁生产审核工作不重视、工作开展不力或评估验收不过关。

根据黄环发〔2013〕26 号文件，黄石市环保局、市发改委联合发布了应进行强制性清洁生产审核的重点企业名单（第六批），黄石泰华科技工业发展有限公司、黄石神农化学技术有限公司、湖北鑫东生态农业有限公司、阳新县娲石水泥等 39 家企业尚未完成清洁生产审核。根据省环保厅印发《省环保厅办公室关于发布湖北省 2017 年度强制性清洁生产审核重点企业名单的通知》（鄂环办〔2017〕81 号），黄石新兴管业有限公司、湖北芳通药业股份有限公司等 8 家企业尚未完成清洁生产审核。

规划期间，黄石各区县将按照《中华人民共和国清洁生产促进法》《清洁生产审核办法》《重点企业清洁生产审核程序的规定》等文件精神，对企业实施强制性清洁生产审核情况的监督，督促企业按进度开展清洁生产审核工作，并于每年 6 月 25 日和 11 月 25 日前定期向市环保局报送辖区内企业开展清洁生产审核和评估验收的工作情况。预计应当实施强制性清洁生产企业通过审核的比例逐年提高。

5.4 培育战略性新兴产业，调整工业产业结构

以创建全国老工业基地转型升级示范区为目标，全面对接"中国制造 2025"，发展壮大核心产业集群，构建支撑转型发展的现代产业体系，全面实施振兴黄石制造行动计划，超常规发展新兴产业，打造先进制造之都。瞄准重点领域和方向，抢占未来发展制高点。以电子信息、节能环保、新材料、新能源汽车及汽车零部件、新能源等产业为重点，加快培育一批具有黄石特色的新兴产业，形成新的产业支撑。力争到 2020 年工业总产值突破 4 000 亿元，战略性新兴产业占工业总产值比重达到 30% 以上。

5.4.1 电子信息产业

按照"突出特色、放大优势、抢占高点、发展终端"的思路，推进电子信息产业突破性发展。依托沪士电子、欣兴电子、上达电子等重点企业，发展高技术含量的 PCB 制造产业，重点发展多层电路板、挠性板、高密度互联板及封装基板等高端产品；大力发展汽车电子、金融电子、交通电子、仪器仪表等应用电子产业、平板显示及上

下游配套产业。积极发展以智能手机、平板电脑、可穿戴设备等产品为主的移动终端产业，与武汉集成电路产业集聚区配套的封装测试配套产业，LED及下游应用产业等延伸产业。力争到2020年，建成全国第三大PCB生产集聚区和生态型电子信息产业的示范区。

5.4.2　节能环保产业

围绕市场应用广、节能减排潜力大、需求拉动效应明显的重点领域，加强节能环保新技术、装备及产品的研发、制造、推广与应用，加快壮大节能环保产业规模，打造全国节能环保产业基地。鼓励发展固体废物处置利用成套技术装备、工业烟气脱硫成套技术装备、玻璃钢高效除尘除酸雾装备、模块化组合除尘装备和高压除尘装备等设备。推进大冶环保产业园建设，创建国家节能环保产业园，依托华新装备、蓝天环保等重点企业，加快环保技术装备产业化。依托东贝、迪峰等重点企业，发展高效制冷压缩机、换热器等产品，打造国内最大的压缩机生产基地。鼓励发展资源综合利用产业，加快大冶有色国家"城市矿产"示范基地建设，推进非金属矿产和金属矿产循环利用。

5.4.3　新材料产业

以精细化、高功能和复合化为发展方向，开发一批高性能、高技术含量的新型功能材料和结构材料，促进材料产业升级换代，把黄石市建成重要的新材料生产基地。重点发展特种行业关键部件用钢、超薄涂镀板、精密铜结构材料、新型合金材料、特种航空航天高性能导线等先进结构材料和新型无机非金属材料、新型高分子材料、新型复合材料、新型功能材料等非金属材料。

5.4.4　新能源汽车及汽车零部件产业

加大定向招商力度，积极引进新能源汽车项目布局黄石，打造新能源汽车研发基地。重点发展纯电动公交车、乘用车、通勤车、物流车，大力发展新能源专用车，配套发展车用动力电池制造。依托三环离合器、安达轮胎、奥莱斯轮胎、哈特贝尔轴承等重点企业，积极开发汽车关键总成及零部件产品。

5.4.5　新能源产业

以新能源装备制造和新能源推广应用为重点，加强政策引导扶持，引领新能源产业高起点绿色发展。积极发展新能源装备制造业，重点支持东贝太阳能、日新光伏等企业，发展太阳能光伏设备、太阳能和风能控制逆变一体机等产品。加快推进光伏发电应用，优化发展风电，有序发展生物质直燃发电，实施太阳能光伏发电、城市生活垃圾利用发电、沼气利用发电、风力发电、地热发电等新能源工程。力争到 2020 年，成功创建全国新能源示范城市。

5.5 淘汰落后产能，推动传统产业改造升级

5.5.1 淘汰落后产能

以"资源能源消耗低、效益高、污染小"为原则，以"改造一批、壮大一批、培植一批、淘汰一批"为手段，推进工业结构战略调整。

强化环境硬约束，坚决淘汰资源利用率低、能耗不达标、污染严重的企业，加快淘汰落后产能。开展产能过剩行业实行产能等量或减量置换，重点加大电力、钢铁、水泥、玻璃、纺织等行业落后产能的淘汰力度，积极化解产能严重过剩矛盾。加强预警调控，适时调整产能严重过剩行业名单，严禁核准产能严重过剩行业新增产能项目。加大落后产能淘汰力度，开展小钢铁、小化肥、小造纸、小火电以及城市小锅炉、小热电、小化工等专项治理工作，推动采用先进、适用、节能低碳环保技术改造提升传统产业，对长期超标排放的企业、无治理能力且无治理意愿的企业、达标无望的企业，依法予以关闭淘汰。主要淘汰对象为：小采石，年开采规模 10 万吨以下的采石场，或年开采规模在 10 万吨以上，但各县（市）区（开发区）认定必须关闭的采石场；小化工，年产 1 万吨以下的造纸厂，1.7 万吨以下的化学制浆生产线，年产 3 万吨以下的酒精厂，年产 500 万吨以下的染料厂，以及小化肥、小农药等；小洗（选）矿，采取法选矿、洗矿的选矿场（选金池）；小矿山，不具备安全生产条件，证照不齐，单井低于年产 3 万吨以下的煤矿及其他非煤小矿山；小冶炼，采取简易设备、落后生产工艺炼硫、炼铜、炼铁、炼金、炼砷、炼焦等冶炼厂；其他污染严重、不符合产业政策或存在重点安全隐患的小企业。主要整治对象为污染物超标排放、不正常使用环保设施、违反危险废物管理规定、违反"环评"或"三同时"制度的企业。

5.5.2 传统产业升级

以供给侧改革为方向，加快淘汰落后产能，推进企业兼并重组，支持重点企业实施技术改造，调整优化产品结构，加快转型发展，增强市场竞争力，抢占行业制高点。

以关键技术突破、智能化提升、绿色化转型为重点，实施"百企技改"工程，加快推进黑色金属、有色金属、新型建材等传统支柱产业转型升级、提质增效，向中高端提升发展，打造具有国内一流水平的特色冶金延伸加工产业基地，培育形成特钢、铜产品精深加工2个千亿元产业集群。力争到2020年，二氧化硫排放量、氮氧化物排放量、化学需氧量排放量、氨氮排放量较2014年分别削减0.43万吨、0.40万吨、0.27万吨、0.02万吨。

黑色金属产业。按照"提质升级、智能改造、兼并重组"的思路，加快推进钢铁行业转型升级，打造具有全球核心竞争力的特殊钢研发、生产、销售基地，建成过千亿元的特钢及延伸产业集群。支持新冶钢等企业抢抓高铁走出国门、页岩气开采新技术应用等机遇，重点发展以高速铁路车轴钢、石油钻井管、航空航天用钢为主的高端特殊钢产品。围绕"一带一路"大规模基础设施建设，加强国际产能合作，重点支持新冶特钢、新兴管业转移发展无缝钢管、球墨铸铁管、高档板材为主的工程类用钢优质产能。支持宝钢黄石公司、山力兴冶薄板等重点企业依托武汉汽车产业高度集中优势，重点发展以涂镀薄板、精密不锈钢冷轧薄板、高档亚光彩板为主的制造用钢和以轴承及轴承坯件、紧固件为主的机械基础件。

有色金属产业。推进技改提质、精深加工、资源综合利用，培育千亿元铜产品精深加工产业集群。支持大冶有色、华中铜业等骨干企业大力发展铜精深加工，提高产品质量和附加值，把企业做优做强。加快重点项目建设，完善原料铜与下游电子信息产业间的产业链条，重点发展高精度铜板带、铜箔、铜基电子材料、优质铜杆、铜合金棒材、特种电线电缆、漆包线等铜延伸加工产品，打造全国有色金属精深加工基地和国家级铜基新材料产业基地。支持宏泰铝业等铝型材生产加工企业转型升级，重点发展建筑、汽车、船舶用铝型材，形成高端铝型材生产加工特色产业集群，建成全省最大的铝型材生产基地。

新型建材产业。按照"环保转型、兼并重组、海外拓展"的要求，发展新型建材，加快产业结构调整。以华新水泥为龙头，抢抓"一带一路"机遇，实施海外拓展战略，做强水泥工业品牌。鼓励水泥行业兼并重组，提升协同处置能力生产线比例。合理利用非金属矿产资源和工业废渣，发展水泥窑协同处理废弃物技术，实现产品转型和环保转型。大力发展新型墙体建材，加快发展无机非金属新材料、新型墙体材料、高端装饰装修材料、大型石材加工和中高档陶瓷制品等产品，引导骨干建材企业调整优化产业结构。促进建材产业与建筑业融合发展，加快发展部品化、标准化、规模化、系列化的新型绿色节能产品。积极推进大冶非金属产业园建设。

5.6 拓展服务业功能，提升绿色发展水平

实施加快发展现代服务业行动计划，推进服务业与先进制造业、现代农业融合发展，构建现代服务业体系，培育服务业市场主体，提高服务品质和供给水平，促进服务业向高端发展，打造鄂东区域性金融中心、物流中心、消费中心、大数据中心、商品交易中心和武汉城市圈重要旅游目的地。

5.6.1 现代物流业

完善绿色交通基础设施，强化水路、公路、铁路等各种运输方式的无缝对接，打造绿色、低碳物流体系，把黄石建设成辐射鄂东、赣北、皖西的现代物流中心。修编完成《黄石港总体规划》，推进黄石新港二期工程建设，加快实施新港多式联运示范工程项目，率先在全省建成公铁水联运站场，开通一条多式联运示范线路。积极对接湖北自贸区，加快口岸通关能力建设，力争进出口货运量增长10%以上。发挥国家级保税物流中心的优势，逐步拓展综合性港口物流服务功能，培育一批具有区域竞争力的物流平台和企业集团，打造区域性物流中心。加快棋盘洲港区建设，综合整治、绿色改造阳新港区和大冶港区，关停城区港区货运码头，联动湖北国际物流核心枢纽中心，使航运业与现代航空服务业相互促进。重点发展棋盘洲物流园、花湖物流园、罗桥物流园、下陆公铁联运物流园、铁山秀山峰物流园等物流园区，打造低碳物流体系及快递服务体系，以及覆盖到乡村的生活物流配送中心，形成口岸物流、行业物流、快递服务和城市配送物流相结合的现代物流体系。提高资源利用率，减少资源浪费；绿色运输，对运输线路进行合理布局与规划，通过缩短运输路线、提高车辆装载率等措施，实现节能减排的目标，扩大绿色车辆的比例，注重对运输车辆的养护，使用清洁燃料，减少能耗及尾气排放；绿色仓储，科学布局仓储、合理选择仓库位置，实现仓储面积利用的最大化，减少仓储、运输成本；绿色包装，提高包装材料的回收利用率，有效控制资源消耗，避免环境污染。推动快递服务网与邮政普通服务网有效对接，构建覆盖城乡的快递服务体系。依托新港加快对接武汉步伐，加强与周边城市的交流协作，主动融入长江经济带一体化发展。力争到2020年，全市物流业增加值占服务业增加值比重达到20%，培育5家国家4A级以上物流企业，将黄石打造成为现代港口城市。

5.6.2 旅游业

围绕创建中国最美工业旅游城市、武汉城市圈重要旅游目的地，推动"商旅文"

深度融合发展，打造"矿冶古都、山水城市"的旅游品牌，把黄石建设成长江中游城市群精品旅游节点城市、鄂东南区域旅游集散中心和旅游目的地。按照擦亮旅游品牌、优化空间布局、打造精品线路的工作思路，以《国家生态旅游示范区建设与运营规范》（GB/T 26362—2010）为标准，精心组织实施"五五七"工程，即生态休闲度假旅游等五大品牌、阳新"生态画廊"等五大旅游片区、青铜文化旅等七条精品线路，并根据"五五七"工程，建设重点旅游要素设施、旅游服务体系。加快推进华新水泥旧址文化旅游开发、黄荆山森林公园、熊家仙境生态旅游度假区、金湖生态园、阳新仙岛湖生态度假旅游区、黄石矿物晶体奇石文化博览园、东方山文化园、磁湖特色文化产业园、网湖湿地旅游和综合治理、龙港革命旧址保护修复等重点项目建设。加快提升旅游服务水平，创建 3A 级旅行社 6 家、四星级以上旅游饭店 5 家、三星级以上旅游饭店 7 家。深度开发青铜工艺品、孔雀石饰品、阳新布贴画等旅游商品。加快特色镇、特色村建设，发展赏花经济，推进乡村游。编制旅游交通规划。加快实施华新、东钢文化创意产业园等项目，加大工业遗址和历史街区、古民居、古建筑保护力度，加强西塞神舟会、阳新布贴、阳新采茶戏等非物质文化遗产的保护和传承，促进文化、旅游融合发展。加强与周边城市合作，打造旅游一体化市场。力争到 2020 年，全市旅游收入达到 180 亿元，接待国内外游客 2 600 万人次。

5.6.3　节能环保服务业

大力发展节能减排投融资、能源审计、清洁生产审核、工程咨询、节能评估等第三方节能环保服务。积极推进合同能源管理，发展特许经营、综合环境服务等市场化新型节能环保服务业态，围绕重点能耗企业分布，将节能服务业向西塞山工业园和大冶城北工业园集聚，将环保服务业重点向黄金山工业园和大冶攀宇工业园布局。加快发展环保服务产业，在城镇污水处理、生活垃圾处理、烟气脱硫脱硝、工业污染治理等重点领域，大力推进污染集中治理的专业化、市场化、社会化运营。到 2020 年，节能环保服务业企业达到 20 家以上，节能环保服务业增加值达到 30 亿元。

5.6.4　健康养老产业

发挥黄石国乒基地的资源优势，营造全民乒乓的健康氛围。建设国家登山健身步道等基础健身设施，鼓励公众积极参与各项运动，培育公众运动健身意识，打造鄂东"运动之都"。大力推进康复疗养、健康养老、文化旅游和中医服务能力建设，加快发展医疗保健、健康保险、体检咨询等健康服务，支持相关健康产品的研发制造和应用。推动医养融合发展，加快建设鄂东医养中心。健全多层次、多样化的养老服务体系，统筹发展居家养老、机构养老和其他多种形式的养老产业，支持社会力量开办养老机构，大力发展城市社区居家养老和农村社区养老。

5.7 发展高效生态城郊型农业，转变农业增长方式

黄石市农业发展定位为高效生态城郊型农业。"十三五"期间黄石市将在城市郊区拓展农业多功能，满足城市居民"菜篮子"、生态宜居及休闲观光等多样化需求，融入"互联网＋"、环境友好与资源节约"两型"农业新理念，促进三产融合、五化同步、城乡经济相互渗透。

提升农业产业化水平。围绕打造畜禽、水产、食品饮料3个"百亿元产业链"，大力实施"一村一品、一镇一业"富民工程。深入实施产业扶贫发展规划，加快实施贫困户致富产业培育工程，引导有劳动能力的贫困人口有序输出，构建新型农业经营主体与贫困户共同发展长效机制。加快建设一批10万亩以上特色农产品生产基地。深入实施农产品加工"四个一批"工程，推进大冶现代农产品加工园、棋盘洲现代农产品物流园建设，培育申报2家省级、认定5家市级农业产业化龙头企业。

加快转变农业发展方式，培育新型农业经营主体，完善现代农业产业体系、生产体系、经营体系，走出一条产出高效、产品安全、资源节约、环境友好的高效生态城郊型农业发展道路。力争到2020年，全市农业总产值达到200亿元，全市规模的上龙头企业达到120家，专业合作社达到1 500家，家庭农场达到1 200家。

5.7.1 高效型种植业

以确保粮食安全和农产品质量安全为重点，以保障"菜篮子"有效供给和促进农民持续增收为主要任务，注重特色、规模、品牌和效益，大力发展区域化、规模化、产业化的高效种植业。推进粮食产能建设，在大冶市、阳新县建立一批现代粮食生产基地和高产攻关创建示范区，重点发展100万亩优质稻基地、50万亩"双低"油菜基地。加快发展蔬菜生产，以"两镇一区"为重点，大力发展服务黄石城区的蔬菜基地。全面实施粮食安全保障工程，推进粮食收储、仓储物流、产业支撑、放心粮油市场、粮食流通监管等五大体系建设。推进高标准基本农田建设，开展田、水、路、林、村综合整治，申报实施大冶市、阳新县高标准农田建设项目2万公顷。加快无公害、绿色、有机农产品认证，以名特优新农产品为重点，以产业化龙头企业和农民专业合作组织为依托，加大品牌整合力度，培育和创建国家级、省级名牌农产品，提升农产品质量安全水平和市场竞争力，到2020年农产品中无公害、绿色、有机农产品种植面积比例达到60%。

用市场化手段配置资源，用产业化经营模式推进发展，不断开发市场适销对路的新产品，建立各类林产品加工业园区，做大做强林业龙头企业，构建经济与生态协调发展的林业特色产业体系。重点发展油茶、茶叶、中药材及特色水果、食用菌、花卉苗木等优质特色产业，实现品种"良种化"、管理"标准化"、基地"规模化"、产品"精品化"、营销"品牌化"。

5.7.2　生态型养殖业

划定可养区、控养区、禁养区，严把养殖场区建设审批，完善养殖场环境配套设施，在禁养区取缔网箱养殖、围网养殖，禁止投肥养殖。适度发展生猪、肉禽、草食牛羊等畜牧业，形成规模饲养、饲料、兽药生产、疫病防控、畜产品加工、现代物流一体化的畜牧产业链。对年出栏万头以上养猪场粪污无害化处理设施设备进行改造升级，构建病死畜禽无害化处理长效机制，实现规模化养殖小区全面达标。推广"猪—沼—菜""猪—鱼—鸭""稻虾共养"等多种立体养殖模式，实现畜牧业与种植业、农村能源、渔业等产业的有机结合，着力解决农村及规模养殖场的畜禽粪便污染问题，最大限度降低养殖业污染。统筹渔业资源与环境保护，注重质量安全效益有机统一，打造绿色、生态、环保型水产业。重点发展保安湖、网湖、大冶湖、海口湖等30万亩湖泊生态渔业基地，东风农场、宝塔湖、黄金湖等10万亩池塘设施渔业基地，王英、富水、毛铺、罗北口等5万亩水库洁水渔业基地，灵乡、金牛、保安、浮屠、三溪等3万亩稻田生态种养鱼业基地。

5.7.3　特色农产品加工业

突破性发展农产品加工业，打造畜禽、水产、食品饮料等"三个百亿元产业链"。推进湖北黄石国家农业科技示范园区、大冶现代农产品加工园、棋盘洲农村商贸流通产业园"三大园区"建设。针对特色农产品资源和旅游发展资源进行深度开发，延伸产品链，提升产业附加值。培育农业产业化龙头企业，加强农业公共服务平台建设，建立有效支撑特色农业电子商务的农产品质量安全监管平台。建立各类林产品加工业园区，做大做强林业龙头企业，构建经济与生态协调发展的林特产业体系。建立绿色生态产业体系，培育本地特色的绿色优质畜禽产品。依法推进农村土地经营权有序流转，为现代农业发展提供制度基础。培育新型业态，发展体验农业、创意农业、智慧农业、循环农业。

5.7.4 休闲观光农业

以建设"湖北生态休闲农业示范区和武汉市民的后花园"为目标，以农业文明和农村文化为主线，以农业景观、生产活动、乡风民俗为内容，以回归自然、体验农味、休闲观光为特色，建成各景点相互协调、错落有致，集观光、休闲、科普、体验、生产、购物于一体的现代观光农业。

一是以国家级休闲农业示范点龙凤山度假村和举办黄石首届乡村园博会的大冶茗山园博园等为基础，建成一批功能完善、管理规范的休闲农业示范点、星级农家乐。二是重点打造大冶以山为主（天台山、小雷山、大王山），阳新以水为主（王英水库、富河流域），城郊以都市农业为主的休闲农业与乡村旅游骨架。三是结合实际研究，挖掘特色，突出特色，用"特色"树立形象，吸引游客。与大冶保安民间石雕、阳新布贴、采茶戏等民间传统文化资源相结合，开发以传统农耕文化、艺术、民俗等为主题的休闲农业与乡村旅游项目。四是政府牵头重点培育和打造打春牛、打脚盆鼓、沼山村桃花节、西塞山神舟会、狗血桃采摘节、军垦葡萄节、铁山槐花节等各类休闲农业与乡村旅游主题节会，做到月月有主题、时时有精彩，将休闲农业与乡村旅游纳入全市旅游总体布局和精品特色线路中，实现"以节拓市、以节富民"。五是开发旅游商品，努力打造"一村一品""一家一艺"，鼓励和引导休闲农业企业，充分利用本地的优势特色农产品和野生资源进行精细化加工和深加工。六是培育一批诸如金柯辣椒、黄石松花皮蛋、富川山茶油、阳新枇杷、保安湖螃蟹等具有地方特色和影响力的农产品品牌，让品牌农产品成为知名旅游商品，实现价值倍增。七是挖掘地方饮食文化，开发地方特色菜品，拓展诸如灵溪豆豉、太子豆腐、金牛千张、大冶糊面等特色农家菜品牌。八是进一步抓好休闲农业示范点的认定工作，创建一批休闲农业企业品牌。

5.8 优化能源结构，强化资源节约集约利用

5.8.1 优化能源结构

优化提升能源结构，推动传统能源安全绿色开发和清洁低碳利用，推广清洁能源、可再生能源，提高非化石能源在能源消费结构中的比重。开展清洁生产专项行动，加快煤炭清洁高效利用。推广使用优质煤、洁净型煤，推进煤改气、煤改电，鼓励利用可再生能源、天然气、电力等优质能源替代燃煤使用；在居民采暖、工业与农业生产、港口码头等领域推进天然气、电能替代，减少散烧煤和燃油消费。在钢铁、有色金属、

化工、轻工等重点领域，实施锅炉窑炉节能技术改造、电机系统改造，推进余热余压回收利用。开展集约化沼气示范工程，建设秸秆等生物质发电项目。力争到 2020 年，单位地区生产总值能耗下降至 1.07 吨标准煤 / 万元。

5.8.2　强化资源节约集约利用

实行严格的水资源管理制度，建设节水型社会。以水定需、量水而行，严格用水总量控制，坚守"用水总量"红线，抑制不合理用水需求。强化重点用水企业管理，推进重点用水企业节水工艺技术、设备、废水循环回用工程建设或改造，推广高效节水技术和产品，加强城市节水，进一步加大未达到取水指标要求的落后产能淘汰力度。严格企业用水定额管理，到 2020 年高耗水行业达到先进定额标准。鼓励节水改造，坚守"用水效率"红线，全市工业用水重复利用率不低于 75%，单位工业增加值新鲜耗水量在原有的基础上降低；开展渠道防渗为主的节水工程建设，同时在条件较好的灌区采取管灌、喷灌和滴灌等节水新技术，配套采取种植结构调整和管理等非工程节水措施，力争农业灌溉水有效利用系数逐年提高，2020 年提高到 0.526 以上。到 2020 年，力争将黄石市单位地区生产总值用水量降低到 118.48 米^3/ 万元以下，到 2027 年降低到 70 米^3/ 万元以下。

严格土地资源开发，进一步推进土地集约节约利用。按照严控增量、盘活存量、优化结构、提高效率的原则，合理配置城镇工矿用地，统筹规划基础设施用地，盘活建设用地存量；为保证建设项目有地可用，同时做到补占平衡，结合新农村建设，严防建设项目圈地过大，建设项目合理规划，尽量少占、不占耕地；探索建立废弃土地资源综合整治再利用与环境治理、生态修复完美结合的制度体系和运行模式，以废弃资源换取市场主体资金，解决融资难题；严格土地用途管制，加快"退城入园"步伐，坚持企业向园区集中、人口向城镇集中、居住向社区集中，提高土地使用强度和利用效率；建设集约型园区，支持每个县（市、区）打造 1 ~ 2 个重点园区，加强重点镇工业小区规划建设，园区建筑容积率应符合国土相关供地政策要求，建筑密度不低于 30%，行政办公及生活服务设施用地面积不得超过工业项目总用地面积的 7%。加快园区项目审批、技术研发、环境评价、融资担保等公共服务平台建设，全面提升园区服务水平。坚持错位发展，形成一批特色产业基地。力争到 2020 年，单位 GDP 地耗年均下降 4.9%。

对冶金、建材、装备制造、纺织服装等重点行业的原材料消耗进行深化管理，减少投料，降低工艺过程消耗；严格设计规范、生产规程、施工工艺等技术标准和材料消耗核算制度，推行产品生态设计和使用再生材料，减少损失浪费，提高原材料利用率；抑制过度包装，鼓励包装物的回收和重复利用，提高利用效率。引导生产企业设计时优先考虑简约化、轻质化包装，压缩实用性材料消耗，以便回收并尽量减少包装物在整个生命周期内的环境影响；提高矿产资源利用效率，发展绿色矿业，促进矿产资源高效利用，提高矿产资源开采回采率、选矿回收率和综合利用率，多途径开发利用低劣质煤炭、矿井水、煤层气以及其他共伴生矿产资源；抓好工业生产中废金属、废塑料、废橡胶、废渣、废油的综合利用；大力扶持再生橡胶、再生铜、再生钢、再生塑料等重点企业，提高工业固体废物的综合利用率，力争到 2020 年，废有色金属、废钢铁、废纸回收率分别达到 95%、90%、85%，废塑料、废橡胶回收率达到 80%。

5.8.3 大力发展循环经济

推广三种循环经济模式。推行循环型生产方式，提升推广"华新水泥""大冶有色""劲牌"等特色循环经济模式，推进能源梯级利用、水资源循环利用、工业固体废物综合利用、土地节约集约利用，实施废物协同处置、高端再制造、智能再制造示范工程。开发应用源头减量、循环利用、再制造、零排放和产业链技术，提高可再生资源综合利用效率。实施系统能效提升、燃煤锅炉节能环保综合提升、绿色照明、余热暖民等节能重点工程，系统提升资源综合利用效率。加强再生资源回收体系建设，尽快建设完善以城市社区、乡村分类回收站和专业回收为基础、以集散市场为核心、以分类加工为目的的"三位一体"再生资源回收体系。

"华新水泥"模式通过协同化技术将城市垃圾、市政污泥、水面漂浮物、工业废物等作为水泥窑的替代燃料或替代原料，使废物资源化、无害化和减量化，达到再利用目的；"大冶有色"模式包括共伴生矿和尾矿综合利用、烟气回收利用、稀贵金属回收、炉渣回收利用、余热综合利用等五个基本环节，它的核心是将"减量化、再利用、再循环"原则落实在矿山、冶炼生产全过程；"劲牌"模式通过产业融合，实现原料全产业链循环直供，所有生产过程中产生的废物，都将被科学地循环利用。

延伸六条循环产业链。优化产业带、产业园区和基地的空间布局，规范园区企业准入原则，实现园区产品、废物等内部循环。特钢循环经济产业链，以西塞山工业园为主要载体，以三大开发区和灵成工业园为支撑，做大做强特钢产品产业链和冶炼废物循环利用链；有色金属循环经济产业链，以下陆长乐工业园为主要载体，以三大开发区为支撑，延伸发展有色金属深加工及相关先进制造业，重点打造"有色金属及废物采选冶—深加工—再生—再加工"的循环经济产业链；食品饮料循环经济产业链，以阳新生态农业园区、阳新经济开发区、劲牌工业园等主要农产品及其加工基地为主体，围绕农产品精深加工和废物的综合利用完善食品饮料产业循环链；生物医药循环经济产业链，以滨江新区（西塞山工业园）为主要载体，大力支持与武汉光谷合作创建武汉国家生物产业基地黄石生物医药园，打造精细化工、生物医药产业循环链；水泥建材循环经济产业链，重点加强水泥、住宅产业化等产品的节能降耗，重点推进窑炉等热工设备节能改造，重点推进利用矿渣、煤矸石、粉煤灰、尾矿、工业副产石膏、建筑废物和废旧路面材料等大宗固体废物生产建材；农业循环经济产业链，大力推广典型农业循环经济模式，加强农作物秸秆综合利用，推动农田残膜、灌溉器材回收利用，强化畜禽粪污资源化利用，重点发展秸秆还田、秸秆加工饲料、秸秆制作燃料、秸秆畜禽粪便制沼集中供气以及沼渣、沼液的循环利用等循环经济产业链，力争到 2020 年农作物秸秆综合利用率达到 90%。

建设循环经济产业园，鼓励园区循环化改造。延伸拓展特钢、有色金属、食品饮料、生物医药、水泥建材、农业六大循环经济产业链条，优化产业带、产业园区和基地的空间布局，规范园区企业准入原则，推行园区循环化改造，实现园区产品、废物等内部循环。依托新冶钢、大冶有色、华新水泥、大江集团等四家省级循环经济试点企业，结合黄石的产业结构调整、产业链延伸和拓展需要，建设发展循环经济的平台，将大冶湖高新技术产业园、西塞山工业园建设成循环经济示范园。促进企业循环式生产、园区循环式发展、产业循环式组合，构建循环型工业体系（表5-22）。

表5-22　循环经济产业示范园

园区	产业定位	循环经济主要内容
西塞山工业园	中部地区乃至全国的特钢生产基地	资源化利用"四渣一水"，资源梯次循环利用，延伸以钢铁、煤电、水泥、化工四大产业为主的"三废"产品链
大冶湖高新技术产业园	节能环保产业、循环经济和低碳经济示范园区	建设低碳示范园、发展共生循环产业链

5.9　重点工程及效益分析

5.9.1　重点工程

根据生态文明建设示范市生态经济目标，以工程项目为载体，实施重点行业生态转型升级工程，全面支撑创建黄石生态文明建设示范市的目标任务，推动大工程带动大发展。主要包括循环经济、资源能源节约、战略性新兴产业培育、传统产业升级、服务业提升五大类共涉及 19 个项目，共需投资 629.44 亿元，其中政府投资 147.51 亿元，其余由社会投资完成。其中，循环经济工程总投资 56.6 亿元，资源能源节约工程总投资 79.7 亿元，战略性新兴产业培育工程总投资 350 亿元，传统产业升级工程总投资 17.63 亿元，服务业提升总投资 125.51 亿元。

5.9.2 效益分析

经济效益。多年来，黄石过于依赖矿产资源开发，沿袭了 20 世纪大多数城市工业发展模式，这种粗犷的发展模式导致黄石市发展空间受到束缚，在当前经济增速放缓、传统产品及新兴产品产能过剩、环保标准等加严、产业结构转型升级紧迫形势下，黄石市产业结构调整任重道远，经济发展的竞争潜力不足。规划通过"培育新兴，改造传统，提升三产，优化一产，循环发展"的思路，推进经济结构的战略性调整，实现经济发展由依靠重工业带动向三次产业协调带动转变，践行绿色发展。随着黄石生态文明建设示范市各项指标的完成，黄石市将改善经济增长，实现经济的可持续发展。

社会效益。规划通过推动传统产业发展、节约集约利用资源、发展循环经济，践行了绿色发展理念，将提高企业的责任意识，扭转粗犷的传统发展理念，从源头治理，极大地减少污染物总量排放，从而全面、根本地解决污染问题，走出一条科技含量高、资源消耗低、环境污染少、生态效益高的绿色产业化道路。

生态环境效益。规划科学、合理的产业布局，优化生产空间，避免了生产过程中无序排放。推动黑色金属、有色金属、建材、能源四大支柱行业、高耗能产业升级改造，不仅延伸了生产线，提高了核心竞争力，同时降低了污染物总量排放，进一步缓解黄石市的新增环境问题与经济发展问题。

第6章 生态生活体系研究

以城乡一体化发展为动力，以构建新型城镇体系为指引，以推进"黄石大冶同城化、黄石阳新一体化"发展为载体，以建设智慧城市、海绵城市、美丽乡村为抓手，补"短板"、强管理，加强乡镇污水处理建设，健全垃圾回收处置体系，加强环境基础设施运行规范化、精细化管理，提高全域环境公共服务水平。优化城镇景观绿地格局，推进农村环境整治，改善城乡环境质量。完善公共交通基础设施，大力推进公众绿色出行，积极推行绿色消费，培育低碳生活理念，全力构筑黄石市生态生活。

6.1 现状评估

近年来，黄石市深入贯彻《黄石市"生态立市、产业强市"规划纲要》，全力建设鄂东特大城市，大力推进建设 2 000 平方米的核心区，规划建设大冶湖生态新区，并以此为龙头带动大冶、阳新及各重点镇的发展，以实现黄石市全域同城化，推进黄石市从环磁湖时代穿越黄金山走向环大冶湖时代的第三次跨越。规划先行，各县（区、市）先后启动生态建设规划编制工作，初步形成了市、县、乡、村四级生态创建的基本框架。并以"五城同创"为契机，积极实施"五边三化"及"八园六带"等生态修复工程，大力推进城镇人居环境建设，成效显著，人居环境不断改善。

6.1.1 城镇化进程平稳推进

6.1.1.1 人口低速增长，城镇化水平不断提高

黄石市 2011—2014 年人口总量稳中有增，城乡一体化进程平稳推进。由 2011 年的常住人口总量 243.46 万人，其中城镇人口 143.5 万人，城镇化率 58.95%，增加到 2014 年年末户籍总人口 262 万人，常住人口 244.92 万人，城镇人口为 149.11 万人，城镇化率提高到 60.88%，相对于 2011 年提高了 1.93 个百分点，由农村向城镇转移 5.6 万人（图 6-1）。

作为武汉城市圈副中心城市和长江沿岸城市群建设的重要城市，黄石市城镇化率略高于武汉城市圈"1+8"的平均城镇化率 59.9%，高于全省平均水平 5.21 个百分点，在全省排名第三位（表 6-1）。与全国相比，黄石市城镇化率也要高于全国平均水平6.11 个百分点。

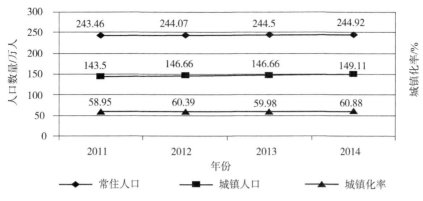

图6-1　2011—2014年城镇化进展情况

表6-1　2014年武汉城市圈各城市城镇化水平

城市	土地面积/平方公里	常住人口/万人	人口密度/ （人/平方公里）	城镇化率/%
武汉市	8 494	1 033.8	1 217	79.36
黄石市	4 583	244.92	534	60.55
鄂州市	1 594	105.88	664	63.58
孝感市	8 910	486.13	546	52.25
黄冈市	17 446	626.25	359	42.1
咸宁市	9 861	248.92	252	48.68
仙桃市	2 538	116.6	459	53.25
潜江市	2 004	95.44	476	52.2
天门市	2 622	129.16	493	49.23
合　计	58 052	3 087.1	532	59.9

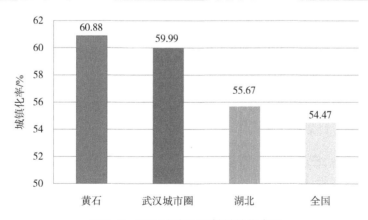

图6-2　2014年各级区域城镇化水平

6.1.1.2　城镇建设面积不断扩大，城乡一体化持续推进

黄石市借力国家长江经济带城市群建设机遇，并作为武汉城市圈的副中心城市，深入实施区域协调发展战略和黄石—大冶同城化战略，大力推进农村新型城镇化及重

点镇建设，建设特色小镇，优化城乡空间发展格局，统筹城乡基础设施配置，合理开发城乡建设。黄石市总面积为 4 582.9 平方公里，其中大冶市面积为 1 566.3 平方公里，阳新县面积为 2 782.8 平方公里，市区面积为 436.8 平方公里。2011—2015 年黄石市城市建成区面积逐渐增加，至 2015 年全市建成区面积 76.55km²，其中城区城市建设用地面积为 63.52 平方公里（不含开发区），比 2011 年增加近 7 平方公里，增幅 9%。另外，随着黄石市继续加快建设新型城镇化的战略部署，重点建设环大冶湖生态新区，城镇建设面积不断扩大。

6.1.2 生态乡镇建设持续推进

6.1.2.1 持续开展农村环境综合整治

黄石市大力推进农村环境综合整治工程，积极争取国家专项资金，增加投入力度，加强综合监管，着力解决农村饮用水水源地保护设施建设、农村污水处理设施建设、农村垃圾处理设施建设、畜禽养殖污染防治设施建设、废旧工矿污染治理等方面的问题，取得了明显成效，农村环境得到根本改善。大冶市结合省"三万"活动组织开展"千村环境整治"示范工作，加大对农村工矿业企业的监督管理力度，严格执行企业污染物达标排放和污染物排放总量控制制度，防治农村地区的工业污染；严把环境准入关，防止城市污染向农村地区转移。阳新县深入推进农村环境连片综合整治，2014 年完成 10 个"全省千村环境整治"示范工作。以农村环保"四个两"（"两清""两减""两治""两创"）示范工程为抓手，开展有机基地建设技术示范，防治农村面源污染和规模化畜禽养殖污染。

2011—2014 年，黄石市在饮用水水源地调查与评估的基础上编制了《湖北省黄石市农村饮用水水源地基础环境调查及评估市级报告》，解决了 32.58 万农村人口饮水安全问题，解决了 161 所农村学校 6 万农村学校师生饮水安全问题，受益人口 1 000 人以上的集中式饮用水水源地依法划定保护区或保护范围数量 11 个。大冶市乡镇集中饮用水水源地集中在黄南咀和虬川港，水质监测结果均未超过《地表水环境质量标准》Ⅲ类标准，断面水质达标率 100%。

6.1.2.2 先后启动生态乡镇、村创建

黄石市坚持绿色发展理念，在全市范围内积极开展国家、省、市、县四级联创。以生态市为目标，以生态县（市）、生态乡镇、生态村创建为重点，推进生态文明建设。截至目前，已建成国家级生态乡镇 2 个，省级生态乡镇 2 个、省级生态村 99 个，市级生态乡镇 18 个、市级生态村 240 个，绿色学校 98 家，绿色社区 37 个，省级生态乡镇、村 30 个，市级生态乡镇、村 258 个，全国环境优美乡镇 2 个，绿色学校 113 家，绿色矿山 8 家，美丽乡村 25 个（表6-2）。

表6-2 各市（县、区）创建情况

行政区域	生态乡镇			生态村		
	国家级	省级	市级	国家级	省级	市级
黄石港区	0	0	0	0	0	0
铁山区	0	0	0	0	1	0
下陆区	1	0	0	0	1	2
西塞山区	0	0	0	0	0	0
经开区	0	0	0	0	0	0
大冶市	0	1	1	0	25	61
阳新县	1	1	17	0	72	177
合计	2	2	18	0	99	240

6.1.3 城乡绿地系统不断丰富

黄石市大力实施城市绿地系统规划，按照生态优先和可持续发展原则，着力在黄石市区构建"一心、一轴、六带、九景区、三大水体保护区"的绿色空间结构框架。其中，"一心"是以黄石市城区绿地系统为核心；"一轴"是指106（316）国道交通走廊绿化带轴线；"六带"是指市域五条一级、二级公路交通走廊绿化带及长江防护林带；"九区"为九处较大面积的风景旅游和生态保护绿地，包括铜绿山古矿遗保护区，磁湖风景区，阳新仙岛湖风景区，鄂王城遗址保护区，龙港古镇文化保护区，湘鄂赣边区革命纪念地，雷山风景区，黄坪山、七峰山风景区，天台山风景区；"三大水体保护区"即大冶湖、宝安湖、网湖水体保护区。规划风景旅游和生态保护绿化地总面积达900平方公里以上，占全市国土面积的20%。

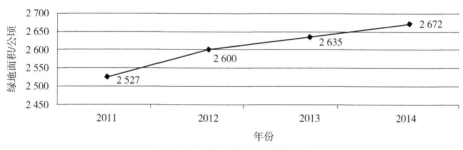

图6-3 黄石建成区绿地面积

在城镇绿地建设中，城市总体规划确定的三级城镇建立绿化示范区，带动四级城镇及乡村的绿化建设，城镇绿化以城镇为中心，道路绿化为纽带，做到每镇一园、每镇一景。黄石市启动"五边三化"项目，在城区边、集镇边、干道边、长江边、湖泊边大力推行绿化、洁化、美化；开展六大生态修复工程及八大专项整治活动，在磁湖和大冶湖周边、长江沿岸、干道沿线打造一批生态修复治理示范区，"五边"区域创建一批绿色社区，在矿山恢复治理中创建一批市级和国家级绿色矿山。截至 2014 年年底，黄石市城市园林绿地总面积 2 672 公顷，城市绿化率、绿化覆盖率、人均公共绿地面积分别为 36.80%、39.10%、8.5 平方米。

6.1.4 城镇饮用水水源地保护加强

黄石市主要集中式城市饮用水水源地有四个：长江黄石段凉亭山、长江四门、长江西塞山和富水阳新县十里湖水源地。目前正在使用的主要饮用水水源地是黄石港凉亭山和富水十里湖水源地。依据《中华人民共和国水污染防治法》《地表水环境质量标准》（GB 3838—2002）、《地下水质量标准》（GB/T 14848—93）等相关法律、法规，严格保护各处饮用水水源地。2011—2014 年环境状况公报显示，每年度对饮用水水源地水质监测 8 ～ 12 次，按照《地表水环境质量标准》判定符合 Ⅲ 类标准，饮用水水源断面达标率为 100%。

为保证水源达到相应水质和水量目标的基本原则，湖北省水利厅会同省发改委、原省环保厅编制了《湖北省重要饮用水水源地安全保障规划》。规划划定了黄石长江黄石港饮用水水源地和阳新富水十里湖水源地的保护范围。为防止人类活动对水源保护区水量、水质造成影响，开展饮用水水源地保护"零容忍"行动，黄石港段已采取物理隔离防护措施。目前水源地周边还存在很多码头泊位等很多待整治地块，黄石市成立专项整治小组，划定时间期限，开展工业及生活污染源治理工作，禁止、限制在饮用水水源保护区内产生航运、水上娱乐等流动污染线源。对饮用水水源保护区周边生态和植被进行修复和保护，营造水源地良性生态系统。结合黄石市"五城同创"的开展，对饮用水水源地的保护及监管进一步加强，另拟将王英水库作为备用水源地，解决黄石无应急备用水源的问题。

6.1.5 城镇基础设施不断完善

6.1.5.1 生活垃圾无害化处理率达标

作为国家餐厨废物资源化利用和无害化处理试点城市，黄石市 2014 年城镇生活垃圾无害化处理率达到 80%，市辖区、大冶城区及阳新县城区垃圾无害化处理达到 95% 以上。黄石市积极抓好中转站等垃圾回收体系的建设运行，对现有环卫设备进行配套改造，推进垃圾收费方式改革，全面推进全国垃圾收费方式改革试点工作。目前已建成黄石市黄金山垃圾焚烧发电厂，采取 BOT 运营方式，总投资 4.67 亿元，设计日处理生活垃圾量 1 200 吨，装机采用 3 台 400 吨 / 日机械炉排炉锅炉，配 1 机械炉兆瓦 +1 瓦 + 炉排兆瓦凝汽式汽轮发电机组，年最大发电量为 1.6 亿千瓦时，分两期建成，其中一期处理垃圾能力为 800 吨／日。该项目 2010 年被住建部评为科技示范工程。目前市辖区、大冶市和阳新县主要乡镇的生活垃圾完全可得到资源化利用和无害化处理。随着城乡垃圾处理一体化，黄石市生活垃圾进厂量呈逐步增长趋势，高峰期突破 1 000 吨，已超过日处理 800 吨的能力，黄金山垃圾焚烧二期工程正在建设，建成投产后将为黄石市城乡生活垃圾处理发挥积极作用。

6.1.5.2 城镇生活污水处理率稳步提高

2015 年年底城镇生活污水处理率达到 85.8%，比 2010 年增长 69.31%。全市正常运行的城镇污水处理厂有 9 座，其中市辖区 6 座、大冶市 2 座、阳新县 1 座，市区污水日处理能力 35 万吨，全年处理污水 8 594.17 万吨，占污水排放总量的 86.81%。市区 6 座污水处理厂共计处理污水 8 728 万吨，处置污泥 17 306 吨，COD 削减量为 11 346 吨，城市生活污水集中处理率达 89.8%，污水达标排放率达 100%，再生水利用率达 17.5%，污泥无害化安全处置率达 100%。2014 年，黄石市废水排放总量 1.57 亿吨。其中，生活污水排放量为 0.99 亿吨，占排放总量的 63.06%；工业废水排放量为 0.58 亿吨，占排放总量的 36.94%，基本排向大冶湖和长江黄石段。工业废水排放主要集中在采选、冶炼和化工等行业，其排放量累计占工业废水排放总量的 62.37%。废水中的主要污染物为 COD 和氨氮，仍然以生活污染比率偏重。全市 COD、氨氮排放总量分别为 3.17 万吨、0.43 万吨，其中生活 COD、氨氮排放量分别为 1.95 万吨、0.31 万吨，分别占排放总量的 61.51%、72.09%。

污水收集与管网系统。黄石市市辖区污水收集处理体系按自然地理特点分为黄石港区、铁山区、下陆区、团城山区、西塞山区、河西工业园、城西北开发区、黄金山工业新区、新港工业园和汪仁十大污水系统。城市排水管网分雨水管网、污水管网和雨污合流管网三类，新建城区的排水管网以雨污分流为主，老城区及中心城区部分路段则以雨污合流为主。截至目前，黄石市区共建排水管网 950 公里，其中，污水管网 350 公里、雨水管网 550 公里、雨污合流管网 50 公里。

污水处理厂污泥处理。2011 年 7 月，黄石市政府与华新水泥公司签订了特许经营协议，由华新水泥公司利用水泥窑协同处置污水处理厂污泥，首先对市政污泥进行深度脱水，将污泥含水率由 80% 降至 50%，然后利用新型干法水泥窑生产特有工艺进行余热烘干，将污泥含水率降至 30% 以下，再入窑焚烧协同处置。该项目于 2010 年 11 月经黄石市发改委核准，2011 年 7 月经黄石市发改委批复初步设计，项目概算总投资 2 400 万元，总规模 150 吨／日，分三期建设。现已完成二期工程，实际投资 1 510 万元，市政污泥资源化利用和无害化处理能力为 100 吨／日，可完全消化黄石市目前所产生的市政污泥量。随着黄石市市政污泥量的增加，三期工程将适时启动（表 6-3）。

表6-3 黄石市污水处理设施

污水处理厂名称	执行排放标准	设计处理能力/(万吨/日)	服务人口/万人	总投资/万元	吨水运行费用/(元/吨)	配套管网长度/公里	2015年水量 工业/万吨	2015年水量 生活/万吨	是否列入国控	是否安装在线	COD浓度/(毫克/升) 进口	COD浓度/(毫克/升) 出口	氨氮浓度/(毫克/升) 进口	氨氮浓度/(毫克/升) 出口	总磷浓度/(毫克/升) 进口	总磷浓度/(毫克/升) 出口	2015年监测超标情况 一季度	2015年监测超标情况 二季度
大冶桑德清波水务有限公司	一级B	3	24	5 858	0.54	23.5	0	558.6	是	是	194	25.5	17.4	3.4	1.17	0.18	达标	达标
大冶鸿进水务有限公司	一级A	2.5	—	6 623	0.36	42.67	162.6	0	是	是	185.5	26.8	13.5	3.44	1.38	0.127	达标	氨氮超标
黄石伊高水务有限公司	GB 18918—2002	3	16	4 700	0.5	—	—	589.13	是	是	200	25	15	0.8	2	0.5	—	—
黄石市汪仁污水处理厂	一级B	3	6	13 000	1.69	13	—	—	否	是	—	—	—	—	—	—	—	—
黄石山南污水处理厂	一级B	2.5	13	8 246.3	0.45	80	280	—	是	是	218	37.1	13.17	2.6	1.96	0.24	—	—
磁湖污水处理厂	一级B	12.5	19.12	15 273	0.51	101.53	0	1 998.2	是	是	189.2	27.8	14.4	2.96	1.714	0.353	氨氮超标	—

续表

污水处理厂名称	执行排放标准	设计处理能力/(万吨/日)	服务人口/万人	总投资/万元	吨水运行费用/(元/吨)	配套管网长度/公里	2015年水量		是否列入国控	是否安装在线	COD浓度/(毫克/升)		氨氮浓度/(毫克/升)		总磷浓度/(毫克/升)		2015年监测超标情况	
							工业/万吨	生活/万吨			进口	出口	进口	出口	进口	出口	一季度	二季度
青山湖污水处理厂	一级B	2.5	8	4 308	0.23	13.4	0	320.72	是	是	163.76	21.21	21.87	1.79	2.76	0.27	—	—
花湖污水处理厂	一级B	2	8	4 663	0.13	14.74	0	332.36	是	是	151.27	22.43	17.93	0.98	1.25	0.53	氨氮超标	—
黄石市中冶水务有限公司(团城山污水处理厂)	一级A	4	10.3	7 976	0.56	17.3	0	879.246 3	是	是	187.02	21.59	20.84	1.83	2	0.29	—	—

6.1.5.3 交通基础设施建设卓见成效

境内多条国家高速公路、国铁干线、主干管道与长江黄金水道在境内交会，初步形成了以公路、铁路、水路、管道为骨干的"内联外畅"运输通道和以重点港区、主要铁路公路站场为核心的综合运输枢纽。综合交通网总规模达到 6 665.98 公里，密度达到 145 公里/百平方公里，位居全国前列。区道路总长、总面积及人均道路面积分别由 2010 年的 685 公里、1 226.5 万平方米、16.93 平方米增加到 2014 年的 704.22 公里、1 374.11 万平方米、18.87 平方米（图6-4）。改造城区背街小巷 225 条、33 万平方米，新增公共停车位 2 400 个，城市路网结构进一步优化，承载功能明显提升。

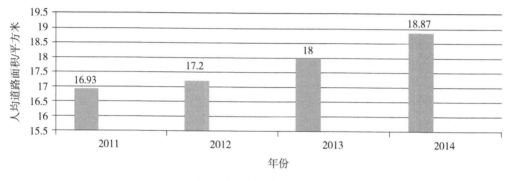

图6-4 人均道路面积

其中公路已建成通车大广、杭瑞、沪渝、福银、黄咸等国家高速公路，高速公路里程达到 180 公里，实现全市所有乡镇"15 分钟"上高速，境内一级公路、国省干线通畅所有乡镇，农村公路通村达户，"半小时"交通经济圈覆盖全黄石。铁路开通了武黄城铁，黄石迎来高铁时代。

6.1.6 生活方式绿色化水平提高

建筑节能得到大力推广。2007 年以来，黄石市已实施新建建筑节能 50% 标准。在建设系统内部建立建筑节能"闭合式"管理机制，把建筑节能工作贯穿于建筑工程各环节，实行了项目设计、设计审查、施工许可、质量监督、建设监理、验收备案等环节层层把关的节能监督管理体制，定期对建筑节能标准和规范的执行情况开展专项监督执法，检查施工阶段建筑节能标准。2011 年，黄石市新建建筑 50% 节能标准设计阶段执行率为 100%，竣工阶段为 91%，2012 年、2013 年均为 100%；自 2014 年 1 月 1 日起，新建居住建筑全面实行 65% 低能耗标准，目前已竣工 1.636 万平方米。

公众绿色出行逐渐盛行。黄石市大力实施公共交通优先模式，增强环保绿色出行吸引力。发挥长江黄金水道功能，建设"一江三河"生态水运交通走廊。公交智能化调度系统基本建成，全市公交营运车辆数为 836 台，年客运总量为 1.79 亿人次。同时黄石市正在积极加快城市轨道交通、公交专用道、快速公交系统（BRT）等大容量公共交通基础设施规划研究工作，加强自行车专用道和行人步道等城市慢行系统规划，绿色交通带动绿色城市发展。便捷的交通运输通道，为出行提供多种选择，环保出行成为越来越多人的首选。

公众绿色消费渐受推崇。黄石市积极开展"节能宣传周""低碳日""环境日"等活动，践行节能减排，倡导低碳生活。提倡市民重拾布袋子、菜篮子，重复使用节能环保购物袋，减少购买过度包装产品；提倡和鼓励市民在酒店、饭店、大型写字楼等场所减少一次性餐具、一次性日用品等产品的使用。鼓励市民购买节水、节能器具，并出台了《节约用水管理办法》，用水实行分类管理。

大力推进政府绿色行政。黄石市全面实施绿色采购制度，优先采购通过绿色认证的产品和设备。打造"绿色政府"，发挥政府率先垂范作用。创建节约型机关，制定政府单位使用绿色环保建筑材料、办公用品以及实施电子化、节约化办公、机关食堂节约就餐等规章制度。

6.1.7　环境风险基础设施更加健全

危险废物处置。目前，黄石共有持证危险废物处置企业 4 家，分别为黄石大江集团有限公司、黄石凯程环保有限公司、黄石兴鑫科技发展有限公司、大冶市英达思有色金属有限公司，年处理能力为 3.9 万吨。湖北振华化学股份有限公司自建有干法解毒窑，年处理能力为 5 万吨。

医疗废物处置中心。黄石市医疗废物处置中心于 2011 年 1 月建成并投入使用，位于黄石市西塞山区河口镇章山村，日处理医疗废物能力 5 吨，总投资约 2 000 万元。医疗废物处置中心采用无害化连续热解焚烧技术，对热解炉和二燃室在燃烧过程中形成的飞灰进行密闭收集储存，定期交湖北省环保厅指定的湖北汇楚危险废物处置中心进行处置，烟气、烟尘实施自动在线监测。厂区设有污水处理系统，按"雨污分流、清污分流、一水多用"原则，把生产废水和初期雨水经污水处理站处理达到一级污水排放标准后循环使用，不直接对外排放。

6.1.8　各项社会服务功能日益增强

黄石市教育、医疗、文体设施逐步完善，文化活动日益丰富，社区卫生服务基本覆盖所有社区，各项社会服务逐步健全。

医疗接待能力进一步提高，卫生医疗条件明显改善。截至 2014 年，黄石市卫生医疗机构达 1 121 个，总接纳床位数达 14 228 个，每千口人可分配 5.4 个床位，乡镇卫生院增加到 74 个，医生 5 006 人，平均每千口人 1.9 个医生。与 2011 年相比，卫生机构床位数增加 4 323 个，接待能力同比增长 43.6%，医生增加 463 个。

教育普及率及科研水平显著提升。截至 2014 年年底，黄石市有各级各类学校 1 099 所，在校生 576 538 人；全市有在职教职工 26 370 人。市区小学、初中、高中教师学历达标率分别为 99%、87%、80%。相比 2011 年，学校增加 189 所，同比增长 20.7%。在校学生增加 2.8 万人。九年义务教育完成率达 99%。全市高新技术产业企业 94 家，比 2011 年净增 11 家。实现高新技术产业增加值 192.04 亿元，占 GDP 的 15.8%。研究与试验发展经费支出 26.7 亿元，增长 19.0%，占 GDP 的 2.2%。全市申请专利总量 2 241 件，其中发明专利申请量 929 件。授权专利总量 821 件，其中发明专利授权量 72 件。技术市场成交合同 586 项，成交金额 21.54 亿元。

社会保障水平明显改善。城乡居民收入继续增加，社会保障工作全面有序推进，社会保障覆盖面继续扩大。2014 年城镇居民人均可支配收入 25 208 元，比 2011 年增长 9.8%；农村常住居民人均可支配收入 10 957 元，增长 12.0%。参加城镇基本养老保险 610 862 人，比 2011 年增加 23 767 人；参加城镇基本医疗保险 959 343 人，增加 5 860 人；参加失业保险 307 639 人，减少 2 741 人；参加工伤保险 288 150 人，减少 24 160 人；参加生育保险 309 904 人，增加 1 685 人。

社区服务更加完善。截至 2014 年，全市已备案专业物业服务住宅小区 235 个，总面积约达 1 100 万平方米，老旧住宅区物业管理运行模式正在积极试点探索。近年来，全市共改建、新建农村中小学校舍 439 所、新建农家书屋 864 间。全市参加新型农村合作医疗的农村居民达到 148.81 万人，参合率达到 99.5%。全市新建"村村乐"农民体育健身工程 881 个。城镇基础设施逐步完善。

6.2 突出问题

6.2.1 城镇体系布局有待优化

依据《黄石市城市总体规划（2006—2020 年）》(2015 年修订版)，规划到 2020 年黄石市逐渐形成"一主、两副、三组团、三带三轴"的市域城镇空间结构。"一主"即黄石中心城区，发展区域性中心职能。"两副"即大冶城区、阳新县县城，发展市域中心职能。"三组团"为城镇发展带（轴）上的主要城镇功能组团，主要为还地桥—保安—金山店镇、陈贵—灵乡镇、大王—太子镇三个城镇功能组团。"三带三轴"即韦源口镇—黄石中心城区—铁山区对接武汉光谷大道的西向城镇发展带、黄石中心城区—韦源口镇—富池镇沿长江的东向城镇发展带、黄石中心城区—大冶城区—阳新县城沿106国道南向城镇发展带；沿黄咸高速、杭瑞高速及大广高速等交通走廊构建的次级城镇发展轴。

规划到 2020 年形成"区域中心城市—县（市）域中心城镇—重点镇——般镇"四级城镇等级结构体系，包括 1 座区域中心城市（黄石中心城区）、2 座县（市）域中心城镇、11 座重点镇、15 座一般镇。

市域城镇规模分为四级。1 座 50 万～ 100 万人一级城镇（黄石中心城区），2 座20 万～ 50 万人二级城镇（大冶市城区、阳新县县城），4 座 5 万～ 10 万人三级城镇，22 座 5 万人以下的四级城镇。市域城镇职能分为七类，包括 3 座综合型中心城市、4 座综合型城镇、5 座工贸型城镇、3 座旅游型城镇、1 座商贸型城镇、10 座农贸型城镇、3 座交通型城镇。

目前黄石市城镇布局主要沿河湖、道路呈线性蔓延，中心城区主要集中在长江沿岸及市域北部区域，城镇化过程中规划普遍跟不上，忽视了与土地、环境、产业发展等规划的有机联系，规划之间缺位或不协调，农村聚居点则缺少规划，使城镇和农村聚居点或者沿公路发展，形成马路和带状集镇，或者与工业区混杂。城镇发展布局不能对周边城区起到有效良好的辐射带动作用，城镇体系布局有待优化。

城乡人口分布不均衡，中心城区密度大。2014 年，黄石市人口达到 262 万人，比2011 年增长 1.98%，年均增长率为 0.049%，低于全国平均增长水平，其中，黄石市共有城镇（包括黄石市区、大冶市区和阳新县城）人口 179.53 万人，城镇化率达到60.88%。2014 年年底全市人口密度达到 567 人 / 公里。

城乡公共服务区域差异明显。教育、医疗卫生、文化、体育、社会福利、行政管理、商贸金融、邮电等公共服务设施类型主要集中在城区，造成城乡公共服务差异性大，且缺乏全市域的社会服务设施配置管理体系及监管网络体系。现有医疗卫生资源在空间布局和服务质量上仍有欠缺，农民享受医疗服务程度仍相对较低；中小学校布局不够合理，难以保障居民求学的便捷性和教育的公平性；公共文化设施和体育设施主要集中在建成区，部分基层地区公共文化设施和体育设施建设还有待加强。

6.2.2 公共绿地布局建设尚待优化

黄石市公园绿地系统主要集中在黄石市城区，基本形成了以黄石市中心城区绿地为核心的"一心、一轴、六带、九景区、三大水体保护区"的绿色空间结构，但公共绿地总体分布失衡，农村绿地建设成效尚未凸显。城市园林绿地规划缺少与地方特色人文和自然资源、滨湖水乡特色等的结合，城市绿地系统对提高城市综合服务功能的作用尚未充分体现。植物选择上，选取当地特色植物的效果不明显。

6.2.3　饮用水水源地保护监管能力依旧较弱

长江黄石港水源地是国家级水源地，但是在水源地保护区内，存在 2 座城市污水泵站、12 个码头和泊位、2 座长江大桥穿越，这些都对饮水安全构成了严重威胁。城市目前尚无应急备用水源地。水源地保护管理普遍存在多头管理现象，没有制定地方保护法规，没有应急预案等问题；西塞山水源地尚未划定水源保护区范围；水质监测没有能力对《地表水环境质量标准》中的有毒有机补充项目进行监测。

6.2.4　环境基础设施建设及管理仍相对落后

城市生活污水和生活垃圾产生量大幅度增加，垃圾分类回收制度还需完善。29 个建制镇中，只有 13 个镇对居民生活垃圾进行了收运，还没有全面建成乡镇垃圾中转站、村级垃圾收集减量站及农户垃圾收集系统，部分农村地区面源污染严重，居住环境质量较差。污水处理厂的主要问题是处理负荷不足。黄金山污水处理厂负荷最低，仅为 72%。且污水处理厂运营管理存在不规范之处，没有厂界的噪声和大气排放状况监测。污水厂中水均作为绿化用水处置，中水回用率约为 1%，尾水处理主要以排放方式直接进入地表水体。部分区域基础设施建设水平落后，仍有部分城区没有实现污水收集管网全覆盖，特别是县城和乡镇基础设施建设滞后，雨污分流、垃圾分类、餐厨废物无害化处置和资源化利用等设施建设步伐亟待加快；再生资源回收站点布局不尽合理，规模普遍较小，行业管理相对松散，回收品种相对单一，从业人员素质不高，无证经营的现象依然存在。

6.2.5　绿色交通体系不够健全

目前黄石市区交通东西方向通畅，而南北联系相对较弱，对外交通接口众多，但分布不平衡，而且交通能源消耗和污染排放较为严重。目前各种交通运输方式在规划建设、换乘衔接、运营服务等方面仍难以实现一体化，制约了交通运输整体的发展进程。公交线路及场站设置等不能满足日益增加的交通出行需求，部分较偏远的行政村落的公交通达率不足，有待于进一步优化。非机动车出行需要纳入交通规划，保障非机动车出行安全。在鼓励使用绿色交通工具、鼓励步行方面，还需要完善配套的基础设施和相关政策。

6.3 压力分析

6.3.1 基础设施现状相对滞后

黄石市作为武汉城市圈副中心城市、长江中部城市群建设及长江经济带重要战略支点，城市化进程将进一步加快，小城镇和农村聚居点规模迅速扩大。在此过程中规划和配套基础设施建设普遍未能跟上，忽视了与土地、环境、产业发展等规划的有机联系，规划之间缺位或不协调，农村聚居点则缺少规划，使城镇和农村聚居点或者沿公路发展，形成马路和带状集镇，或者与工业区混杂。

在快速城镇化建设的大背景下，生活污水与生活垃圾对农业生态环境的压力趋增。随着城镇人民生活水平的提高和饮食的不断丰富，生活垃圾越来越多，生活垃圾成分也会有很大的变化，过去以煤渣、灰尘、蔬菜残余物为主要成分，现在塑料、包装纸、玻璃和金属废物等不可自然消解的固体废物垃圾占有越来越大的比重，部分乡镇工业发达的村镇工业垃圾数量不断增加，污染问题日益突出。由于农村垃圾集中收集及无害化处理尚不能完全到位，村镇生活垃圾、工业垃圾大部分露天随意堆放，污水垃圾直接排入河道，河道污染、阻塞，环境污染严重，破坏村容村貌，对农业生态环境造成严重的威胁，危害人体健康。小城镇和农村聚居点的生活污染物则因为基础设施和管制的缺失一般直接排入周边环境中，出现普遍的"脏乱差"现象，造成严重的环境危机。因此，基础设施的配置亟待完善以适应城镇化进程。

6.3.2 生态安全风险依旧高发

作为我国老工业基地和矿产资源型城市，黄石的产业结构及布局短时间内很难做到根本转变和彻底调整，高污染、高风险企业产生的危险废物综合利用、处理处置量大，存在很大的环境安全隐患。黄石市水网密布，危险化学品、重金属污染等极易危及区域内饮水安全。2013年11月大王镇发生砷中毒事件，"十二五"期间关闭、停产项目较多。安全生产、企业排污等生态安全风险事故依旧处于"高发期"，经济社会发展面临的资源环境制约仍然突出。

6.4 创建目标

6.4.1 总体目标

黄石市人居环境以建设"乐享生活，美丽黄石"为最终目标，以"生态立市"为主线，加快绿色转型，以提升城市化水平、加快环境基础设施建设、稳步推进生态创建、加快人居安全保障体系、生活保障体系为具体任务，统筹协调，合力推进，建设公众满意的和谐人居环境。

6.4.2 阶段目标

继续推进新型城镇化建设，做好旧城改造，大力推进大冶湖生态新区规划建设，海绵城市初见成效。加强集中式饮用水水源地水质监管，到2020年，城镇集中式饮用水水源地水质达标率100%。完善城镇垃圾无害化处理、污水集中处理、危险废物安全处置等环境基础设施工作，城镇污水集中处理率达到83%，垃圾无害化处理率达到100%。加强城镇绿色化水平建设，继续打造城市绿色景观，提高人均公园绿地面积到12平方米。推进农村环境综合整治工作，加大农村绿地系统营造，缓解城乡人居环境突出矛盾，推进建设美丽乡村，实现100个村庄达到美丽乡村标准。人居环境明显改善。发展绿色建筑，城镇新建绿色建筑比例达到11.64%以上。全市居民绿色出行率达到30%左右，政府绿色采购比例保持在80%以上，节能节水器具普及率维持在80%以上。

2027年，实现集中式饮用水水源地水质达标率达100%，城镇污水处理率达到100%，全市5 000人以上城镇实现污水处理全覆盖，实现生活垃圾全部安全处置，人均公园绿地面积达到15平方米。城镇新建绿色建筑比例达到40%以上，政府绿色采购比例及节能节水器具普及率保持在80%的基础上稳步提高。

6.4.3 指标差距分析

黄石市创建生态文明建设示范市指标体系中涉及生态生活专题的指标共有八项，其中有三项约束性指标，包括集中式饮用水水源地水质优良比例、城镇污水处理率、城镇生活垃圾无害化处理率；五项参考性指标，包括城镇人均公园绿地面积、城镇新建绿色建筑比例、公众绿色出行率、节能节水器具普及率、政府绿色采购比例。按照国家生态文明建设示范区指标考核要求，以基准年实际现状为依据，预测近期2020年和远期2027年指标完成情况，确定目标值，据此实施推进工作。

各项指标达标情况如表6-4所示。

表6-4　各项指标达标情况

指标	现状值及主要差距
已达标指标	
指标25：集中式饮用水水源地水质优良比例	2015年，根据《黄石市环境状况公报》，该指标值为100%，达到考核值
指标27：城镇生活垃圾无害化处置率	2015年，根据《黄石市统计年鉴》，该指标值为100%，达到考核值
指标31：节能节水器具普及率	2015年，通过调查问卷得该指标值为80%，超过考核值14%
指标32：政府绿色采购比例	2015年，通过调查问卷得该指标值为80%，达到考核值
难达标指标	
指标26：城镇污水处理率	2015年，根据《黄石市环境状况公报》，该指标值为74%，据考核值得差距指数为26%
指标28：城镇人均公园绿地面积	根据2015年《黄石市统计年鉴》，计算得城镇人均公园绿地面积指标值为11.2平方米/人，据考核值得差距指数为27%
指标29：城镇新建绿色建筑比例	根据2015年《黄石市城建委年度报告》，计算得该指标值为10.37%，据考核值得差距指数为74%
指标30：公众绿色出行率	2015年，通过调查问卷得该指标值为24%，据考核值得差距指数为52%

6.4.3.1　已达标指标

涉及人居生活专题的8项指标中，其中集中式饮用水水源地水质优良比例、城镇生活垃圾无害化处理率、节能节水器具普及率、政府绿色采购比例4项指标已经超过省及国家生态文明建设示范区指标值要求。随着黄石市生态文明建设的不断推进，生态文明意识逐渐深入人心，这些指标会不断优化。

6.4.3.2　难达标指标

指标26：城镇污水处理率。2015年，全市正常运行的城镇污水处理厂有9座，其中市辖区6座、大冶市2座、阳新县1座，日处理能力32万吨，全年处理污水8 594.17万吨，占污水排放总量的90.9%。市辖区6座污水处理厂共计处理污水总量为8 728万吨，处置污泥17 306吨，COD削减量11 346吨，城市生活污水集中处理率达89.8%，污水达标排放率达100%，再生水利用率达17.5%，污泥无害化安全处置率达100%。污泥处置设施2011年12月建成，主要利用华新水泥窑协同处置污泥，2015年污泥无害化安全处置率达100%。2015年新建河西污水处理厂，总规模为12万吨/日，采用A2/O生化池处理工艺，排放标准为一级B标准，到2020年，新建污水处理厂投入使用，分担污水处理压力，城镇污水处理率达到90%以上，到2025年达到95%以上。

指标28：城镇人均公园绿地面积。根据2015年《黄石市统计年鉴》，计算得城镇人均公园绿地面积指标值为11.2平方米/人，据指标考核值得差距指数为27%。

指标29：城镇新建绿色建筑比例。根据2015年《黄石市城建委年度报告》，计算得该指标值为10.37%，据指标考核值得差距指数为74%，属于难达标指标。

指标30：公众绿色出行率。依据黄石市创建生态文明先行示范区的现有数据，黄石绿色交通出行比例达24%，与考核目标值相差52%，为难达标指标。

6.5 增绿提质，加快建设生态城区

6.5.1 推广生态基础设施，加快建设海绵城市

推进海绵城市建设。2017年编制完成海绵城市建设规划，明确海绵城市的建设标准与建设策略、建设目标与重点指标、总体布局与分期建设时序等。以长江、大冶湖、磁湖等水系沿岸为重点区域，有效衔接城市绿地、城市排水和城市道路交通系统建设，编制海绵城市建设规划。通过屋顶绿化、雨水收集利用等绿色基础设施建设，合理处理雨水的循环利用，保护好河塘、沟渠、湿地等城市内原有的自然本体水系，维持好自然水系的水文功能，弹性应对城市中易发的环境变化及城市内涝等自然灾害。切实抓好旧城提质，加快推进棚户区、城中村和旧城改造，加大货币化安置力度，结合棚户区改造、旧城改造逐步对现有绿地设施进行升级改造。2020年前海绵城市建设初见成效。

开展海绵城市建设试点示范。优先大冶湖新区开展海绵城市试点示范，探索一批海绵城市建设技术模式，再向全市推广。加强地下深隧储水系统和地下综合管廊建设，老城区要结合旧城更新、道路改造、河道治理等统筹安排管廊建设。对新区开发落实海绵城市建设要求，实现雨水自然积存、自然渗透、自然净化。科学布设城市绿地、城市排水和城市道路交通系统等海绵设施，统筹考虑景观水体、滨水带等开放空间，新建或改造绿色屋顶、透水地面、下沉式绿地、植草沟、渗沟、雨水调蓄池等海绵要素，新建改造雨水管网及雨水泵站，整治河道水土流失，建设生态护岸，构建低影响开发雨水系统。加强防洪设施建设，完善城市排水与暴雨外洪内涝防治体系，提高应对极端天气的能力。加强城镇供水设施改造与建设，确保城镇供水安全。力争到2027年，全市达到海绵城市建设标准，基本消除城市内涝等灾害。

6.5.2 强化集中式饮用水水源地保护，严格饮用水水源地监管

科学划定饮用水水源保护区。以长江黄石段凉亭山、四门、西塞山和富水阳新县十里湖等水源地为重点，系统开展饮用水水源地保护与管理综合评估，加强饮用水水源地规范化建设。实施老城区供水体制改造，确保中心城区饮用水取水安全。加快推进市区应急备用水水源地建设，完善应急水源供水管网。加大饮用水水源地保护和水质监测力度，建立和完善水质监测网络，增强应对突发污染事件的能力。到2020年集中式饮用水水源地达标率保持100%。

严格加强饮用水水源地保护与监管。认真实施《黄石市县城及以上饮用水水源地环境保护规划》，开展饮用水水源规范化建设。通过协调上游城市进行长江流域水污染综合防治，保障城区集中饮用水水源的水质安全。建立从水源到水龙头全过程监管体系以保障饮用水安全。黄石市人民政府及供水单位应定期监测、检测和评估本行政区域内饮用水水源、供水厂出水和用户水龙头水质等饮水安全状况，并向社会公开。

加大水源地水质监测力度。进行城市集中式饮用水水源地全指标监测分析，将城镇集中式饮用水水源地纳入常规监测计划。编制突发饮用水污染事故应急预案。建设城市备用水源地。编制《黄石市应急备用饮用水水源环境保护规划》，将阳新王英水库作为应急、备用水源地，规划王英水库日供水规模303吨。对市区地下水应急备用水源地进行现场勘察、论证，确定取水口位置、划定水源保护区，制定水源保护规划。开展全市农村饮用水水源地水质安全调查和评估工作；大力推进农村改水工作；治理农村水源的工业污染、农业面源、养殖业污染，禁止在水源地保护区进行规模化养殖；在地下水源水质较好的农村推广封闭式水井。

6.5.3 健全城镇污水处理设施，提升污水处理能力

加快推进城市环境基础设施建设和生活污水整治。进一步完善污水治理工程专项规划，编制市、县、镇三级污水管网规划，着力完善主干网建设，加快建设铁金港等二三级支管，不断提高污水收集能力和城镇污水处理厂运行负荷率。完善配套污水收集官网体系建设，加快污水处理厂新（扩）建、污水管网铺设、老城区和建制镇雨污分流等污水工程建设进度，切实保障施工质量。加快黄石市区雨洪调蓄建设，建设市区初期雨水收集设施。加强进出水监管，全面实施污水排入排水管网许可证制度。建立和完善污水处理设施第三方运营机制。启动城市排水与污水处理设施远程监控平台建设，加强现有污染处理厂在线监测管理。加快污泥处理处置设施建设。实施城镇污水厂提标升级改造工程。到2020年，城镇污水集中处理率达到75%以上，污泥无害

化处理能力达到 150 吨／日；2027 年，城镇污水集中处理率达到 100%，全市 5 000 人以上城镇实现污水处理全覆盖。

重点建设一批新的污水处理项目。建立污水处理体系，加强现有 9 大污水系统的管理及管护运行，强制运行控制手段，降低化学需氧量和氨氮减排量。加快黄金山污水处理厂升级改造，完成河西污水处理工程、汪仁污水处理厂等建设项目。完善城市污水截流管网建设，解决好污水截流、处理和排放问题，继续推进生活污水收集管网工程，减少生活污水对水体造成的污染，加快污水收集工程建设，完善污水收集管网等配套设施。现有合流制排水系统应加快实施雨污分流改造，难以改造的，应采取截流、调蓄和治理等措施，新建污水处理设施的配套管网应同步设计、同步建设、同步投运。完善磁湖截污管线工程，完善雨污分流体系，增加污水处理厂进水浓度。

加快污泥处理处置设施建设。对污水处理设施产生的污泥进行稳定化、无害化和资源化处理处置，禁止处理处置不达标的污泥进入耕地。加快污水厂污泥处置建设，适时启动华新水泥窑协同处置污水处理厂污泥工程三期建设，使总处置能力达到 150 吨／日。启动城市排水与污水处理设施远程监控平台建设，对城市雨水泵站、污水泵站、污水处理厂的重要指标和运行参数进行实时监控。加强现有污染处理厂在线监测管理，提高中水回用水平。加快城市污水处理厂、污水收集、污泥处理、远程监控等项目建设。争取 2020 年城镇污水处理率达到 95%，2027 年城镇污水处理率到达 100%。

6.5.4 完善城镇垃圾处理设施，建立垃圾回收处理体系

提高垃圾无害化处理率。完善垃圾收运体系，逐步完成市区、大冶、阳新城区及各重点镇垃圾中转站的新建、改建工作，增设渗滤液处理装置。建立健全垃圾收运、处置多元化监管体系，杜绝收集、运输、处置中对环境的二次污染，打造整洁有序的市容环境。践行绿色环保理念，强化生活垃圾分类收集处理，引领绿色低碳生活方式，减少原生垃圾的填埋量。加大生活垃圾处理设施污染防治和改造升级力度，继续推进黄金山垃圾处理厂二期工程，提升处理垃圾能力，每日负荷提高至 1 000 吨／日，满足黄石全市域垃圾无害化处理的需要。新增餐厨垃圾处理厂，明确生活垃圾焚烧厂、餐厨垃圾处理厂和粪便处理场的环境监管重点和运行管理重点，确保环境保护全面达标。

加强生活垃圾收运、处置过程监管。加强运营质量监督和环境监测，切实提高垃圾处理设施运营效率和监管水平。健全管理制度和硬件设备，提升体系运转能力，制定和完善生活垃圾处理的管理制度，强化政府监管与考核。认真落实生活垃圾处理信息填报制度，进一步提高城乡生活垃圾处理设施建设和运营的信息化管理水平。建立

生活垃圾分类收集体系，促进垃圾的减量化和资源化。逐步建立生活垃圾分类收集网络并进行无害化处置及综合利用，进一步完善循环经济管理体系。强化建设和运行资金保障。创新驱动，多元协同，完善以 PPP、特许经营和环境污染第三方治理等模式为主导的城镇垃圾处理设施投资建设投资体系，引导社会资本参与垃圾处理设施的建设和运营，实现垃圾多元治理、创新垃圾处理、垃圾管理等技术，提升服务水平。建立完善的生活垃圾收运系统，通过以城带乡等多种渠道进一步扩大生活垃圾收集的覆盖面，加大收集力度。加强废旧电池回收管理。提高卫生清洁费征缴率，确保应收尽收。全面实施和完善垃圾处理收费制度。到 2020 年垃圾无害化处理率达到 100%，2027 年实现生活垃圾全部安全处置。

6.5.5 优化城镇景观生态空间格局，扩大绿地面积

优化城市绿地系统布局。实施黄石市绿地系统规划，在"一心、一核、六带、九景区、三大水体保护区"的市域绿色空间结构框架下，中心城区形成以磁湖为绿心、以黄荆山脉为生态核的"一心一核、两带两廊、九轴九园"的绿地空间格局，打造"半成山色半临湖、环山抱水临江津"的城市景观环境。城市外围则形成建设开发区、生态控制区、水体保护区、山体农业林业保护区、湿地保护区、自然风景保护区、水源保护区等七类主体保护范围，分类进行管控。

加强绿色廊道建设。坚持环境优先、生态立市，加强生态屏障建设，加大城市森林、水域、湿地等生态系统保护力度，积极实施防护林、水源涵养林工程，加大公路、河流绿化力度，建设绿色廊道；做好生态恢复工作，统筹解决历史遗留问题，遏制生态环境继续恶化。根据城市绿地系统规划，市区北侧构建尖林山—东方山—马鞍山—大众山—青山湖—长江廊道，南侧为秀山—长乐山—黄荆山—长江廊道；全市域范围内则以大广高速、杭瑞高速、106 国道、大金省道两侧和富河两岸、长江沿岸绿化带建设为重点，着力构建生态绿廊，维护生态系统的完整性和连续性。

加强公园绿地建设和改造，提高绿地质量。深入推进"绿满黄石"行动。加大矿山生态修复力度，开展矿山复绿行动，挖掘并发扬矿冶文化。加快推进团城山公园、黄荆山公园、青山湖公园等改造工程，加快建设大众山公园一期工程，提升城区公园绿地景观效果，合理调整休闲公园空间布局。严格保护磁湖湿地等自然景观，在"两镇一区"范围内新建保安湖国家湿地公园，对城市周边东方山风景区、黄荆山森林公园等实行整治建设与提档升级。在充分利用黄石市城镇自然条件和现有公园的前提下，有针对性地增加综合性公园，平衡公园分布，提高公园绿地的生态服务功能效益。各县（市、区）根据自身自然文化特点，加快主题公园建设，以各级各类公共绿地为主

要活动区域，构建点、线、面结合的复合式、立体化景观。逐步使城镇居民在居住区500米范围内可以享受到大型公共绿地。

推进森林城市建设。通过开展城区绿化、培育城郊森林、保护区域生态等项目建设，构建城内风景林和环城绿化带。各县（市）以现有县城区绿地为基础，以建设公园、广场、道路、街道、机关、居住小区绿地为重点，增加森林总量，扩大优化城区森林生态系统结构，提高森林生态服务功能，全面达到国家森林城市标准。构建较为完备的城区生态安全体系和森林生态系统景观体系。

积极创建绿色低碳社区。结合《黄石城市风貌色彩规划》，科学开展街巷与社区改造工程，对社区住宅进行绿色改造，实施社区绿化美化、阳光屋顶绿化、垂直绿化等工程，打造丰富多样的城市景观。着重加强社区绿地、社区广场、社区活动中心等适合市民的绿色休闲空间。完善市级"绿色社区"考评标准体系，创新绿色创建、公众参与机制和科学管理模式，完善创建机制，形成全社会重视环境保护、全方位参与环境保护、全过程选择绿色生活的"绿色社区"创建格局。到2020年，基本完成城市棚户区、城中村、老旧区改造任务，建成区绿化覆盖率达到40%以上，人均公园绿地面积超过12平方米；到2027年，建成区绿化覆盖率超过45%，人均公园绿地面积达到15平方米以上，累计建成"绿色社区"100个。

6.6 全面改善农村面貌，建设美丽乡村

6.6.1 建设美丽乡村

推进生态示范创建工作，建立农村环境综合整治长效管理机制。按照《关于印发〈国家生态文明建设示范乡镇创建规划编制指南〉的通知》（环办〔2015〕56号）和《湖北省环委会办公室关于印发湖北生态市、县、乡镇和村等管理规程的通知》（鄂环委办〔2015〕14号）等有关要求，遵从"突出特色、优化布局、完善功能"的原则，科学编制村镇规划，统筹安排农村生态示范建设工作，明确工作目标、主要措施和具体实施计划，发挥规划引领作用。围绕实现全域脱贫，加快推进美丽乡村建设工作，深化"两镇一区""两区两带"示范带建设。在现有"两镇一区"四化同步规划的基础上，进一步扩大重点城镇规划范围。创新乡村规划工作方式，探索村镇组团式发展新模式，继续深化已开展市域农村居民点布局规划及部分乡镇总体规划编制工作。继续开展农村环境连片整治，加强农业、农村污染防治，深入推进农业清理河道、清洁乡村行动，科学规划布局畜禽规模养殖，推进农业"三废"综合利用，建立农村环境综合整治长

效管理机制。到 2020 年实现 100 个村庄达到市级"美丽乡村"标准。编制村镇生态示范建设规划。

6.6.2 保障农村饮水安全

依法划定乡镇饮用水水源保护区,开展全市农村饮用水水源地水质安全调查和评估工作;大力推进农村改水工作;治理农村水源的工业污染、农业面源、养殖业污染,禁止在水源地保护区进行规模化养殖;在地下水源水质较好的农村推广封闭式水井。实施饮水安全提质增效,进一步提高农村人口饮水安全标准,实现大冶、阳新饮水城乡一体化。实施河西城乡供水统筹工程和黄金山新区供水工程。2020 年农村饮用水水源地供水达标率达到 80%。

6.6.3 完善农村环境基础设施

因地制宜、多措并举,按"基础设施、环境整治、美丽乡村"三个阶段推进农村人居环境整治工作,以道路建设、改水改厕、村庄绿化为重点,加强农村垃圾、污水收集处理等环保设施建设,推动城镇交通、通信、供水、供电、供气等基础设施向农村延伸、为农村服务,形成覆盖全市城乡的一体化基础设施网格。增建农村生活垃圾中转设施,开展农村生活垃圾集中收集,并实现行政村全覆盖,缓解城乡接合部环境压力。实施生态养殖,开展农村面源污染防治,加强畜禽规模化养殖设施建设,建设农业废弃物无害化处理和资源化利用设施,加强农村周边工业"三废"排放和生活垃圾堆放监管治理。引入市场机制,促进农村生活垃圾资源化利用和无害化处理,提高农村污水处理能力,着力改善农村生产生活条件,建设生态、富裕、文明、和谐、模范家园。2020 年农村生活污水处理率达到 95% 以上,农村生活垃圾无害化处理率提高到 100%。

建立农村环保设施运行长效机制。逐步建立农村环保设施运行、维护和管理模式,开展生活垃圾一体化管理,强化农村生活垃圾收运系统管理建设,将村镇垃圾收集、转运纳入市政管理范围。逐步引入专业化、市场化运管机制,完善治污设施权属划分机制,委托第三方机构负责治污设施运管,保障长效治理效应,强化城中村和城乡接合部污水截流、收集,加大农村生产和生活污水治理力度,小区域实施湿地生态修复。

6.6.4 加强乡村环境绿化美化

加强农村绿地建设。借"五城同创"契机,加大乡村绿化力度,扩大绿化面积,提高绿化率,增加公共绿地辐射范围,增建农村公共绿地。村镇间以道路为纽带,构建绿色生态廊道。在严格保护耕地的前提下，植树造林，种植本地乡土物种，维护生物多样性，确保生态系统不受破坏、生态空间不受侵占。优化整合农村居民点，因地制宜整治房前屋后环境，绿化美化村庄，合理布局乡村景观，保护农村田园景观，改善乡村面貌。到 2020 年做到"每镇一园，每镇一景"。

6.7 倡导生态文明行为，引领绿色生活方式

6.7.1 推行绿色节能建筑

大力发展绿色建筑，推进建筑节能改造和可再生能源建筑规模化应用。深入实施《黄石市绿色建筑行动实施计划》，加强新建建筑节能全过程监管，城镇新建建筑全面执行不低于 50% 的建筑节能标准。以机关办公建筑和高能耗大型公共建筑为重点，开展能耗统计和能效测评工作，结合旧城改造工程、城市市容整治工程，对既有建筑进行绿色改造，引导居住建筑实施节能改造。因地制宜地推广太阳能、地热能等可再生能源利用，应用成熟适用的节能技术。重点实施对建筑外围护结构的节能改造，降低传统建筑能耗，降低建筑碳排放。对于乡土建筑，积极推广乡村生态建筑建设。鼓励农民在改建农房过程中按照绿色建筑标准进行农房改造，推广太阳能热水利用、围护结构保温隔热、省柴节煤灶等农房节能技术。

引导环大冶湖新区按照绿色低碳生态标准进行规划和建设，开展绿色建筑集中示范。加快可再生能源规模化应用，积极推动太阳能、地源热泵、光热光伏利用等可再生能源在建筑工程中的应用。加快既有建筑节能评价工作，建立既有建筑节能评估体系，明确既有建筑改造的重点、难点。积极推广绿色建材以及建筑节能、节水技术利用，提高新建建筑中绿色建筑比例。到 2020 年，城镇新建绿色建筑比例达到 11.64%以上，2027 年达到 40% 以上。

6.7.2 推广绿色交通工具，构建绿色出行网络

实施公交优先战略，逐步确立公共交通在城乡客运体系中的主导地位。明确"公共交通优先发展"原则，促进城市内外交通衔接和城乡公共交通一体化发展。加快中心城区及所辖市县区的公共交通设施建设，实施一批城市道路升级改造工程，提升城市道路等级标准；科学布局公交线路，优化提升公交线网，优化节点设置，提升公共交通设施服务水平；建设城市地面轻轨系统，构筑以 BRT 为主体的城市快速公交体系；提高城市公交专用道比例，保障公交路权优先，研究增设城市公共交通优先车道，

扩大优先范围，城市公共活动中心、旅游风景区等人流密集区域增设公共交通专用道。调整公交运行格局，改善社区交通状况，建立完善公交"微循环系统"，加快社区公交建设速度。多措并举，着力解决老城区"行车难、停车难、行路难"问题。

完善公共自行车租赁系统，加大公共自行车租赁系统投入。提高公共自行车租赁网点密度，加速普及节能型交通工具，建立有效的"公交＋慢行"交通系统，逐步向大冶市、阳新县市覆盖。进一步完善农村客运体系，推动建立"村村通"公交客运系统。到2020年，全市居民机动化出行的公共交通分担率达到30%左右，主城区万人公共交通车辆拥有量达14标台以上，中心城区公共交通线路网密度达到3.5公里／平方公里，中心城区公交站点500米范围覆盖率达到90%以上。到2025年，公交专用道占城市主干道的比例达50%以上。

6.7.3 引导生态生活方式

全力倡导公众培养节约、绿色、健康的生活习惯。倡导家庭垃圾分类收集。加大宣传力度，鼓励以家庭为单位进行生活垃圾的分类收集。通过媒体、网络等渠道开展生活垃圾源头分类的宣传，向大众充分展示生活垃圾分类的必要性与有效性。在各级学校向在校学生宣传垃圾分类的方法、措施，并以学生为载体将垃圾分类思想带到社会的各个角落，实现垃圾分类思想的"全覆盖"。利用社区的公告栏、传单、业主大会等形式，开展垃圾分类收集的宣传活动，指导家庭进行垃圾分类收集。建立奖励机制，开展社区环保卫士及绿色家庭的评比活动，树立起社区环保活动的楷模。

倡导市民多食用有机、绿色食品，选择应季蔬菜、水果，降低饮食方面的成本，并提倡绿色消费，不搞过度包装，培养良好的饮食和消费习惯。积极引导合理选购、适度消费、简单生活等绿色消费理念成为社会时尚。引导市民选购、使用低污染、低消耗的生态洗涤剂、环保电池、绿色食品等绿色日常用品；鼓励和引导市民选购环保建材、绿色家具、绿色照明以及能效标识2级以上或有节能产品认证标志的空调、冰箱等家用产品；引导和鼓励市民选购节水型净水器、洗衣机等节水产品；鼓励市民选购小排量、低排放汽车；探索实施"绿色电力机制"，鼓励党政机关、企事业单位、市民购买"绿色电力"。提倡市民重拎布袋子、菜篮子，重复使用节能环保购物袋，减少购买过度包装产品；提倡和鼓励市民在酒店、饭店、大型写字楼等场所减少一次性餐具、一次性日用品等产品的使用。到2020年，节水器具普及率保持80%以上。

建立和完善绿色行政管理体系。大力提倡和鼓励政府绿色办公。所谓绿色办公，也就是指行政组织在办公活动中如何节约能源资源，减少污染物的产生和排放，以及如何实现资源的再利用等。政府需要大力提倡和鼓励绿色办公，逐渐将绿色办公发展成为一项政府内部的管理条例。具体表现为：①完善政府绿色采购。在国家颁布的节能产品和环境标志产品政府采购实施意见的基础上，研究出台本市政府绿色采购实施细则，优先将自主创新的节能环保产品、设备纳入政府采购范围，推动政府采购可再生、可循环利用、通过环境标志认证的产品。到 2020 年，政府绿色采购比例达到 80%。②深入推广电子政务。充分利用高速、大容量、多媒体信息网络和现代化通信技术，进一步建设和完善政务信息资源共享交换平台，实现政府部门间数据共享和业务协同；积极推动无纸化办公，逐步实现公文的电子化传输（涉密文件除外），降低行政成本，提高工作效率。③广泛推行绿色办公。制定政府机构节约用电、节约用水、节约用纸等方面的规范指南，提高办公用品利用效率，提倡使用再生纸；加强公务车日常管理，有效降低公务车油品消耗；鼓励政府机构高层建筑电梯分时段运行或隔层停开。到 2020 年政府绿色采购比例保持在 80% 以上。

第 7 章　生态制度体系研究

以完善生态文明政策体系和体制机制建设为核心，强化生态文明建设制度保障。通过健全生态文明目标责任制、建立资源环境承载能力监测预警机制等完善环境管理体制，推动生态文明建设进程；通过健全自然资源资产产权制度、建立国土空间开发保护制度等，健全资源利用管理体系，提高生态文明建设效率；通过完善污染物排放许可制、健全环境治理联动机制等建立健全环境治理长效机制，提高生态文明建设活力；通过完善生态保护补偿制度、健全绿色投融资机制等完善环境经济政策，增强生态文明建设内在动力；通过健全生态文明长效考核机制、对领导干部实行自然资源资产和资源环境离任审计等，健全生态文明绩效评价考核和责任追究制度，提升生态文明建设持久效力。

7.1　现状评估

近年来，黄石市委、市政府高度重视与生态文明相关的建设工作，提出了"生态立市，产业强市"的发展战略，启动了全国文明城市、国家卫生城市、国家环保模范城市、国家生态城市、国家森林城市的"五城同创"工作，将生态文明建设工作提到了崭新的历史高度，生态文明建设成效显著。

7.1.1　政策体系逐步完善

严格落实主体功能规划。开展了主体功能适应性评价，根据评估结果制定了工作方案。在产业发展专项规划和重大项目布局方面，与主体功能区规划相衔接，组织科学的评审论证，使其符合各区域的主体功能定位。市发改委、市规划局、市国土局等部门加强对《湖北省主体功能区规划》贯彻落实情况的监督检查，对配套政策落实情况进行跟踪分析，强化对主体功能区建设进展情况的跟踪评估。通过监督检查和评估，扎实推进主体功能区建设。

不断推进碳排放交易市场建设。2010 年，国家发改委公布了全国首批纳入碳排放交易试点名单，湖北省成为国家首批试点。根据 2013 年 2 月湖北省发布的《碳排放权交易试点工作实施方案》，黄石市有湖北新冶钢有限公司等 13 家大中型企业纳入全省首批开展碳排放权交易的试点企业，并按照《湖北省碳排放权交易管理暂行办法》顺利完成了首次履约。

发展循环经济，建设节约型社会。黄石市加强组织领导和综合协调，出台了《黄石市人民政府关于加快循环经济发展的意见》，市发改委和市环保局于 2008 年年底共同发起成立了黄石市循环经济发展促进会，搭建了循环经济发展的服务平台。颁布了《黄石市循环经济发展规划（2009—2015 年）》和《黄石市循环经济试点实施方案（2009—2015 年）》，将发展循环经济作为推进传统产业生态化改造的重要途径。在生态文明执法监管方面，开展了磁湖周边环境专项整治、限期淘汰城区集中燃煤（油）锅炉整治、开山塘口复垦复绿、城区企业退城入园等专项整治活动，初步形成由政府主导、各部门齐抓共管的工作格局。

7.1.2 体制改革全面推进

成立全面深化改革领导小组。黄石市委、市政府十分重视生态文明建设工作，近年来在环保管理体制建设方面不断进行完善，积极响应中共中央和国务院《生态文明体制改革总体方案》和《关于加快推进生态文明建设的意见》等文件精神，2014 年 1 月，黄石成立全面深化改革领导小组。同时设立市全面深化改革领导小组办公室。全市成立了 22 个改革专项小组，全部由分管市领导担任组长，相关责任部门为成员单位，抓好本领域、本系统改革。

7.1.3 机制建设不断加强

建立完善的生态目标考核制度。黄石市在《关于"生态立市、产业强市"的决定》中明确了生态文明建设的指导思想、基本原则、奋斗目标、重点任务与主要政策措施。先后印发了《黄石生态文明（生态市）建设考核办法（试行）》及《黄石市创建国家环保模范城市考核奖惩办法》，将节能减排、污染防治等指标纳入了党政领导干部政绩考核之中；制定了目标绩效考核办法及实施细则，把城市生态文明建设的责任和目标分解落实到各部门。

创新环境监管方式。在全省率先成立了市、县两级环保警察队伍，先后侦破破坏环境领域刑事案件 22 起，刑事拘留 58 人，逮捕 19 人，移送起诉 56 人，环境执法威力明显提升。

推进公众参与。创新环保信息公开方式，开展了重点企业信息公开试点，新冶钢、西塞山电厂、黄石热电厂、华新黄石公司率先在全省向社会公开在线监控数据。黄石市有 33 家国控企业开展了自行监测信息发布工作，国控企业发布率达到 90% 以上。妥善解决了 6 070 个环保投诉问题，信访受理率 100%。营造了社会高度关注、群众积极参与和支持环境保护的良好氛围。

7.2 突出问题

7.2.1 政策体系有待进一步完善

随着政策体系的不断完善，黄石市在制度建设上取得了明显进步，但也存在一些制度亟待建立和完善。自然资源产权制度和用途管制制度有待建立，该制度对促进自然资源资产的优化配置、资源资产的高效利用以及可持续利用都有重大作用，目前黄石市尚未建立该项制度，需加紧研究制定。自然资源资产负债表亟须编制，自然资源资产负债表能够全面反映经济发展的资源消耗、环境代价和生态效益，能够为环境与发展综合决策、政府生态环境绩效评估考核、生态环境补偿等提供重要支撑，编制自然资源资产负债表也是当前制度建设的重要任务。污染物排污许可制亟待建立，建立完善的排污许可证制度，实现排污许可"一证式"管理，有利于形成系统完整、权责清晰、监管有效的污染源管理新格局和提升环境治理能力、管理水平，同时该项制度也是创建国家生态文明建设示范区的指标要求，该制度亟待建立健全。环境经济政策有待完善，环境保护投融资机制有待进一步健全，黄石市目前的环保产业投资体系仍以政府直接投资为主，资金来源狭窄，不能给企业发展带来激励和促进的作用，而且现有的环保企业大部分是民营中小企业，规模不大、效益不高、贷款困难，引进外部资本十分有限。同时，在投融资市场上，现行的环保投资体制又尚未明确政府、企业和民众之间的环境产权及环境事权分配关系，大量的社会资本、民间资本很难进入环保领域，导致环保产业的投资满足不了环保产业本身的发展需要。另外，在空间开发和空间规划方面的制度也有待进一步完善。

7.2.2 体制改革仍需优化

虽然黄石市为推进生态文明建设已成立了全面深化改革领导小组，为黄石市生态文明建设的工作提供了较为坚实的保障；但黄石市体制设计仍然存在着一定的局限性，虽然部门职能较为清晰，但条块分割情况严重，导致政府对生态文明建设统筹协调能力不足，在一定程度上影响了生态文明建设工作的效率和效果。

在生态基础设施建设、环境污染防控、生态产业发展等领域，生态文明建设相关工作的涉及面相当广泛，需要规划、土地、产业、市政、交通、环保等各个部门共同协调；但目前各项工作仍分别由不同部门承担，使得一些整体性较强的工作不能作为有机整体统筹安排，而是被人为地条块分割、分而治之；部门间职能交叉、权责不清的问题依然存在，执行分工时职能越位、缺位、重复的现象时有出现，人员、经费不能充分利用，各项工作不能有效衔接，责任难以溯源。

7.2.3　管理机制尚不合理

部门协调机制不完善。由于环境保护具有很强的综合性，它与政治、经济、文化的方方面面都有关系，因此环境保护工作需要各部门、各级政府相互配合、密切协作、齐抓共管才能做好。尽管黄石市已经建立了环保部门统一监督管理、有关部门分工负责的工作机制，但并没有配套的法律法规来对此做出明确说明，也没有在职能权限及管理幅度上体现环保部门统一监督管理的法律地位。因此在实际工作中，环保部门与各分管部门相互间的关系仍不明确，不同部门间在规划职能、监测职能、保护职能以及污染纠纷处理职能等方面存在重叠与交叉，环保部门统一监督管理不能真正实现。不同部门责任的不明确也会造成互相推诿、处理事件效率低下等现象的发生。

环保建设能力亟须加强。一方面，黄石市乡镇环保力量十分单薄，农村环境监管能力严重不足，除在集中连片村庄环境综合整治的行政村设环保协管员、村民小组设保洁督导员试点外，农村环境监管几乎是空白。另一方面，根据国家标准化建设的要求，黄石市全市各级环境监察机构普遍存在人员编制、执法经费、办公用房、执法车辆及装备不足等问题，环境保护"小马拉大车"现象突出。例如，国家标准化建设要求支队为二级建设标准，人员编制数应不少于 45 人，县（市）区环境监察机构为三级标准，人员编制数应不少于 20 人。但是，黄石市环境监察支队于 2000 年定编至今，支队在原来职责的基础上，先后增加了环境信访、环境应急、环境安全、环保专项行动、污染源在线监控设施的建设与管理、生态环境监察等多项职能，使本来人员少的矛盾日益突出。

7.3　创建目标

7.3.1　总体目标

到 2027 年，建立完善的生态文明制度体系，各项指标值达到国家生态文明建设示范区的标准要求，环境管理体制基本健全，建立起完善的资源利用管理体系，环境治理长效机制基本完善，环境经济政策基本成熟，生态文明绩效评价考核和责任追究制度基本健全，强化生态保护刚性约束。

7.3.2 指标差距分析

黄石市创建生态文明建设示范市指标体系共 35 项指标，其中涉及生态制度专题指标共有 8 项，其中有 4 项约束性指标，包括生态文明建设规划、生态文明建设工作占党政实绩考核的比例、河长制、固定源排污许可证核发；4 项参考性指标，包括自然资源资产负债表、自然资源资产离任审计、生态环境损害责任追究、环境信息公开率。按照国家生态文明建设示范区指标考核要求，以基准年实际现状为依据，预测近期 2020 年和远期 2027 年指标完成情况，确定目标值，据此实施推进工作。各项指标达标情况，判定该 8 项指标均属于易达标指标。

指标 1：生态文明建设规划。2014 年 5 月，黄石市人民政府办公室印发文件《市人民政府办公室关于开展生态市创建工作的通知》（黄政办发〔2014〕21 号）正式启动生态市创建工作，本规划正式获批实施后，该指标即可达标。因此属于易达标指标。

指标 2：生态文明建设工作占党政实绩考核比例。2015 年该指标的现状值为 15%，相较于目标指标值还存在 5% 的差异。但黄石市政府十分重视生态文明建设工作，成立了市长担任主任的环境保护委员会，并于 2015 年印发了《黄石生态文明（生态市）建设考核办法（试行）》（黄环委〔2015〕1 号），该办法的出台使生态文明建设工作成为政府各级部门领导考核的必考项，随着生态文明重要性的不断凸显以及政绩考核制度的不断完善，生态文明建设工作占党政实绩的考核比例将达到 20% 及以上。因此属于易达标指标。

指标 3：自然资源资产负债表。目前，黄石市尚未开始编制自然资源资产负债表，根据实际调研情况，暂时判定该项指标难达标。规划提出在森林、土地、水等领域首先开展自然资源资产负债表编制试点工作，再逐步扩大到其他领域。预计规划期内，该项指标能够达标。因此属于易达标指标。

指标 4：自然资源资产离任审计。目前，黄石市尚未开展自然资源资产离任审计，根据黄石市情况，认定该项指标难达标。规划提出，黄石市结合不同部门领导干部的岗位职责特点，根据各地主体功能区定位及自然资源资产禀赋特点和生态环境保护工作重点，确定审计内容和重点，建立领导干部自然资源资产离任审计的方法体系和评价体系。预计规划期内，该项指标能够达标。因此属于易达标指标。

指标 5：生态环境损害责任追究制。黄石市委、市政府对生态文明建设工作高度重视，虽然目前还没有发布专门针对生态环境损害责任追究制的文件，但早在黄石市环境保护"十二五"规划时期，就提出了"严格执行环境保护责任追究制度"，随着生态文明示范区创建工作要求的明确，黄石市将会逐渐建立健全生态环境损害责任追究制。

因此属于易达标指标。

指标 6：河长制。2015 年，湖北省水利厅印发《关于进一步推进省级"河长制"试点工作的通知》，安排部署了省级"河长制"试点工作，黄石市积极响应改革信号，通过印发《关于全面推行河长制工作的实施方案》，设立四级河湖库长，落实各级河湖库长对河湖库的管理和保护工作，黄石市将会逐渐建立健全河长制。因此属于易达标指标。

指标 7：固定源排污许可证核发。黄石市于 2014 年就开展排污许可证的发放工作，当年共办理排污许可证 11 个，工作基础较好，随着国家和黄石市对这项制度的大力推行以及该制度本身的不断完善，固定源排污许可证核发属于易达指标。

指标 8：环境信息公开率。2015 年该指标的现状值为 85%，相较于目标指标值仅存在 15% 的差异。在省政府办公厅的指导下，黄石市将继续推进全市政府信息公开工作，加强组织领导，创新公开平台，不断加强决策公开和执行公开，因此环境信息公开率属于易达标指标。

7.4 健全生态文明体制机制

通过强化环境治理主体责任，明确环保部门统一监督管理、企事业单位治理主体责任；落实环境保护目标责任制，推进环境保护工作全面、深入发展等方式，健全环境管理体制。

7.4.1 强化环境治理主体责任

坚持生态文明建设"党政同责、一岗双责、严肃问责、终身追责"。严格遵守《党政领导干部生态环境损害责任追究办法（试行）》，对生态环境保护各级党委、政府实行党政同责，要求各级党政领导者切实承担起生态环境保护的责任。认真落实一岗双责制度，全面推进党风廉政建设，按照"三严三实"要求，严明党的纪律和规矩，落实党风廉政建设主体责任和监督责任。充分发挥黄石市环境保护委员会的统筹作用，对环境保护工作实施统一监督管理，对不履责、不作为或越位干扰履责的，严格按制度进行处理。

强化环保部门在环境保护工作上统一监督管理的法律地位。一方面环保部门自身要切实履行好环境污染防治和生态、资源保护方面的责任；另一方面要敢于对破坏环境的行为进行打击，对破坏环境的单位、企业严格履行职责，对履职不力导致环境质量下降的部门进行追责。

认真落实企事业单位治理的主体责任。企事业单位是社会经济的主体，也是环境保护的主体，是环境保护的重要参与者，应该承担环保社会责任。明确企事业单位作为环境污染治理的第一责任主体，督促企业落实主体责任，自觉开展自查自改，加大安全生产投入，提高安全技术装备和管理水平，确保生产安全，与各级、各部门签订安全生产责任书，强化落实政府监管责任。各行业主管部门是行业安全生产监督管理的主体，部门主要负责人是第一责任人，使责任落实更加具体，部门共同负责，有效形成合力。

7.4.2 落实生态文明建设目标责任制

强化目标管理的作用，定期对各级政府创建生态文明示范区的建设目标责任进行考核与评价，合理修正建设目标，提高目标体系指导价值；建立层层落实的环境保护目标责任制，在各级政府领导签订责任制后，要将任务和责任细化分解至各部门，提高各部门的积极性；实行环保目标责任制和行政目标管理相结合，把环境保护工作作为各级政府目标管理责任制的一部分，并纳入考核指标体系；环境保护目标责任制要与奖惩机制相结合，对完成相应任务的给予适当奖励，对未能完成任务的进行惩罚，引起各级领导对环保工作的关注和重视。全面落实全市党政领导干部生态文明建设"党政同责、一岗双责"制度。按照中共中央办公厅、国务院办公厅印发的《关于省以下环保机构监测监察执法垂直管理制度改革试点工作的指导意见》的文件精神，制定详细的实施方案及配套政策。印发实施《黄石市创建生态文明建设示范市目标指标及重点任务分解方案》，将规划中的各项目标指标和重点任务分解到位、落实到人。

7.4.3 建立资源环境承载能力监测预警机制

以资源承载能力、环境容量、生态功能等单要素动态监测评价为基础，开展资源环境承载能力监测预警与成因解析，研究制定监测评价、预警指标体系和技术方法，建立科学合理的评价指标体系和技术方法。选取大冶湖、磁湖等为试点，探索建立主要资源环境承载能力影响要素，分级、分区、分类评价的监测预警机制以及相互配合的政策引导机制和空间开发风险防控制度。

7.4.4 全面推进河长制

深入落实《关于全面推行河长制工作的实施方案》，建立市、县、乡（镇）、村四级河长制体系，明确各级党政领导干部的主体责任。建立由市委主要领导同志任第一总河长，兼任长江（黄石段）河长；市政府主要领导同志任总河长，分管领导任副总河长的分工监督机制，统筹全市江、河、湖、库、塘水环境污染治理。由市级领导同志分别担任跨县（市、区）、开发区的重要河流、重要湖库、水库的河湖库长，明确各河湖库所在县、乡（镇）分级分段的河湖库长，压力传导，层层推进，全面强化各级党政领导干部水环境保护与治理工作的责任担当。

7.5　健全资源利用管理体系

通过建立国土空间开发保护制度、健全自然资源资产产权制度，促进资源合理有效利用，健全资源利用管理体系。

7.5.1　建立国土空间开发保护制度

将所有的国土空间开发与保护规划统一于《全国主体功能区规划》和《湖北省主体功能区规划》之下，制定实施黄石市主体功能区规划，探索建立"多规合一"制度，重点在市、县、乡（镇）开展土地、生态、环境等具体规划的制订与实施，明确不同区域国土空间在主体功能区中的定位差异，构建分工明确的国土空间开发保护制度体系。

7.5.2　健全自然资源资产产权制度

建立权责明确、归属清晰的自然资源资产产权体系。结合全市不动产统一登记制度改革，开展对水流、森林、山岭、草地、荒地、滩涂等自然生态空间的权属调查，并进行统一确权登记。做好自然资源资产负债表编制试点工作，积极组织各相关专业技术力量，探索开展黄石市自然资源资产的调查、登记、评估和入账等工作。

稳步推进各类自然资源产权主体权利确权工作，制定权利清单，明确各类自然资源产权主体权利。处理好所有权与使用权的关系，创新自然资源全民所有权和集体所有权的实现形式，2019年起，探索建立所有权和使用权相分离的模式，明确占有、使用、收益、处分等权利归属关系和权责，适度扩大使用权的出让、转让、出租、抵押、担保、入股等权能。健全国家自然资源资产管理体制，整合分散的全民所有自然资源资产所有者职责，组建对各类自然资源统一行使所有权的机构。

7.6　建立健全环境治理长效机制

通过完善污染物排放许可制度，促进环境保护科学化、环境管理定量化；健全环境治理联动机制，推动环境综合整治；加强绿色矿山建设，引领产业转型发展等方式建立健全环境治理长效机制。

7.6.1 实施固定源污染物排放许可制

积极落实排污许可证制度，做好企业排污许可证发放工作。树立排污许可在综合排放体系管理中的核心地位，形成系统完整、权责清晰、监管有效的污染源管理新格局，提升环境治理能力和管理水平。将污染物排放种类、浓度、总量、排放去向等纳入许可证管理范围，企业按排污许可证规定生产、排污。环保部门在颁发排污许可证时，要进一步整合衔接现行各项环境管理制度，健全排污许可的技术体系，实行排污许可"一证式"管理。颁发排污许可证时，尽量对每个固定源根据污染物排放标准和当地环境容量，制订有针对性排放限值以及相应的监测核查和问责处罚机制等，确保许可证的针对性和科学性。重视并做好排污许可证的管理工作，规定排序企业需每6个月向环保局报告一次排污情况，内容包含每天的排污情况、设备运行情况、周围环境影响以及遇到的问题和解决措施等。探索建立环保工程师制度，环保部门应该将力量集中起来，让专业的人去做专业的事，争取多让工程师进行管理，走专业化道路。通过以上各项措施，做好排污许可证的发放工作，力争到2020年完成覆盖所有固定污染源的排污许可证核发工作，实现对每个固定源制定有针对性的排放限值及相应的监测检查，问责制等。

做好初始排污权的分配工作。将排污权初始分配、排污权交易和排污许可证管理三项工作有机结合、统筹安持、整体推进。在全面参考企业环境统计数据、环评批复允许排放量、原排污许可证许可排放量等历史信息基础上，综合考虑企业实际监测情况、污染治理设施的建设运行情况，科学准确地核定初始排污权。市环保局对除火电总装机300兆瓦以上机组的企业以外的其他企业的初始排污权核定结果在环保局网站进行公示，并汇总上报备案。

7.6.2 健全环境治理联动机制

不断健全环境保护联动机制，加强部门间的横向协作，共同推动环境保护工作稳步前行。在《黄石市环境保护局 黄石市水利水产局水污染事件预防及应急联动工作机制协议》和《黄石市环境保护局 黄石市公安消防支队关于建立应急联动工作机制的协议》的基础上，进一步探索环保部门与公安、林业、水利等有关部门之间的衔接协调，不断完善部门间联动工作机制，充分发挥各方资源优势，开展生态环境破坏行为联合执法专项行动，严惩环境违法行为，全面提升应急处置能力和环境应急水平。深化黄石市与鄂州市、武汉市等周边区域在环境质量标准、监测网络、跨界执法、信息互通、资源共享等方面的合作。

黄石市环境保护委员会为常设机构，定期召开生态文明示范区建设联席会议，研究拟订城市可持续发展和生态文明建设的重大政策措施，审议重大招商引资项目，协调解决重大问题，督促检查政策措施落实情况和任务完成情况，为市委、市政府决策提供意见建议，实现生态环境与经济发展的综合决策。

7.6.3　加快推行生态环境损害赔偿制度

贯彻落实《生态环境损害赔偿制度改革试点方案》，到2020年之前，建立环境损害鉴定评估技术体系，推进环境损害司法鉴定规范化管理。加紧建立第三方鉴定评估机构和专业队伍，健全工作机制。

7.6.4　加强绿色矿山建设

把矿山生态和环境保护放在与矿产资源开发同等重要的位置来考虑，通过开发前的区域环境容量或承载力评价及矿山环境扰动量评价，建立环境评价指标体系和技术标准，制定绿色矿山建设发展规划，实现环境扰动最小化和生态再造最优化。注重资源效益、生态效益、经济效益和社会效益相统一，实施低碳运行发展模式，实施矿山循环经济模式，在矿产勘查→矿山开采→选矿→冶炼→深加工→消费→回收→排放的反馈式流程中，减少对矿产资源的消耗，把矿产活动对自然环境的影响降低到尽可能小的程度。

将矿山开采回采率、选矿回收率、综合利用率和复垦治理率纳入矿山年检内容，"四率"考核达标结果作为矿山申请采矿权延期的重要依据。未按备案的绿色矿山建设发展规划开展绿色矿山建设工作，或者未按规定时间达到绿色矿山标准的，年检不予通过，并不予办理采矿权延续等采矿权登记事项；已取得"绿色矿山"称号但年检复查不合格的，取消"绿色矿山"称号，暂缓办理采矿权延续等采矿权登记事项；对达不到绿色矿山建设标准，又不愿创建绿色矿山，也不履行矿山生态保护与治理义务的矿山，一律关闭。市政府每年与县（市、区）签订绿色矿山建设目标责任书，将绿色矿山建设纳入各级政府年度工作考核和生态市建设考核体系，确保绿色矿山建设任务有效落实。

优先向绿色矿山依法配置资源，支持企业做大做强。在矿产资源整合中，绿色矿山优先作为整合主体；在资源条件允许时，以协议出让的方式优先获得毗邻区域的矿产资源。

7.6.5　推动环境信息公开

加大生态环境保护宣传教育，组织环保公益活动，开发生态文化产品，全面提升全社会生态环境保护意识。建立顺畅的环境信息公开渠道，增强环境信息发布的准确性、及时性和系统性。充分利用新闻媒体，加大黄石市环境信息、公示等重大决策信息公开力度，保障公众的环境知情权和监督权。大力充实环境信息公开内容，以完善环境质量公开制度为重点，采用宣传栏、电子屏幕、广播、门户网站等多种载体，将饮用水水源环境保护、环境质量、节能减排、重大环境设施建设、重大项目建设环评、规划环评、环境监管执法、环境污染事故等信息公之于众。定期开展公众对区域环境满意度的调查。建立健全环境保护新闻发言人制度。

7.6.6　广泛开展生态文明创建活动

以创建国家生态市为目标，统筹推进全国文明城市、国家卫生城市、国家森林城市、国家环保模范城市创建工作。积极开展生态县（市）、生态镇（街道）、生态村（社区）和"绿色机关"、"绿色学校"、"绿色家庭"、"绿色社区"、"绿色企业"等系列创建活动。"四区一市"到2020年成为省级生态文明建设示范市（区），2025年建成国家级生态文明建设示范市（区）。到2020年建成4个国家级生态文明建设示范镇，2025年建成20个国家生态文明建设示范镇。

7.6.7　加强监管能力建设

加快自动监测系统建设，提高环境监测能力。积极稳妥地推进监测站所硬件建设，对照监测工作需要，购置必要的机器仪器，更新老旧设备，提高监测、分析手段现代化水平。将$PM_{2.5}$和O_3纳入空气质量监测和评价体系，在全市空气监测点位建设$PM_{2.5}$、O_3自动监控系统，完善区域、交通、功能区噪声监测网络，扩大环境质量监测覆盖面。强化有机物和重金属污染物分析能力，提高土壤和固体废物监测能力。

健全环境监管和执法能力。对涉及市区两级的环境监管能力达标工程，全面实现标准化建设；健全环境监管机构，设立乡镇环保派出机构；强化环境监管执法能力，实行环境监察人员持证上岗制度，加强培训学习，提高执法人员培训率和持证上岗率，切实提高监察执法能力。

7.7　完善环境经济政策

通过完善生态补偿机制，促进经济社会可持续发展；健全绿色投融资机制，充分激发绿色市场活力；推行环境污染第三方治理，开拓环境治理市场化运作新模式等方式，完善环境经济政策，促进经济发展方式转变。

7.7.1 完善生态补偿机制

完善生态补偿机制。制定相应的实施条例，对保护区管理、生态环境建设、生态补偿资金投入的方针、政策、制度和措施进行统一的规定和协调。按照"谁保护，谁受益；谁破坏，谁补偿"的原则，明确黄石市生态补偿的范围和对象，突出以基本农田、水源地和重要生态湿地、生态公益林、矿区等为生态补偿重点，合理提高补偿标准，完善补偿范围，逐步加大补偿力度，完善补偿机制。进一步落实矿山环境恢复治理备用金制度，不断修改完善《黄石市矿山地质环境恢复治理备用金缴存及使用管理试行办法》，为其他矿区的矿山修复治理资金管理提供参考。重视与水资源相关的补偿制度的建立，参考浙江省"五水共治"的政策思路，重视治污水、防洪水、排涝水、保供水、抓节水五项工作一手抓，适应形势变化需要，进一步完善和落实《黄石市城市节水专项》《黄石市城市污水专项》《黄石市环境保护条例》《湖北黄石工矿废弃地综合开发试验区概念性规划》等地方性法规。

探索多元化补偿方式。促进形成生态损害者赔偿、受益者付费、保护者得到合理补偿的运行机制，形成源头预防、过程控制、损害赔偿、责任追究的制度体系。完善地方转移支付制度，适当提高政府各项资源性收费中用于生态补偿的比重，强化资源使用补偿。重点研究制定水源区、自然保护区、矿区的生态补偿制度实施方案，向生态敏感和脆弱地区、流域倾斜，推进有关转移支付分配与生态保护成效挂钩，探索市场和非市场途径的补偿方式。积极开发和拓展生态补偿资金来源，探索建立资金补偿和技术补偿相结合的资金支付方式，设立生态补偿基金专门机构，负责生态补偿基金的测算、征收、分配和管理。探索转移支付、对口支援、专项补贴、异地开发等多种生态补偿方式。逐步建立完善反映市场供求和资源稀缺程度、体现生态价值和代际补偿的资源有偿使用制度和生态补偿制度。积极探索实施《黄石市环境空气质量生态补偿暂行办法》。

7.7.2 推行环境权益交易制度

积极推进碳排放交易试点工作。依据《湖北省碳排放权交易管理暂行办法（征求意见稿）》和《碳排放权交易试点工作实施方案》，重点推进黄石市湖北新冶钢有限公司、华新水泥股份有限公司等15家高耗能企业开展碳排放权交易。学习借鉴发达国家和国内试点地区经验，在做好摸底及初始盘查的基础上，研究制定相关体制机制，设定碳排放总量，分配碳排放权，制定碳排放权交易规则，确立企业报告核查制度，建立由政府管理的注册登记系统，逐步建立碳排放交易平台。

探索水权交易试点。根据用水方式的不同，合理界定水权，并探索有效保护、开发利用水资源的产权结构和管理制度。在明晰初始水权的基础上，加快推进水权转让制度建设。合理确定水权交易费，综合考虑水利建设、水利设备维护、环境生态影响以及第三方利益等因素来制定标准。继续落实最严格水资源管理制度，实施高耗能、高污染行业差别水价、阶梯式水价政策。

建立主要污染物排污指标交易制度。依据《湖北省主要污染物排污权交易办法》和《湖北省排污权有偿使用和交易试点工作实施方案（2014—2020 年）》，在做好初始排污权分配工作和推进排污许可制的基础上，积极推进黄石市排污权有偿使用和交易工作，推进排污权有偿使用和交易试点，加强排污权交易平台建设。充分发挥市场在资源配置中的决定性作用，积极促进排污单位树立环境意识，主动减少污染物排放，切实改善环境质量。鼓励新建项目污染物排放指标通过交易方式取得，且不得增加本地区污染物排放总量。推行用能预算管理制度，开展用能权有偿使用和交易试点。

7.7.3 健全绿色投融资机制

鼓励和引导各种社会和民间资本、外来资本和金融信贷参与生态基础设施建设和经营。支持符合条件的环保型企业，通过上市、发行债券等资本运作方式筹措发展资金，鼓励银行开展绿色信贷业务，切实以多元化、大力度的投入加快推进生态文明建设步伐。

落实金融优惠政策，积极探索绿色金融体系。建立绿色评级体系以及公益性的环境成本核算和影响评估体系。支持设立生态文明示范区产业投资基金、区域生态环境保护基金和行业性的创业投资基金，对符合生态文明约束标准的企业给予优惠贷款支持。全面推行企业环境行为评级制度，实施有差别的信贷政策。建立完善绿色信贷制度，加大对绿色企业、生态建设的金融支持，完善对节能低碳、生态环保项目的各类担保机制，加大风险补偿力度。对高污染、高环境风险行业进行信贷控制。完善促进循环经济发展的相关鼓励政策，认真落实国家有关清洁生产、资源综合利用和废旧物资回收经营的税收、信贷优惠政策，优先支持符合政策要求的重点支撑项目。研究设立绿色股票指数和发展相关投资产品。建立以强制性环境保险为主、任意性责任保险为辅的绿色保险制度，鼓励保险公司开发环境保险新产品。

制定《生态文明建设资金使用管理创新工作方案》。明确"生态文明建设"项目的重点投向，以规划定项目，以项目筹资金，以资金整合促规划实施；实行资金的专人、专账、专户管理，推行项目资金直达制，对财政资金整合工作进行考评，建立绩效评价机制。建立有效的资金专款专用监管制度，严格执行资金追踪问效制度，对资金的使用过程进行全程监督，对资金使用效率进行审计，对资金使用失误进行责任追究。

7.7.4 推广环境污染第三方治理模式

认真贯彻国务院办公厅《关于推行环境污染第三方治理的意见》文件精神，坚持排污者付费、市场化运作、政府引导推动的基本原则，探索黄石市环境污染第三方治理模式。制定实施《推进政府和社会资本合作投融资模式改革的实施意见》，推进环境公用设施投资运营市场化，采用环境绩效合同方式引入第三方治理。创新区域环境治理一体化、环保"互联网+"、环保物联网等污染治理与管理模式，鼓励各类投资进入环保市场，优先在钢铁、水泥、矿产资源开发等行业培育第三方治理的新模式。逐步扩大市场规模，规范市场秩序，营造良好的第三方治理市场环境。鼓励推行环境治理依效付费与环境绩效合同服务。力争到 2020 年，生态环保投资占财政支出比例占 8%以上。到 2027 年，生态环保投资占财政支出比例占 12% 以上。

7.8 健全生态文明绩效评价考核和责任追究制度

7.8.1 健全生态文明长效考核机制

以《湖北生态文明（生态省）建设考核办法（试行）》《黄石生态文明（生态市）建设考核办法（试行）》作为全市各级部门的考核标准，依据实际情况不断进行调整、细化考核指标和标准，建立体现生态文明要求的目标体系、考核办法、奖惩机制，把资源消耗、环境损害、生态效益纳入地方各级政府经济社会发展评价体系。实行按功能区分类，对山区、丘陵区、平原区的差异化考核，生态功能重要地区要突出生态环境的保护与发展，更加注重发展的质量与可持续性，对限制开发区域和生态脆弱的国家扶贫开发工作重点地区取消 GDP 指标考核。将市、区、乡镇及其部门领导纳入考核对象，把生态文明建设推进情况纳入各级领导班子和领导干部考核评价体系，逐步细化完善相关考核指标的分值和权重。到 2020 年，逐步将生态文明建设占党政实绩考核的比例提高到 20% 以上并保持不降低。

7.8.2 对领导干部实行自然资源资产和资源环境离任审计

在开展森林、土地、水等自然资源资产负债表编制试点工作的基础上，建立实物量核算账户，建立生态环境价值评估制度，开展生态环境资产清查与核算，加快完成全市自然资产负债表编制。2021年起，结合不同部门领导干部的岗位职责特点，根据各地主体功能区定位及自然资源资产禀赋特点和生态环境保护工作重点，确定审计内容和重点，建立领导干部自然资源资产离任审计的方法体系和评价体系，有针对性地组织实施。

7.8.3 严格执行生态环境损害责任终身追究制

严格按照湖北省生态环境和资源保护职责规定和《湖北省实施〈党政领导干部生态环境损害责任追究办法（试行）实施细则〉》执行，建立重大决策终身责任追究及责任倒查机制，以自然资源资产离任审计结果和生态环境损害情况为依据，明确对地方党委和政府领导班子主要负责人、有关领导人员、部门负责人的追责情形和认定程序。区分情节轻重，对造成生态环境损害的，予以诫勉、责令公开道歉、组织处理或党纪、政纪处分，对构成犯罪的依法追究刑事责任。对领导干部离任后出现重大生态环境损害并科学认定需要承担责任的，实行终身追究。到2020年，建立起基本完善的环境损害责任追究制，到2027年，这项制度得到进一步完善。

7.8.4 健全奖惩机制

市政府设立生态文明建设市长特别奖，对推进生态文明建设做出卓越贡献的优秀单位、优秀个人进行表彰。定期公开各单位生态文明建设进展情况，对生态文明建设进展缓慢、工作推进不力、效果不好的责任主体进行通报批评并责令限期整改。通过强化督查和考核，促进形成分级负责、逐级推进、上下共同努力的工作格局。

第8章　生态文化体系研究

以生态文明理念为指导，深入发掘黄石矿冶文化、山水文化、非物质文化和红色文化等传统特色生态文化，培育生态文化品牌，加快文化基础设施建设，推进生态文化载体创建，完善生态文化宣传教育，营造全民积极参与的良好氛围，推动构建完善的生态文化体系。

8.1　现状评估

黄石市历史文化悠久，丰富的自然资源、历史文化推动着黄石市在新时代下社会经济的发展，深入挖掘、利用这些优秀文化，推进生态文化建设和持续发展，有利于提高黄石市社会建设水平和丰富城市生活内涵。

8.1.1　文化积淀深厚，内蕴生态文明理念

8.1.1.1　黄石市矿冶历史悠久，文化底蕴深厚

黄石历史文化资源丰富。早在二三十万年前，黄石就有人类活动的记录，黄石市所辖的大冶、阳新境内共有 1 处"石龙头旧石器时代遗址"，拥有"猪婆岭遗址""铺垴遗址""岳家垄遗址"等 16 处新石器时代遗址，以及其他各类古文化遗址 2 103 处。

黄石是华夏青铜文化的发祥地之一，也是近代中国民族工业的摇篮，矿冶遗址众多，享有"青铜古都""钢铁摇篮""水泥故乡"的美誉，有 3 000 多年开发史、100 多年开放史和 60 多年的建市史，在中国矿冶发展史上占有重要地位。矿冶文化上承殷商春秋战国，下启两汉唐宋元明清。源远流长的矿冶历史文化，使黄石成为中国具有工业文明特殊职能的历史文化名城，留下了闻名中外的铜绿山古矿冶遗址。100 多年前，民族工业先驱张之洞就任湖广总督期间，在黄石开办了大冶煤铁厂，开办源华煤矿；1907 年成立湖北华新水泥公司，开启了中国现代工业文明。

黄石 3 000 年的矿冶开采历史、工业遗迹和人文传统所形成的矿冶文化，见证了人类认识自然、改造自然的过程，体现出开放包容、开拓进取、求真务实、创新争先的精神。矿冶文化已经成为黄石独特的名片，以矿冶文化的底蕴，打造黄石个性鲜明的生态文化体系。

8.1.1.2 山水文化源远流长，体现天人合一思想

黄石市自然条件优越，依山傍水，襟江怀湖，造就了绚丽的自然文化。黄石是灵山秀水的城市，坐落在长江、富水、磁湖等五大水系之间。西塞山、东方山、仙岛湖等是闻名遐迩的风景胜地，呈现出"半城山色半城湖"的美丽画卷。黄石是一座森林城市，全市森林面积237.01万亩，森林覆盖率35%，森林蓄积量435万立方米，拥有1个国家级湿地公园、1个省级湿地公园、5个省级森林公园、4个省级自然保护小区和7个森林旅游风景区。经过多年的发展，黄石城市形成"一带、两湖、二楔"的景观结构，"一带"为黄石城区滨江绿色景观带；"两湖"为以磁湖、大冶湖为核心的环湖景观风景区；"二楔"为两个群山体系，一为峰烈山、马鞍山、大众山，二为黄荆山、月亮山、廖家宕，逐步打造成城市森林公园、风景旅游区等生态林地，形成城市外围的绿色廊道。

黄石的滨江环境景观带建设、环磁湖开发、黄荆山治理、旧城改造等规划设计以生态经济理论为指导，以再现自然、改善和维护区域生态平衡为目标，逐步建设人与自然和谐共存的山水黄石、绿色黄石、人文黄石，达到生态效益、社会效益、经济效益相统一的目标。

8.1.1.3 红色文化深入人心，蕴含低碳生活思想

黄石是革命老区，在土地革命时期，彭德怀等无产阶级革命家先后在大冶、阳新组建了红三军团、红八军、红十五军等主力红军，后来成为红一、红四方面军的重要组成部分。威震湘鄂赣的红十二军在南山毛宕村组建，震撼大江两岸的"六州"刘仁八起义在南山头发动，"大冶兵暴"在南山头策划，闻名中外的红三军团在南山脚下的刘仁八村诞生。全市有革命纪念馆2个、烈士陵园5个，有龙港革命旧址、红三军团旧址、大冶兵暴旧址等6处全国重点文物保护单位。

红色文化是资源节约、低碳生活的思想基础和精神源泉。发扬艰苦奋斗作风始终是中国共产党人战胜各种艰难险阻的重要法宝。红色文化精神不仅是实现生产方式和消费模式转化的思想基础，更是推进生态文化建设的思想动力。

8.1.2 生态文化载体建设基础扎实

作为生态文化的载体，黄石市重视文化基础设施建设，加快生态文明教育平台建设，建立一系列生态公园、长廊，举办形式多样的生态文明博览会，营造良好的生态文化氛围。

随着黄石市不断加大对文化设施的投入力度，相继新建了黄石市图书馆、博物馆、

黄石大剧院、科技馆、工人文化宫、体育馆、磁湖梦演艺中心等一批城市标志性公共文化设施。大冶市、阳新县三馆齐全，均达到部颁三级以上标准，并分别建有专业剧团。全市 28 个乡镇已建成综合文化站 28 个；773 个行政村建成标准文化室和农家书屋539 个；4 个城区和开发区的 13 个街道和 1 个管理区已建成文化站 5 个；135 个社区已建成文化室 82 个。市县两级图书馆、博物馆均已超标准向社会免费开放，定期开办公益讲座，举办文化论坛；市歌舞剧院、图书馆配有流动演出车和流动图书车，定时定点为群众服务；坚持文化"三下乡"，年送戏下乡超过 600 场；群艺馆常年组织各类文艺活动，免费开办多种培训班；广电部门在公共场所建设电子报亭、移动电视，创造条件满足群众基本文化需求；乡镇街道社区文化站室每年组织文艺活动 3 000 多场次。初步形成了覆盖城乡、网络健全、结构合理的基层公共文化服务体系。同时，公共文化服务体系建设已纳入政府议事日程，纳入国民经济和社会发展总体规划，资金、人才和技术等方面有了基本的保障，公共文化服务供给能力不断增强。

黄石市加大生态文明教育平台建设。通过举办"大力发展循环经济专题展览"，宣传循环经济概念，宣传新冶钢、大冶有色、华新水泥、劲牌公司和鑫东农业等企业开展循环经济工作取得的成绩；并分别在新冶钢、大冶有色、劲牌公司、大冶铁矿国家矿山公园等单位建立了循环经济教育展示平台。

黄石市紧紧围绕"创建森林城市"，强力推进"绿满黄石行动"，取得了显著成效。目前，"八园六带"的 14 个项目，已完成投资 2.1 亿元。其中，枣子山生态公园、团城山公园滨水樱花带、骆驼山生态公园等 10 个项目已建成开放，团城山公园扩建工程也在如期推进。通过举办湖南省首届园林博览会，举办黄石首届乡村园博会、园林花卉展览会、磁湖樱花旅游节、桃花节、白茶节等大型生态节会，探索出一条"生态与经济共赢、资源与环境协调发展"之路。

8.1.3 企业责任意识逐步加强

在黄石市政府的领导下，扎实推进生态企业示范建设，黄石企业的生态环境意识逐渐增强，多数企业能够自觉承担生态责任。黄石十大企业：新冶钢、华新黄石分公司、有色、美尔雅、华电黄石热电厂、东贝、劲牌、宝钢黄石涂镀板公司、西塞山电厂和新兴竹业公司，共同发起推进生态城市建设倡议，牢固树立生态立市理念，把保护生态环境、改善环境质量贯穿于企业发展的全过程；自觉守法生产和经营，不违法排污，不违法扰民；环保设施确保正常运行，确保排污稳定达标；拒绝引进或新上不符合国家产业政策和不利于生态保护的项目，大力发展生态型产业和项目；加大污染治理力度，制定总量减排规划，完成每年度减排和治污目标；大力发展循环经济、低碳经济，节约利用能源和资源，实现污染物排放的减量化、资源化；加强环境安全防范，确保应急事故状态下的环境安全；及时向社会发布实时的排污数据，实现排污数据向社会公开、自觉接受社会监督等内容。

企业已经成为黄石生态文化建设的新阵地。企业在保护生态、治理环境方面率先垂范，自觉履行保护环境的责任，坚持走生态文明的发展之路，把环境保护作为企业发展的另一重心，努力实现经济、社会、环境效益共赢。

8.2 突出问题

8.2.1 生态执政理念有待提高

虽然经过多年的转型发展，黄石干部群众的"恋矿情结""唯矿思维"有所减轻，但尊重自然、顺应自然和保护自然的生态文明理念尚未成为广大干部群众的自觉意识和行动；部分领导干部尚未真正树立正确的政绩观，面对资源与环境的压力，缺乏转型发展的危机感和紧迫感，盲目认为有矿就有饭吃，生态文明意识薄弱。黄石在今后的过程中要从"恋矿情结""唯矿思维"中彻底走出来，摆脱粗放增长，进一步强化生态文明意识，发展生态产业，建设生态城市，让绿色成为黄石发展的主色调。

8.2.2 历史文化传承不足，文化体制机制不完善

文化品牌不多，价值转化不够。黄石市拥有极富潜力、底蕴深厚的文化资源，矿冶文化已成为"黄石名片"，红色文化、自然历史文化是黄石文化的重要组成部分。但总体而言，这些文化资源尚未得到有效挖掘和开发利用，特色鲜明的生态文化尚未形成，黄石文化符号仍不太鲜明，更没有释放出应有的价值。现有的文化产品多处于粗放型经营，缺乏对文化产品的宣传推广和后续配套发展，缺乏创意和创新，品牌的衍生开发不强，未形成品牌的聚合和价值效应。

体制机制不活，要素投入缺乏。一方面，公共文化服务体系的机制不够灵活，公共文化服务机构还没有建立责任明确、行为规范、服务优良的管理体制和运行机制；还没有实施吸引社会力量参与公益文化事业建设，扶持民营文艺团体、民间文艺社团和农民自办文化的有关政策；受湖北省乡镇综合文化站管理体制制约，乡镇（街道）综合文化站的性质、功能定位和人员编制，一时还难以解决。城乡一体化发展不够平衡，乡镇、村的公共文化设施相对落后，特别是国家贫困县、革命老区阳新县公共文化设施仍比较落后，城市对农村的文化援助机制还没有建立。另一方面，要素投入不

足。资金方面，政府财力较弱，文化企业融资主要依赖个体积累和民间投入，通过市场融资困难较多。人才方面，目前尤其缺少全国知名的文化行业领军人物，远远不能满足服务文化产业快速发展的需求。科技方面，部分文化企业对核心技术、高端系统装备的投入不足，文化和科技融合不够，难以创作出文化与科技高度融合、附加值高的文化产品。

8.2.3　低碳生活方式尚未完全建立

近年来，随着黄石市政府对生态文化重视程度的提高，生态意识也逐渐深入人心。但是，低碳的生活方式在居民中还未完全形式，主要表现在：绿色的出行方式并不是人们的首选。随着社会的发展，人民生活水平的提高，私家车的数量还是处于一个增长的趋势。虽然已有一少部分人开始使用公共交通、自行车、徒步等交通方式，但是大多数人为了方便，往往选择自驾而忽视了公共交通工具。因此，鼓励人们低碳出行的行动，开展"每周少开一天车"的活动，倡导绿色出行之类的活动仍需进行下去。

8.2.4　生态文化宣传教育需要深化

第一，教育机构本身存在诸多问题。首先，教育投入不足。虽然近年来黄石市教育投入实现了较大幅度增长，但财政性教育经费支出占国民生产总值的比例仍比较低。其次，教育发展不平衡，主要表现在城乡之间、区域之间以及各类教育之间，农村教育仍处于弱势地位。生态文明教育课时比例较低，仅为1.2%，课程设置不科学，生态文明教育体系尚未建立，全市大中小学校的生态文明教育仍需要进一步深化。

第二，目前生态文化宣传教育普及面不是很广。参与者主要集中在党政机关内部以及生态素养较高、对生态文化抱有兴趣的群众，涵盖不够全面；且生态文化宣教偏重于"运动化"活动，未能常态化地渗入普通民众的日常生活。

第三，宣传方式不够新颖活泼，大部分宣传活动仍局限在悬挂宣传横幅、张贴宣传画、发放宣传资料等较生硬的方式，不能充分调动群众主动参与的积极性。

8.3　创建目标

8.3.1　总体目标

充分发挥以矿冶文化为主体的独特文化资源优势，树立生态文明理念，倡导生态文明行为，培育特色生态文化，加强生态文化的宣传教育，建立制度化、系统化、大众化的生态文明宣传教育体系，引导形成生态理念、生态道德、生态方式，把生态文明建设牢固建立在公众自觉行动的基础之上。生态文明理念深入普及，在全社会形成"生态文明建设人人有责任、生态文明规定人人遵守"的良好风尚，提高全社会生态文明意识。构建生态文化载体，转变生产方式和消费观念，积极倡导人与自然和谐共生的生态文明价值观，努力营造良好的生态文化氛围，构建具有黄石特色的生态文化体系，促使生态文明软实力大幅提升。

8.3.2　阶段目标

到 2020 年，建立历史文化研究体系，深入挖掘传统文化、地域文化、民族文化的生态思想，传承和创新先进生态文化，推动生态文化产业健康发展；建立生态文明宣传教育体系，大力宣传环境污染和生态破坏的危害性，通过让生态文明知识理念进课本、进教室、进企业、进机关、进社区，提高公众对生态环境保护重要性的认识，树立正确的生态价值观和道德观；积极倡导绿色生活方式，引导民众合理适度消费，鼓励购买绿色低碳产品等，努力营造节约光荣、浪费可耻的社会氛围。全市范围内普遍推行低碳绿色化生活方式，形成浓厚的生态文化氛围，生态文明建设主要指标达到国内先进水平。

到 2027 年，深化历史文化研究，生态文化载体趋于完善，独具黄石文化特色的生态文化产业繁荣发展并成为黄石经济发展重要组成部分；生态文明宣传教育网络实现多媒体、全方位、全覆盖，学校、企业、政府、公众积极融入生态文明建设之中；低碳行动、绿色出行、合理适度消费等生态文明理念成为公众的自觉行动；生态文明理念在全社会深入普及，推动形成生态文明建设需要全社会共同努力、良好的生态环境也为全社会所共同享有的良好社会氛围，促使生态文明软实力大幅提升。

8.3.3　指标差距分析

黄石市创建生态文明建设示范市指标体系中涉及生态制度专题指标共有 3 项，包括党政干部参加生态文明培训比例、公众对生态文明知识的知晓度、公众对生态文明建设的满意度，黄石市生态文化现状与创建生态文明建设示范市的规划目标有一定差距，但是可以通过开展一系列行之有效的措施，提高生态文化的普及程度，完善生态文化建设，促使生态文明软实力的提升，在预期内完成指标要求，均属于易达标指标。

指标 33：党政干部参加生态文明培训人数比例。虽然现状值与目标值之间差距指数大于 50%，属于难达标指标。但是从具体实施层面来讲，只要黄石市加大对党政领导干部的培训，则该项指标属于易达标指标。

指标34：公众对生态文明知识的知晓度。虽然现状值与目标值之间差距指数大于20%，但是从具体实施层面来讲，只要黄石市开展一系列行之有效的措施，加大生态文明宣传力度，则该项指标属于易达标指标。

指标35：公众对生态文明建设的满意度。现状与目标值间的差距指数为22%，但是从具体实施层面来讲，通过积极开展一系列生态文明建设项目，提升公众对生态文明建设的满意度，则该项指标属于易达标指标。

8.4 培育特色文化，提升城市文化魅力

8.4.1 传承与发扬传统文化，发挥黄石文化新光彩

保护挖掘黄石矿冶文明内涵。深度挖掘以矿冶文化为主体的独特文化资源优势，加快铜绿山古铜矿遗址公园建设，完善国家矿山公园、矿博园、地质博物馆、黄石市博物馆"收藏、保护、研究、展示"功能，推动地学旅游与城市文化深度融合。实施工业文化遗址保护开发项目、石龙头旧石器古遗址生态保护开发建设项目，加强文化遗产保护利用，整合铜绿山古矿遗址、汉冶萍煤铁厂矿旧址、华新水泥厂旧址、大冶铁矿天坑等工业遗产资源，建设黄石"生态工业遗址群"，争取将黄石工业遗产申报列入《世界文化遗产名录》。充分利用黄石3 000年的工业遗迹、矿业文化优势，创建国内工业旅游示范区。

弘扬独具特色的民俗文化。积极挖掘整理历史典故、名人、传说、民俗等资源中"道法自然"的生态思想。打造大冶水南湾古民居、西塞滨江民俗文化展示区项目、黄石港文化特色风情街项目，加强西塞神舟会、阳新布贴画、采茶戏等非物质文化的保护和传承，突出地域特色，努力营造良好的生态文化氛围，弘扬具有黄石特色的生态文化。

大力弘扬红色文化。以龙港革命旧址、大冶兵暴旧址、红三军团革命旧址为重点，加大对"革命旧址"的保护和开发力度，以做大做强"红色旅游"为抓手，推出更多更好的"红色作品产品"，深化革命传统教育。

以黄石厚重的历史文化为支撑，深挖文化背后的生态内涵，在传承历史文化的基础上，焕发黄石文化的新风采，建设黄石生态文化的新丰碑。

8.4.2 发展生态文化产业，打造黄石生态文化亮点品牌

大力发展生态文化产业，着力培植特色品牌文化。加强文化创新和特色文化传承，

依托黄石山水文化、奇石文化的独特性，树立生态文明理念，倡导生态文明行为，创新培育具有黄石特色的现代生态文化。打造鄂东"创意之都"，着力培育新型生态文化业态，做大做强一批行业龙头和优势品牌，提高生态文化产业占 GDP 的比重。坚持以矿冶文化为重点，以山水文化、民俗文化为依托，以城市文化为载体，创新休闲旅游文化、体育健康文化发展模式，推动黄石特色文化发展。以特色文化与创新文化相结合的方式，结合主流文化内容，突出黄石的矿冶文化、山水文化、非物质文化，吸纳新兴文化要素，重点打造一系列生态文化亮点品牌，使生态文化逐渐成为黄石经济新的增长点。

打造生态文化产业平台。发挥黄石自然风光与人文景观交相辉映的优势，加快发展山水生态旅游，建设园林休闲名城，打造生态旅游产品。将生态文化旅游与生态科普基地建设结合起来，建设一批集教育、科普、旅游、生态等功能于一体的生态教育示范基地，将生态教育引到旅游、观光、休闲、生活中去。

统筹规划全市的自然景观、生态修复工程。以此为基础开展农耕生产、乡土民俗、非物质文化遗产等文化要素产品供给，加强黄石生态山水文化宣传。通过将保护黄石生态环境的理念与自然环境有机整合，切实将生态山水文化融入自然，深入人心。

8.4.3　完善基础设施，夯实生态文化发展基础

全面加强文化基础设施建设。推动基本公共服务标准化、均等化，建成国家公共文化服务体系示范区。加大历史街区、古民居、古建筑等的保护力度。加强黄石青铜文化、矿冶文化、历史文化遗存及人文资源的深度挖掘与推介宣传，积极创建"国家历史文化名城"。以举办中国地学旅游大会暨中国（黄石）地矿科普博览会为契机，打响擦亮"中国科普圣地、世界地矿名城"名片。

加快建设一批生态文明示范基地。充分利用黄石现有的生态、文化资源，规划建设一批展示黄石特色的生态文化示范基地，充分发挥"五馆五中心"传播生态文化方面的平台作用。把网湖、保安湖湿地公园、铜绿山古矿遗址、汉冶萍煤铁厂矿旧址、华新水泥厂旧址、黄石国家矿山公园打造成为生态文化学习的重要载体。加快建设并形成一批绿色企业、绿色社区、美丽乡村，使其成为生态文化宣传教育基地。

提高生态文化下乡比例。通过打造一系列生态文化作品下乡工程，在演艺惠民、送戏下乡、农村数字电影放映工程中加入反映生态环境保护相关内容的文艺作品，使得基层群众在文化娱乐活动中巩固和加深保护生态的理念。与此同时，通过在农家书屋、图书馆、文化馆中增加与生态文明建设相关的书籍的数量，使环保文化作品能够得到广泛的传阅。

8.4.4　加强宣传教育，提高全民生态文明意识

加强领导干部生态文明教育。加强领导干部的生态道德观教育，提高各级领导干部创建生态文明建设示范市的责任感，使各级领导干部认识到，为官一任不仅造福一时，而且要造福子孙后代，为其留下充足的发展条件和发展空间。编印《领导干部生态文明知识读本》，把生态文明建设内容纳入党政干部教育培训、考试、竞职体系中，定期举办生态文明专题培训班，推进党政领导干部生态环境教育常态化。到2020年，党政领导干部参加生态文明培训的人数比例达到100%。

建设生态文明教育体系。生态文明教育引导学生为人类的长远发展考虑，自觉维护自然的可持续发展，在正确的生态观的引导下，将保持生态平衡作为活动的最高行为准则，自觉约束自身的行为。开展生态文明课程进校园工程，通过编制乡土生态文明教材，把生态文明建设课程纳入国民教育体系，将生态文明宣传普及到生活方方面面。高校中，将生态文明教育融入课程教育体系，以专业课和通识教育课程为出发点和落脚点，采用以专题教育为主，专业教育为辅，将生态文明教育渗透进高校教育体系之中。将生态危机观教育、生态科学基本知识教育、生态文明观教育、生态文明法制教育纳入学生必修课程体系之中。建设好生态文明教育必修课，组织编写专业教材，构建生态教育课程评价体系。开展形式多样、内容广泛的通识教育课程，与生态文明示范基地联动，增加大学生生态实践机会，全面梳理大学生生态文明理念，使他们自觉将生态意识融入日常生活中，并成为生态文明的积极传播者。在中小学校，生态文明教育采用课堂教育与社会实践教育相结合的方式。参观形式多样的生态文明主题教育基地，让中小学生直观地感受到生态文明带来的环境改善、生活方式的改变，提高对生态文明的认知，使中小学生从小树立正确的生态意识、环境意识，将环境保护、绿色消费、低碳生活的理念贯穿在教育体系中。到2020年，生态文明教育课时比例达到6%以上。

扩大公众生态文明宣传教育。各级政府要引导公众树立科学发展观，确立"绿水青山就是金山银山"的理念，树立"绿色GDP"政绩观，将谋求经济增长与环境保护协调发展的理念付诸实施，促使本区域环境状况的改善和生态文明观念的形成与普及。开展形式多样、内容广泛的生态文明教育宣传活动，提高生态文明教育普及率。切实开展生态文明全民宣教工程，建立黄石市生态文明宣传网络平台（网站、微博、微信）、报纸、电视台等多渠道，向市民推送生态环保知识。通过全方位、多时段地滚动播出生态文明宣传的节目和信息，打造全面的生态文明宣传体系。到2027年，公众对生态文明知识知晓度达到80%以上。

第9章 典型示范区建设方案研究

统筹各领域、各地区的重要资源，实施"四区共建"行动，建设沿江保护、生态新区建设、矿区综合治理、产业发展转型标杆（图9-1），带动全市生态文明水平提升，完成示范区建设方案编制。

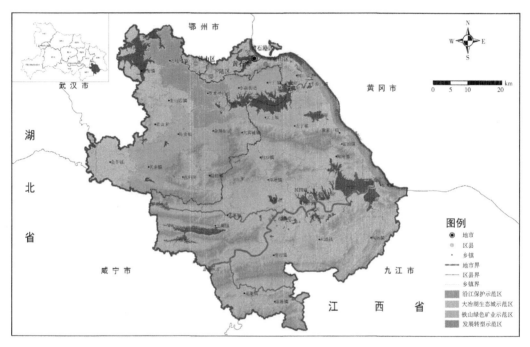

图9-1 黄石市四区统建分布

9.1 强化长江保护，打造沿江保护示范区

9.1.1 建设基础

黄石市创建国家环境保护模范城市过程中，已开展了沿江饮用水水源地保护区整治和保护及水质监测能力建设等多项工作，为沿江保护示范区的建设打下了良好的基础。

饮用水水源地整治和保护方面。黄石市加大水源保护区综合管理力度，完成了饮用水水源地标志建设，依法对饮用水水源保护区内的违法排污行为和违章建筑、排污口等环境安全隐患进行综合整治。狠抓长江沿线码头专项整治，123 个非法码头及泊位全部拆除，沿江 22 家重化工企业得到全面整治。加大了对沿江化工企业的监管力度，督促重点化工企业制定了环境应急预案。规划建设了"黄石外滩"，有效地减轻了对长江水源地的污染。保护区拆除部分违章建筑及拆迁或关闭部分排污口，迁移部分码头。二级保护区通过整治基本符合《饮用水水源保护区污染防治管理规定》的要求。水源地污水面源基本上实现 100% 截污后通过污水管网送入污水处理厂进行处理后达标排放。根据省政府批准下发的《黄石市县城以上饮用水水源保护区划分方案》，组织实施饮用水水源保护区防护隔离带等污染防治工程。

水质全分析能力建设及监测情况方面。到 2012 年年底，黄石环境监测站先后添购了 ICP-MS、气相色谱等分析设备，目前具备饮用水水源地水质 79 项的分析能力，剩余 30 项暂未开展。饮用水水源地每年开展一次全分析监测。开展地下水监测工作，每年监测 2 次（枯水期、丰水期），水质状况良好。

9.1.2 建设任务

9.1.2.1 推进示范区生态系统整体保护修复

示范区主要包括黄石港区、西塞山区、阳新县等沿江区域，重点实施山水林田湖草系统修复工程，打造长江经济带生态修复典范。

加强长江沿岸湿地的生态保护与修复。严禁在水源地和湿地保护区及其重要山体林地附近进行工业开发等生产建设活动，对功能降低、生物多样性减少的湿地进行综合治理。开展湿地可持续利用示范，在海口湖建设生态湿地公园。

强化水生生物保护。开展长江黄石段水环境本底生物多样性调查，制定水生生物多样性保护方案。严厉打击破坏生物多样性的违法行为，阻止有害物种入侵，防止珍稀物种资源流失。

开展国土绿化行动。加强长江黄石段防护林体系建设，加快储备林及用材林基地建设，推进退化防护林修复，建设大尺度绿色生态保护空间和连接各生态空间的绿色廊道。

推进土地整治与污染修复。开展流域综合整治，加强矿产资源开发集中地区地质环境治理和生态修复，推进损毁土地、工矿废弃地复垦。对于污染土地，要综合运用源头控制、隔离缓冲、土壤改良等措施，防控土壤污染风险。

9.1.2.2 强化饮用水水源地保护

完善长江黄石段集中式饮用水水源保护区管理。组织实施饮用水水源保护区防护隔离带等污染防治工程，加快推进黄石市饮用水保护工程建设。2017年，开展沿江县级以上集中式饮用水水源保护区环保执法专项行动。

9.1.2.3　实施污染防治专项行动

推进土地整治与污染修复。开展流域综合整治，加强矿产资源开发集中地区的地质环境治理和生态修复，推进损毁土地、工矿废弃地复垦。对于污染土地，要综合运用源头控制、隔离缓冲、土壤改良等措施，防控土壤污染风险。强化饮用水水源地保护，开展排污口整治。严格控制重金属排放总量，推行涉重企业重金属特别排放限值，限期整改重金属超标排污口。开展重化工企业整治，继续关停一批设备落后、污染严重的企业，沿江重化工企业实现闭路循环或达标排放。督促重点化工企业制定环境应急预案，进行环境风险评估，及时排查安全隐患，确保生态环境安全。

9.1.3　建设成效

打造沿江绿色生态廊道。通过对长江黄石段的饮用水水源地保护区、重工业企业、排污口、船舶码头进行整治，开展湿地的生态保护与修复、国土绿化等活动，改善环境质量，主要污染物排放总量进一步削减，达到坚持生态功能不退化、水土资源不超载、排放总量不突破、准入门槛不降低、环境安全不失控等湖北省长江经济带保护行动计划的总体要求，推动实施长江经济带的大保护战略，打造沿江绿色生态廊道，建成沿江保护示范区。

将黄石打造成为现代港口城市。建成棋盘洲、武穴至富池两座长江大桥，黄咸、鄂咸、武阳三条高速公路，沿江大道及棋盘洲物流园，构建"公铁水管空"衔接无缝化、客运交通便捷化、物流运输智能化的现代化综合交通运输体系，打造区域性综合交通枢纽和长江中游多式联运中心，形成以黄石新港、大冶湖生态新区为支撑，沿江城镇为补充的长江中游新兴产业走廊。

9.2　促进湖城共生，打造大冶湖生态新区

9.2.1　建设基础

为了解决黄石经济总量不高、城市腹地偏小、中心城区较弱等城市发展面临的现实问题，2013年4月30日，中共黄石市委第七次全体（扩大）会议提出要"跨越黄荆山，建设大冶湖生态新区"，通过全力推进大冶湖生态新区建设，推动黄石中心城区与大冶、阳新对接融合、同城化发展。

大冶湖地区具有良好的先天发展基础条件。一是城镇基础，大冶湖地区地处黄石、大冶、阳新交会之地，是黄石城镇化发展的前沿地区和同城化政策平台的焦点地区，也是拓展黄石城市腹地的重要地区；二是生态资源，大冶湖是鄂、赣、皖交界地区的重要湿地，自然环境优美；三是产业基础，该区域是长江产业带的重要组成部分。棋盘洲港区的建设将该区域与长江黄金水道紧密联系；四是交通条件，该区域地处鄂东交通枢纽位置，向东对接长三角、向南对接珠三角、向西对接武汉，具备良好的交通条件。

2014 年年初，黄石市编制了《大冶湖生态新区总体规划方案》，明确规划范围主要是大冶湖周边区域，跨越黄石、大冶、阳新，东到长江岸边、西抵武九铁路、南临父子山、北至黄荆山，规划总用地面积约为 450 平方公里。并提出规划近期目标按照"一年打基础、三年见成效、五年成规模"的要求，推进 2 平方公里的核心区建设；中期目标是在东到长江、西抵大冶城区、北起黄荆山麓、南至父子山麓的大冶湖区域建设一座现代化的生态新城；远期目标以大冶湖生态新区为龙头，带动大冶、阳新等组团及重点镇发展，最终实现全市的同城化。目前，大冶湖生态新区核心区建设全面加速，20 平方公里起步区基础设施建设基本完成。

9.2.2 建设任务

9.2.2.1 优化新区空间布局

尊重生态优先的绿色格局，落实"双叶映湖，蝶舞湖城"建设理念，有效平衡城市发展和生态保育，将大冶湖北岸作为城市发展集聚地区，建设成为"城市金叶"；将大冶湖南岸作为培育绿色 GDP 的创新地区，建设成为"生态绿叶"，最终打造出"湖城共生"的生态新城。

9.2.2.2 推进产业绿色转型

积极推进传统产业绿色转型升级，重点培育环保、通用航空、休闲旅游三大战略性新兴产业，推行生态文明建设，引领产业绿色发展。以武汉城市圈"精工业"制造中心为目标，发展环境友好的精工产业，突出传统产业的精深化、先进制造的精密化、高新技术的精尖化、潜力产业的精选化。

9.2.2.3 强化生态保护修复

加强对大冶湖湿地的生态保护与修复，建立滨湖湿地生境缓冲区、湿地公园，保护湿地生态系统，提升大冶湖自然湖泊优质景观优势。完成大冶湖堤防加固工程，修复大冶湖堤围内的水面面积，从 65 平方公里提升至 90 平方公里。开展农村面源治理，实施环湖截污，全部拆除大冶湖围网养殖。强化生物多样性保护，修复重构多样化的生物栖息地。

9.2.2.4 加快推进生态旅游业

积极发展绿色建筑，完善环境基础设施等公共服务功能，加快推进大冶湖生态新区建设，努力构建生态良好的人居环境。以园博园、矿博园为依托，引进建设大型游乐设施和餐饮住宿等项目，加快建设大冶湖核心区都市游憩商圈。推进城市综合馆、市民中心、鄂东医疗中心、社会福利中心等重大项目建设，完善新区公共服务功能，推进产城深度融合。

9.2.3 建设成效

生态文明建设示范市的创建，选择打造大冶湖生态新区示范区，目的在于探索生态转型路径，平衡区域社会经济发展与生态环境保护，促进湖城共生，为湖滨生态城市创建生态文明建设示范市提供一条可资借鉴的路径。基于大冶湖自身良好的生态景观，重点通过加强大冶湖湿地的生态保护与修复，扩大绿色空间，完善城乡生态基础设施，加快建设大冶湖核心区都市游憩商圈。同时，以武汉城市圈"精工业"制造中心为目标，发展环境友好的精工产业，积极推进传统产业绿色转型升级。最终达到优质生态环境与较高经济水平相平衡，实现人与自然和谐共处，建设成生态文明建设示范市的生态新区。

9.3 加快矿山生态修复，打造铁山绿色矿业示范区

9.3.1 建设基础

矿产资源丰富。黄石市矿产资源具有种类多、品种全等特点，已发现金属、非金属、能源和水气矿产4大类77种，其中探明资源储量的矿产44种，已上省矿产储量表32种，其中富铁矿、铜矿、金矿、天青石（锶）、硅灰石5种矿产的资源储量居全省首位。新探明铜金属量8.23万吨，金金属量5.18吨，铁矿石量505.5万吨，潜在经济价值64亿元。

积极建设绿色矿山。2014年，国土资源部批准大冶市陈贵大广山铁矿、阳新县白云山铜矿2家为国家级绿色矿山，全市国家级绿色矿山累计达到8家，已有19家矿山作为市级绿色矿山试点单位。全市完成矿山地质环境治理和复绿矿山10个，复绿治理面积61.55公顷，多数塘口已经复绿，平均绿化覆盖率达到80%。实施了黄石国家矿

山公园景区改造、城市道路改造等 100 多项工程。

矿山企业积极实施"走出去"战略。大冶有色为解决自有矿山铜资源不足 10% 的问题,先后在蒙古、吉尔吉斯斯坦等国家购买和开采铜矿并积极实施城市矿产示范基地项目;黄石市煤炭矿务局也在贵州开采煤矿,在一定程度上减缓了资源压力。

矿山工程活动产生的矿山地质环境问题较多。矿山地质环境问题主要有崩塌、滑坡、泥石流、地面塌陷、采空区地面沉降与塌陷、矿坑突水、侵占土地、水均衡破坏、土壤污染、水土流失、地表水污染、地下水污染等。黄石市废弃和正在使用的矿区面积有 2.18 万公顷,污染面积有 927 公顷,受影响面积有 6.1 万公顷;因采矿造成地表和植被破坏 1 915 处,其中采石塘口 395 处,尾砂库 188 座,大中型采坑、排土场、废石场、煤矸石等 1 332 处。历史遗留工矿废弃地 2 075 块,总面积 1.4 万公顷,占全市总面积的 3.08%。

生态环境修复治理任务繁重。黄石因矿建厂、因厂设市,从 3 000 多年前燃起第一把炉火,到 100 多年前建成大冶铁矿,再到建市以来一批"国字号"工业项目布点,采矿经济贯穿了黄石几千年的发展历程,为这座城市带来了繁华,也留下了巨大的生态赤字,包括 400 多个开山塘口、300 多座矿山、150 多座尾矿库、几十万亩工矿废弃地和大面积湖泊污染,经济社会发展面临的资源环境制约仍然突出。

9.3.2 建设任务

认真贯彻落实《铁山区绿色矿业示范区创建实施方案》,加快推进铁山区创建绿色矿业示范区建设任务。重点开展矿山生态保护与修复综合整治,推进绿色矿山建设。

9.3.2.1 推进绿色矿山建设

铁山绿色矿业示范区包括灵乡镇、陈贵镇、金湖镇。根据《全国"矿山复绿"行动方案》《湖北省生态建设规划纲要》,着力整治矿产资源多年开采所遗留的工矿废弃地,推广陈贵大广山铁矿绿色矿山成功经验,扩大范围在区域内建设一批绿色矿山,实现开采方式科学化、资源利用高效化、企业管理规范化、生产工艺环保化、矿山环境生态化、企业社区和谐化。矿山企业必须严格按照绿色矿山创建级别对应的绿色矿山建设标准,把矿产资源开发利用率、吨耗资源经济效益、矿区绿化覆盖率和矿区生态环境治理率作为主要指标,指导企业改进生产工艺、优化产品结构、增加产品科技含量、提高产品附加值。

9.3.2.2 严格矿山生态环境保护监管

根据"开采与治理相结合"的原则,率先执行矿山生态环境恢复治理基金制度,严防生态环境破坏；建立健全矿山生态环境保护管理体系，加强监督检查；建立矿山地质环境动态监管数据库，加强复绿矿山地质环境动态监测工作。进一步加强对矿产资源开发利用"三率"的监督管理，建立健全矿山企业"三率"考核体系，完善矿山企业"三率"考核检查机制，继续清理整顿资源浪费严重、生态环境恶化的企业，鼓励和支持矿山企业采用新工艺、新技术，使矿山企业"三率"水平进一步提高。

9.3.2.3 强化退化生态系统修复

逐步关停重点发展区域矿山。将重点自然保护区、景观区、居民集中生活区周边和重要交通干线、河流湖泊沿线可视范围内的矿山生态环境治理纳入新一轮矿山复绿行动范围，实施一批矿山复绿治理工程。积极推进矿山边开采边恢复治理和复绿工作，整治与清除待复绿矿山遗留的排土场与废渣堆，减少水土流失；加快实施闭坑（井）后井场道路及各采空场永久占地的复垦与生态修复，恢复原有植被和生态景观，恢复生态功能。实现关停矿山治理复绿达到 90% 以上，生产矿山 100% 达到绿色矿山标准。按照统一标准、安全实用、动态开放的原则，建立矿山地质环境信息管理系统，实现对矿山地质环境基础资料、监测信息、统计年报、矿山地质环境治理恢复保证金等信息的综合管理，不断更新数据，完善系统建设，使之成为矿山地质环境保护管理的重要平台。

9.3.2.4 开展矿山土壤修污染复治理

在前期矿山地质环境治理示范工程的基础上，进一步深化矿山地质环境治理，开展工矿废弃地土壤污染状况调查，查明矿山的土壤主要污染物类型、污染程度，根据场地环境条件，评估土壤污染风险。积极探索化学修复、生物修复等多种修复治理方式，如对矿区的土壤进行培肥改造，通常包括：先在采矿前就将土壤的表层和亚表层取走并保存，再将废弃的土层进行覆盖和固定，并利用微生物、氮肥等进行改良，保证矿区的植被能够重建。然后对土壤中的 pH 值、有机废弃物、化肥等进行改良，以改善土壤的结构。最后将取走的表层土壤进行覆盖。实施历史遗留污染问题治理试点工程，重点整治历史遗留尾矿库，完善覆膜、压土、排洪、堤坝加固等隐患治理和闭库措施。以绿色为核心，突出整治重点，全力打造全国 50 强绿色矿山。

9.3.2.5 打造特色矿冶旅游区

推广铜绿山古铜矿遗址博物馆建设经验，建设一批各有特色的矿山博物馆，设立"煤矿生活馆""煤矿机械馆"等不同主题的展厅。对已关闭的露天采矿着力发展矿山文化游，将露采坑蓄水建成人工湖，开展垂钓、划船等水上活动，湖边配以休息、烧烤等户外活动的设施设备。已关闭的矿井开展地下探险游。优化服务上，真正做到"三个主动"，即服务群众要主动、服务企业要主动、服务项目要主动。

9.3.3　建设成效

重点通过推进绿色矿山建设、严格矿山生态环境保护监管、修复退化生态系统、治理矿山土壤污染、打造特色矿山旅游区等方式，加快矿山生态修复，打造"灵陈金"绿色矿山示范区，到 2027 年，基本实现新建矿山和生产矿山地质环境全面恢复，矿业开发占用及破坏土地资源得到恢复与控制，矿山废水、废渣对环境的影响得到明显改善，促进资源节约型、环境友好型社会的建设过程。

9.4　推动绿色发展，打造传统产业转型发展示范区

9.4.1　建设基础

转型示范区包括大冶市金湖镇、罗家桥镇、还地桥镇。2015 年三镇行政区域面积 38 661 公顷，常住人口 22.53 万人，工业总产值 747.51 亿元，规模以上工业产值 505.74 亿元，规模以上工业 164 家，拥有雄厚的产业基础。

规划区域内拥有城西北工业园、金湖生态示范园。城西北工业园总规划面积 19.51 平方公里，定位为生态型、科技型现代化工业园，重点发展轻工电子、机械制造、生物医药、纺织食品等一类工业和高新产业，园区拥有宏泰铝业、晨茂铝业等龙头企业。金湖生态示范园规划面积 18.2 平方公里，规划通过 3～5 年时间打造成为集观赏、游乐、科教、养生、休闲、度假于一体的生态文明示范园。

9.4.2　建设任务

9.4.2.1　提升改造铝型材产业

以罗桥镇为中心，以城西北工业园为载体，依托宏泰铝业、晨茂铝业等企业，围绕建筑市场需求，推进建筑铝型材向高档建筑型材、高端装饰彩色型材等方向多元化发展。以汽车装备制备、电子信息等产业发展需求为导向，大力推进技术革新，加快引进先进企业，不断拓展工业铝型材制造产业，逐步发展汽车和电子产品用铝合金部件生产，形成高端铝型材生产加工特色产业集群，建成全省最大的铝型材生产基地。

9.4.2.2　推进休闲观光旅游业

按照"对接大武汉，发展乡村游"的思路，充分展示农耕文化、特色农业、农家生活等特点。推广矿山探险、户外拓展、野外生存训练等活动，建立一批矿区特色小

镇，发展休闲体验产业、农业旅游，建设环大冶湖农业生态休闲示范区和沿山、沿湖、沿路的农业休闲观光园区，以保安镇、还地桥镇、东风农场、保安湖生态湿地为主体，培育龙凤山庄生态园、沼山桃花节、狗血桃采摘节等地方特色节会和产品，以沼山三千亩桃花、狗血桃观赏采摘区、农科万亩荷田公园、黄金湖鱼鲜及大闸蟹、还地桥大型花卉苗木基地为支撑，集中打造"赏花、采摘、品鲜"的生态农业观光体验旅游区，将黄石市建成武汉市后花园和鄂东南知名农业休闲基地。挖掘地域特色文化，建设农业生态休闲示范区，推进乡村旅游。

9.4.2.3　加快推广高效生态城郊型农业

在稳定粮油生产的前提下，继续抓好水稻、油菜等粮油作物的品种优化与科技推广；适度发展生猪、肉鸡、草食牛羊等规模化畜禽养殖区；发展异育银鲫、青鱼、团头鲂、鲌鱼等名优水产品池塘设施渔业；有计划、有目标地进行蛋鸡养殖，发展龙头企业，依托龙头企业带动基地建设，将生产、加工、销售有机结合，实行一体化经营。新建有机肥厂1处，力争到2020年，化肥、农药使用量实现零增长，畜禽粪便、农作物秸秆、农膜基本实现资源化利用。

9.4.3　建设成效

通过传统产业升级，推进休闲观光旅游建设及推广高效生态城郊型农业，促进规划区转变经济增长方式，提升经济发展活力，打造成全省最大的铝型材生产基地，为全市生态文明建设示范市产业结构调整和发展模式转变提供示范作用，从而引导黄石市转变传统工业为主的发展格局，推进绿色低碳发展。

第 10 章　重点工程设计与资金概况研究

为确保创建各项目标任务落到实处，围绕国家生态文明建设示范市创建明确的 6 个领域，统筹设计了十大工程（包括六大优先工程、四大促进提升工程），总投资 933.66 亿元（其中政府投资约 261.71 亿元）。十大工程按照优先解决突出生态环境问题、逐步补齐创建短板的思路，率先启动实施优先工程，有序推进生态文明促进提升工程，逐步提升全市生态文明建设水平。

10.1　率先启动优先工程

率先启动实施环境质量精准提升、山水林田湖草生态保护修复、产业生态化改造、生态生活与人居环境提升、生态文化培育、生态制度保障等 6 大优先工程，共需投资 166.81 亿元（年均投入约占 2016 年地区生产总值的 1.28%），其中政府投资约 40.29 亿元，其余资金来自企业投资或社会融资。

10.1.1　环境质量精准提升工程

环境质量精准提升工程主要包括水污染防治、大气污染防治、土壤污染治理、环境监管能力建设 4 个大类 16 项工程项目，共需投资 16.1 亿元，其中政府投资 5.84 亿元，其余由社会投资完成。其中水污染防治总投资 5.8 亿元，大气污染防治总投资 6.6 亿元，土壤污染治理总投资 2.7 亿元，环境监管能力建设总投资 1 亿元。

10.1.2　山水林田湖草生态保护修复工程

山水林田湖草生态保护修复工程主要包括重要生态系统保育、矿山生态治理修复、湖泊生态治理修复 3 个大类 14 项工程项目，共需投资 47 亿元，其中政府投资 17.4 亿元，其余由社会投资完成。其中，重要生态系统保育总投资 14.3 亿元，矿山生态治理修复 13.8 亿元，湖泊生态治理修复 18.9 亿元。

10.1.3　产业生态化改造工程

产业生态化改造工程主要包括循环经济、节水、减排 3 个大类 6 个工程项目，共需投资 55.4 亿元，其中政府投资 3.3 亿元，其余由社会投资完成。其中循环经济工程总投资 52.6 亿元, 节水工程总投资 0.3 亿元, 减排工程总投资 2.5 亿元。

10.1.4 生态生活与人居环境提升工程

生态生活与人居环境提升工程主要包括饮用水水源地保护与建设、城乡环境基础设施建设、农村人居环境改善 3 个大类 7 项工程项目, 共需投资 46 亿元, 其中政府投资 11.74 亿元, 其余由社会投资完成。其中饮用水水源地保护与建设总投资 1.4 亿元, 城乡环境基础设施建设总投资 28.1 亿元, 农村人居环境改善总投资 16.5 亿元。

10.1.5 生态文化培育工程

生态文化培育工程主要包括生态文化宣教、生态文化载体建设 2 个大类 6 个工程项目, 总投资 1.37 亿元, 其中政府投资 1.3 亿元, 其余由社会投资完成。其中, 生态文化宣教总投资 0.37 亿元, 生态文化载体建设总投资 1 亿元。

10.1.6 生态制度保障工程

生态制度保障工程主要包括生态文化体制机制创新、生态文明激励机制建设 2 个工程项目, 总投资 1.04 亿元, 其中政府投资 0.68 亿元, 其余由社会投资完成。

10.2 有序推进生态文明促进提升工程

有序推进实施环境质量改善、生态修复、产业改造、生态文化等 4 大生态文明促进提升工程, 工程总投资 766.85 亿元 (年均投入约占 2016 年地区生产总值的 5.87%), 其中政府投资约 221.42 亿元, 其余资金来自企业投资或社会融资。

10.2.1 环境质量改善工程

环境质量改善工程主要包括饮用水水源地保护、水污染防治、土壤污染防治能力建设、土壤污染风险管控、重金属污染防治 5 大类 10 项工程项目, 共需投资 36.6 亿元, 其中政府投资 19.51 亿元, 其余由社会投资完成。其中, 饮用水水源地保护总投资 4.5 亿元, 水污染防治总投资 12.22 亿元, 土壤污染防治能力建设总投资 1.04 亿元, 土壤污染风险管控总投资 15.6 亿元, 重金属污染防治总投资 3.24 亿元。

10.2.2 生态修复工程

生态修复工程主要包括生态功能保育、生态系统恢复与治理、生物多样性保护 3

大类 6 项工程项目，共需投资 78.6 亿元，其中政府投资 47.6 亿元，其余由社会投资完成。其中，生态功能保育工程总投资 36.5 亿元，生态系统恢复与治理工程总投资 13 亿元，生物多样性保护工程总投资 29.1 亿元。

10.2.3　产业改造工程

产业改造工程主要包括循环经济、资源能源节约、战略性新兴产业培育、传统产业升级、服务业提升 5 个大类 19 项工程项目，共需投资 629.44 亿元，其中政府投资 147.51 亿元，其余由社会投资完成。其中，循环经济工程总投资 56.6 亿元，资源能源节约工程总投资 79.7 亿元，战略性新兴产业培育工程总投资 350 亿元，传统产业升级工程总投资 17.63 亿元，服务业提升总投资 125.51 亿元。

10.2.4　生态文化工程

生态文化工程共涉及 4 项工程项目，总投资 22.2 亿元，其中政府投资 6.8 亿元，其余由社会投资完成。

10.3　创建工程实施效益分析

10.3.1　生态效益

10.3.1.1　形成生态生产生活空间合理布局，保护城市生态系统物种多样性

创建工作通过全面落实主体功能区规划，明确整个黄石市国土空间开发布局，通过严守生态保护红线，建设网络化生态安全格局，保护黄石市重要的生态空间，通过统筹城乡发展布局，优化生产生活空间。该规划方案及相应的管护措施和重点工程实施后，不仅会保障黄石市森林覆盖率、受保护地区占国土面积比例、水源地保护等生态文明建设示范市各相关指标圆满完成，在改善城市面貌，为城市居民的休憩提供充足的场所，提高自然生态体系旅游、休闲服务价值的同时，使城市中原本受到破坏的自然过程得以恢复，促进城市生态系统物种多样性和生境多样性的显著提高。

10.3.1.2　改善城市生态环境质量，树立生态城市景观形象

创建战略进一步明确了依托东方山、黄荆山、雷山、黄坪山、七峰山、大王山等六大森林片区，利用黄荆山、磁湖、大冶湖等自然生态景观，结合长江、富水流域及道路两侧的绿化带，形成以山体植被为控制区、以湖泊湿地为生态绿心、以河流道路为廊道的点、线、面相结合的城市生态景观体系，并通过城区绿地系统和生态小区建

设，结合城市生态屏障建设、重点流域污水治理、城市恶臭水体治理等重点工程项目的实施，实现建成区绿化覆盖率超过45%、人均公园绿地面积超过11平方米，逐步形成生态功能完善、环境优美、生活舒适的人居环境，使黄石襟江带湖、山水相依的自然景观特征与现代生态文明都市相结合的城市特色得到彰显。

10.3.1.3　农村生态环境得到有效改善，成为城市生态系统健康的有力支撑

黄石市农村生态环境由于历史尾矿库和农业生产中的化肥、农药使用，致使部分农村地区面源污染严重，居住环境质量较差，对农村生态环境和农产品的质量产生影响，威胁着人们的身体健康。通过转变农业发展方式，培育产出高效、产品安全、资源节约、环境友好的高效生态城郊型农业，在保障区域粮食安全的基础上，抓好绿色农产品生产和生态农业网络体系建设的同时，按"基础设施、环境整治、美丽乡村"三个阶段推进农村人居环境整治工作，着力改善农村生产生活条件，建设生态、富裕、文明、和谐、模范家园，使农村生活污水处理率、农村生活垃圾无害化处理率等生态文明建设示范市指标实现预期目标，并将成为黄石城市生态系统安全、健康、高效、持续发展的有力支撑。

10.3.2　社会效益

10.3.2.1　改善人居环境，促进城市居民生活质量的全面提高

将黄石市域作为整体统一考虑、统一规划，通过统筹城乡一体化，打造全市域同城化。以长江、大冶湖、磁湖等水系沿岸为重点区域，有效衔接城市绿地，加强绿色廊道建设，扩大城市居住、公共设施和绿地等空间。在节约能源、资源，维护生物多样性安全，减少交通事故和空气污染的前提下，打造一批经济实力雄厚，城镇环境宜居的现代化城镇，为居民提供便利的城市交通、舒适的生活空间。规划还提出增加农村公共建设空间，将闲置的农村居民点等复垦整理成农业生产空间或绿色生态空间，改善农村地区的生活环境。其效果体现在不仅能够满足人们对农业生产、旅游观光、休憩游乐的需求，更重要的是有助于保护人类赖以生存的自然生态环境。

10.3.2.2　培育生态文明软实力，提高城市综合竞争能力

通过生态制度、生态文化和生态生活三个方面的生态文明软实力建设，加速生态文明政策体系和体制机制改革与完善，有效推动黄石传统文化与现代生态文明有机结合，促进所有受教育者包括决策者、管理者和普通市民对生态文明的了解程度和人口素质的显著提高，使生态文明意识、绿色生活理念深入人心，引导市民的价值取向、生产方式和消费行为从消费型向持续发展型转变，形成完善的"以人为本"的社会服务设施和基

础设施，逐步实现把黄石建设成为矿冶文明历史文脉得以尊重、生态文化氛围浓厚、地方特色鲜明、景观环境优美、服务体系完善、生态系统良性循环的经济高效、环境和谐、社会文明的新型生态城市，快速提升城市生态文明软实力，提高城市综合竞争能力。

10.3.2.3　创新生态经济体系，带动城市生产品位的提高

多年来，黄石的经济增长过多地依赖采用传统生产技术与方法的矿产资源开发，这种粗放型的增长方式成为黄石资源浪费、环境污染和生态破坏的主要原因，制约了黄石城市社会发展和环境质量的改善。规划基于循环经济和产业生态学的理论和先进模式，对黄石重点产业的生态转型提出了明确可行的操作方案和技术措施，将为全面、根本地解决污染问题，节约资源和能源，以及提高企业的竞争力等提供支持，促进黄石市培育新兴产业、改造传统产业，改变过去高能耗、高物耗的经济增长模式，践行绿色发展，走出一条科技含量高、资源消耗低、环境污染少、生态效益高的绿色产业化道路，实现社会、经济和环境的协调发展。

10.3.3　经济效益

10.3.3.1　提高经济增长质量，实现经济的可持续发展

创建战略提出要促进产业绿色转型，创新生态经济体系，通过创新驱动发展、优化产业布局和结构、发展现代化生态农业、推动工业化绿色转型、促进服务业优化升级等生态文明建设，从根本上调整黄石市的产业结构和发展模式，改变目前以粗放型的工业增长为依托的经济发展道路，走可持续发展道路，促进全市经济社会在新常态下保持平稳较快发展。这将极大地增强黄石市经济发展的潜力，同时随着生态农业和生态旅游等绿色产业的高速发展，污染行业的逐步弱化，不仅使黄石市经济增长方式发生根本的改变，而且也将有利于黄石市生态环境的改善。随着黄石生态文明建设示范市各项指标的完成，整个社会和经济系统的运行效率将得到全面的加强和提高，经济系统将始终保持在高效、稳定的状态下运行，经济增长将从简单的外延扩张型向深层次的内涵挖掘型转变，整个经济系统的投入产出比进一步提高，经济系统将走上高速、高效、低耗的可持续发展道路。

10.3.3.2　注重生态环境保护，减少生态环境破坏的经济损失

随着黄石生态环境的改善和环境质量的提高，将有效减少生态破坏和环境污染所带来的对人体健康的损害和社会活动的经济损失。目前虽然没有环境污染造成的经济损失的估算，但从全国来看，我国每年因为环境污染造成的经济损失约 540 亿美元，环境生态导致的自然灾害和治理成本约占整个国民经济总产值的 5%。据专家统计，

我国每年水污染对工业、农业、市政工业和人体健康等方面造成的经济损失约 2 400 亿元。

生态环境的破坏严重损害生物环境，直接导致生物多样性锐减，遗传资源丧失，危及生物工程等相关产业的发展。同时，环境污染对人体健康也造成直接危害，我国城市人群由于空气污染，尤其是受到近年来日益增加的机动车尾气污染的影响，发生呼吸道疾病的概率明显高于国外人群。

因此，黄石生态文明建设示范市创建必须吸取其他地方的经验和教训，在发展经济的同时，注重生态环境的保护，只有这样，才能够有效地避免上述由于生态环境污染和破坏所带来的经济损失，确保经济发展质量的提高和国民财富的增加。

第11章 创建支撑体系建设研究

11.1 强化责任分工，狠抓组织实施

创建战略的组织实施分为四步走，即目标任务分解、中期评估、自查考核和定向冲刺。

11.1.1 目标任务分解

2018年2月底前，市政府各有关部门按照创建指标表（表1-1）中的任务分工，制定《黄石市创建生态文明建设示范市目标指标及重点任务分解方案》（以下简称《分解方案》）将创建各项指标及其对应的重点任务分解到各县（市、区），由市环保局、发展改革委整理汇总报市政府，经市政府审议同意后，下发至各县（市、区）政府、黄石经济技术开发管委会。各县（市、区）政府、黄石经济技术开发管委会，成立由政府有关负责同志任组长、各有关单位主要领导同志任组员的专项工作领导小组，负责本县（市、区）、黄石经济技术开发区生态文明示范创建工作的统筹、协调、调度和监督，明确各项指标及重点任务的责任单位和责任人，切实推进创建工作落实，执行过程中，市环保局、市发改委将会同有关部门，配合湖北省下达的年度实施方案等相关要求，适时对各县（市、区）、开发区目标指标、重点任务执行情况进行考评。

11.1.2 中期评估

2021年上半年，各县（市、区）政府、黄石经济技术开发区管委会应结合《黄石市国民经济和社会发展第十三个五年规划纲要》及各行业"十三五"专项规划终期考核工作，开展创建实施情况中期自评估，组织有关部门对《分解方案》中明确的本行政区目标指标、重点任务落实情况进行自评估，分析梳理落实过程中遇到的问题和不足，提出加快推进创建落实的具体措施，形成各县（市、区）创建实施自评估报告，分别报送市环保局和市发改委。市环保局、市发改委会同有关部门对各县（市、区）的中期自评估报告进行审核，汇总形成全市创建实施中期评估报告，向市委、市政府、市人大报告，同时向社会公布，并作为对各县（市、区）、黄石经济技术开发区领导班子和领导干部综合考核评价的重要依据。

11.1.3 自查考核

2026 年上半年，各县（市、区）政府、黄石经济技术开发区管委会应组织有关部门开展创建实施自查考核，全面审视、逐条对应创建各项目标指标、主要任务落实情况，形成《实施情况自查报告》，报市环保局、市发改委。市环保局、市发改委会同有关部门对各县（市、区）、黄石经济技术开发区的《实施情况自查报告》进行复核，形成全市《实施情况自查考核报告》，经市委、市政府同意后，向市人大汇报。市委、市政府按照考核办法，对未完成目标指标和重点任务的县（市、区）、黄石经济技术开发区责任人实施督办。

11.1.4 定向冲刺

2026 年 7 月底前，对自查考核发现的问题，特别是对未完成创建约束性指标的县（市、区）、黄石经济技术开发区，在按照考核办法严格问责的基础上，由市政府与县（市、区、开发区）政府（管委会）签订责任状，制定限期达标方案，由政府签订限期达标责任状，并在 2026 年年底前全部整改落实到位。

11.2 拓宽资金来源渠道，强化实施保障

11.2.1 加大政府投入力度

各县（市、区）政府、黄石经济技术开发区管委会要在本级财政预算中设立黄石市生态文明建设示范市创建专项资金，列为公共财政支出重点方向，逐步增加投入比例。以创建优先工程为重点，切实加大投入力度。根据社会经济发展逐步增加投入比例，确保生态文明建设示范市的创建工作正常开展。研究设立生态文明示范创建基金，通过统筹各类生态环境基金，细化基金项目使用范畴，优先用于创建优先工程和四大示范区建设。

11.2.2 积极拓宽资金来源渠道

积极争取各类国债资金、省级部门专项资金和国家专项资金，加大生态文明建设资金投入力度。按照专项资金性质不变、安排渠道不变、监督管理不变的原则，将现有市级有关生态文明建设的相关专项资金整合使用，优先支持创建战略提出的环境基础设施、环境监管能力建设，以及大气、水、土壤等突出环境污染问题治理。严格执法监督，对各类环境违法行为坚持零容忍，坚决依法从严从重处罚。以罚促治，大力

推进大气、水环境质量自动监测站建设，切实提升基层环境监测执法能力。进一步细化完善生活污水、生活垃圾处理收费政策，所得资金专项用于生活污水、生活垃圾处理。

11.2.3　强化资源配置和引导

逐步建立"政府主导、社会参与、多元投入、市场运作"的生态文明建设投融资机制。积极利用市场机制，推动生态文明投融资平台建设，采取政府资金引导、政府让利等方式，引导鼓励符合条件的风险投资和民间资本进入环保产业领域。积极利用经济手段，培育和引导市场，试点通过财政贴息贷款、前期经费补助、无息回收性投资、延长项目经营权期限、减免税收和土地使用费等优惠政策，鼓励不同经济成分和各类投资主体以不同形式参与生态文明建设示范市创建。设立奖励资金，对生态文明建设示范市创建成绩突出的单位和个人，以及建设成效明显的县（市、区）、乡镇（街道）、村（社区）给予表彰和奖励。

参考文献

[1] 白杨, 黄宇驰, 王敏, 等. 我国生态文明建设及其评估体系研究进展 [J]. 生态学报, 2011, 31 (20): 6295-6304.

[2] 陈佳贵, 黄群慧, 钟宏武. 中国地区工业化进程的综合评价和特征分析 [J]. 经济研究, 2006 (6): 4-15.

[3] 董战峰, 李红祥, 葛察忠, 等. 生态文明体制改革宏观思路及框架分析 [J]. 环境保护, 2015, 43 (19): 15-19.

[4] 高红贵. 关于生态文明建设的几点思考 [J]. 中国地质大学学报 (社会科学版), 2013, 13 (5): 42-48, 139.

[5] 高吉喜, 栗忠飞. 生态文明建设要点探索 [J]. 生态与农村环境学报, 2014, 30 (5): 545-551.

[6] 谷树忠, 胡咏君, 周洪. 生态文明建设的科学内涵与基本路径 [J]. 资源科学, 2013, 35 (1): 2-13.

[7] 黄勤, 曾元, 江琴. 中国推进生态文明建设的研究进展 [J]. 中国人口·资源与环境, 2015, 25 (2): 111-120.

[8] 黄石市发展和改革委员会. 黄石市资源型城市转型与可持续发展规划 [EB/OL]. (2013-10-05) [2013-10-12].

[9] 黄石市人民政府, 黄石市 "十三五" 农业发展规划 [EB/OL], (2017-08-09) [2019-8-26] http://www.huangshi.gov.cn/xxxgk/wjzl/201708/t20170825_314971.html.

[10] 黄石市人民政府, 黄石市工业转型和升级 "十三五" 规划 [EB/OL]. (2017-06-07) [2019-8-26]. http://www.huangshi.gov.cn/xxxgk/wjzl/201706/t20170619_314941.html.

[11] 黄石市人民政府, 黄石市国民经济和社会发展第十三个五年规划纲要 [EB/OL]. (2016-06-14) [2019-8-86]. http://www.huangshi.gov.cn/xxxgk/ghjh/201712/t20171210_324677.html.

[12] 黄石市人民政府, 黄石市生态环境保护十三五规划 [EB/OL]. (2017-03-10) [2019-8-86]. http://www.huangshi.gov.cn/xxxgk/wjzl/201703/t20170322_314896.html.

[13] 联合国可持续发展大会中国筹委会. 中华人民共和国可持续发展国家报告 [M]. 北京: 人民出版社, 2012.

[14] 吕东升, 陶新安, 陈志勇, 等. 江南明珠展新姿——黄石市推进资源枯竭型城市转型发展调研报告 [J]. 政策, 2011, (4): 11-20.

[15] 吕忠梅. 论生态文明建设的综合决策法律机制 [J]. 中国法学, 2014 (3): 20-33.

[16] 毛惠萍, 何璇, 何佳, 等. 生态示范创建回顾及生态文明建设模式初探 [J]. 应用生态学报, 2013, 24 (4): 1177-1182.

[17] 倪珊, 何佳, 牛冬杰, 等. 生态文明建设中不同行为主体的目标指标体系构建 [J]. 环境污染与防治, 2013, 35 (1): 100-105.

[18] 彭向刚，向俊杰. 中国三种生态文明建设模式的反思与超越 [J]. 中国人口·资源与环境，2015，25（3）：12-18.

[19] 齐心. 生态文明建设评价指标体系研究 [J]. 生态经济，2013（12）：182-186.

[20] 秦伟山，张义丰，袁境. 生态文明城市评价指标体系与水平测度 [J]. 资源科学，2013，35（8）：1677-1684.

[21] 任丙强. 生态文明建设视角下的环境治理：问题、挑战与对策 [J]. 政治学研究，2013（5）：64-70.

[22] 申曙光. 生态文明及其理论与现实基础 [J]. 北京大学学报（哲学社会科学版），1994（3）：31-37，127.

[23] 王金南，蒋洪强，何军，等. 新时代中国特色社会主义生态文明建设的方略与任务 [J]. 中国环境管理，2017，9（6）：9-12.

[24] 王金南，蒋洪强，张惠远，等. 迈向美丽中国的生态文明建设战略框架设计 [J]. 环境保护，2012（23）：14-18.

[25] 王金南，秦昌波，田超，等. 生态环境保护行政管理体制改革方案研究 [J]. 中国环境管理，2015，7（5）：9-14.

[26] 王如松，李锋，韩宝龙，等. 城市复合生态及生态空间管理 [J]. 生态学报，2014，34（1）：1-11.

[27] 王如松，欧阳志云. 社会—经济—自然复合生态系统与可持续发展 [J]. 中国科学院院刊，2012，27（3）：337-345，403-404，254.

[28] 王夏晖，何军，饶胜，等. 山水林田湖草生态保护修复思路与实践 [J]. 环境保护，2018，46（Z1）：17-20.

[29] 王夏晖，陆军，饶胜. 新常态下推进生态保护的基本路径探析 [J]. 环境保护，2015，43（1）：29-31.

[30] 王新程. 推进生态文明制度建设的战略思考 [J]. 环境保护，2014，42（6）：37-41.

[31] 徐冬青. 生态文明建设的国际经验及我国的政策取向 [J]. 世界经济与政治论坛，2013（6）：153-161.

[32] 杨继瑞，黄潇，田杰. 生态文明建设的若干思考与对策 [J]. 经济社会体制比较，2013（3）：119-124.

[33] 张高丽. 大力推进生态文明　努力建设美丽中国 [J]. 求是，2013（24）：3-11.

[34] 赵其国，黄国勤，马艳芹. 中国生态环境状况与生态文明建设 [J]. 生态学报，2016，36（19）：6328-6335.

[35] 中共黄石市委、黄石市人民政府关于坚持工业强市、加快赶超发展的决定 [EB/OL]. http://www.hsfgw.gov.cn/zxzx/tzgg/201708/t20170816_442746.html.

[36] 中国科学院可持续发展战略研究组. 2012中国可持续发展战略报告 [M]. 北京：科学出版社，2012.

[37] 中国社会科学院城市发展与环境研究所. 黄石市生态立市产业强市总体规划. [2014-12-04].

[38] 周生贤. 中国特色生态文明建设的理论创新和实践 [J]. 求是，2012（19）：16-19.